Springer

先进核科学与技术译著出版工程

核能系统运行与安全系列

Investigation of Spatial Control Strategies with Application to Advanced Heavy Water Reactor

先进重水反应堆空间控制策略

〔印〕拉文德拉·蒙杰（Ravindra Munje）
〔印〕巴拉萨赫布·帕特（Balasaheb Patre） 编著
〔印〕阿基拉南德·蒂瓦尔（Akhilanand Tiwari）
马战国 译

U0285092

哈爾濱工程大學出版社
Harbin Engineering University Press

黑版贸审字 08－2020－116

First published in English under the title
Investigation of Spatial Control Strategies with Application to Advanced Heavy Water Reactor
by Ravindra Munje, Balasaheb Patre and Akhilanand Tiwari

Copyright © Springer Nature Singapore Pte Ltd., 2018
This edition has been translated and published under licence from
Springer Nature Singapore Pte Ltd.

Harbin Engineering University Press is authorized to publish and distribute exclusively the Chinese (Simplified Characters) language edition. This edition is authorized for sale throughout Mainland of China. No part of the publication may be reproduced or distributed by any means, or stored in a database or retrieval system, without the prior written permission of the publisher.
本书中文简体翻译版授权由哈尔滨工程大学出版社独家出版并仅限在中国大陆地区销售，未经出版者书面许可，不得以任何方式复制或发行本书的任何部分。

图书在版编目(CIP)数据

先进重水反应堆空间控制策略／（印）拉文德拉·蒙杰（Ravindra Munje），（印）巴拉萨赫布·帕特(Balasaheb Patre)，（印）阿基拉南德·蒂瓦尔(Akhilanand Tiwari)编著；马战国译. －－哈尔滨：哈尔滨工程大学出版社，2021.4
(核能系统运行与安全系列)
书名原文：Investigation of Spatial Control Strategies with Application to Advanced Heavy Water Reactor
ISBN 978－7－5661－3023－5

Ⅰ. ①先… Ⅱ. ①拉… ②巴… ③阿… ④马… Ⅲ. ①重水堆－控制器－研究 Ⅳ. ①TL423

中国版本图书馆 CIP 数据核字(2021)第 061922 号

选题策划 石　岭
责任编辑 张　昕
封面设计 李海波

出版发行 哈尔滨工程大学出版社
社　　址 哈尔滨市南岗区南通大街 145 号
邮政编码 150001
发行电话 0451－82519328
传　　真 0451－82519699
经　　销 新华书店
印　　刷 哈尔滨市石桥印务有限公司
开　　本 787 mm×1 092 mm　1/16
印　　张 9.75
字　　数 249 千字
版　　次 2021 年 4 月第 1 版
印　　次 2021 年 4 月第 1 次印刷
定　　价 78.00 元
http://www.hrbeupress.com
E-mail:heupress@hrbeu.edu.cn

序

50年前，印度开始在塔拉普尔（Tarapur）建设沸水核反应堆机组，由此印度开始了核电机组的建设计划。目前，印度已经有20多座运行发电的核电机组，此外还有多个核电机组处于建设、调试或规划阶段。

印度核电发展规划可以分为三个阶段，而且该规划包括了多种不同类型的反应堆堆型研究和发展规划。第一阶段主要研究加压重水反应堆技术，该技术在印度是比较成熟的技术，已成为印度发展重水堆的基础；第二阶段是在以铀钚混合碳化物作为燃料的快中子增殖实验堆基础上进行快中子增殖反应堆的研究；第三阶段的重要规划之一是以钍元素作为核燃料进行反应堆的研究，并进行大规模发电。先进重水反应堆设计采用微浓缩铀或钚混合钍为燃料，重水为慢化剂，轻水作冷却剂；先进重水反应堆综合了加压重水反应堆和加压轻水反应堆的设计优点和创新性，具有更高的核安全性能。同时先进重水反应堆的核燃料还能对钍元素进行利用，因此先进重水反应堆已经成为印度大力发展的新一代核反应堆。

核反应堆控制系统设计、核反应堆堆芯控制算法设计和核电厂各个重要系统的控制算法设计一直都是核电机组设计中具有挑战性的问题，特别是在大型核反应堆中，氙的存在会引起反应堆堆芯空间功率分布振荡，因此也需要设计合适的控制算法对空间功率分布振荡现象进行控制和抑制。因此，在过去的40多年中，反应堆堆芯空间功率控制问题引起了许多研究者的关注。研究人员除了针对核电系统设计传统控制器来使得闭环系统满足稳定性要求外，还研究了大量的现代控制算法。由于现代控制算法既能使闭环系统满足稳定性要求，又能使系统具有最优的控制性能，因此常采用现代控制算法来进行复杂性系统和非线性系统的控制器设计。

本书介绍了状态反馈和输出反馈的相关概念，并将其应用于先进重水反应堆的控制器设计。本书结构清晰，语言精练、准确。本书首先介绍了先进重水反应堆系统的数学模型；然后，通过不同控制技术，设计了系统控制器；在此基础上，本书采用控制流程图方法详细阐述了系统仿真分析过程，并将仿真结果进行了图形化展示，以便于读者的理解；最后本书对不同的控制技术的性能进行了对比。

最后，向本书的作者表示感谢，感谢他们贡献出宝贵知识。本书适用于研究生和研究人员的学习和参考。

印度原子能委员会原主席
印度国家科学院院长
印度拉吉夫·甘地科学技术委员会主席
印度技术信息部主席
印度预测与评估委员会委员
阿尼尔·卡科德卡尔

2017年8月

前　言

在印度，先进重水反应堆（AHWR）采用以重水为慢化剂，轻水为冷却剂的沸腾式热中子反应堆的设计；其设计和建造是为了进行钍燃料的大规模商业应用和钍燃料循环相关技术的示范应用。先进重水反应堆控制和运行存在很多的挑战。本书研究不同的控制策略对先进重水反应堆空间功率分布的控制效果，涉及的控制策略有静态输出反馈控制、极点配置状态反馈控制、滑模控制、快输出采样反馈控制、周期输出反馈控制和离散滑模控制等。本书的数学模型中将先进重水反应堆的堆芯划分为17个节块，每个节块的模型可以由两群中子扩散方程和相关的单群缓发中子先驱核浓度、氙浓度和碘浓度方程来建立。另外，先进重水反应堆堆芯热工水力学非线性模型与中子动力学模型联合后可得到耦合的先进重水反应堆堆芯物理－热工水力学模型。本书针对先进重水反应堆的非线性方程，采用MATLAB/Simulink建模分析工具建立了矢量化的非线性模型，并进行仿真计算和分析；将先进重水反应堆非线性模型在额定功率附近进行线性化，然后表示成标准状态方程形式。先进重水反应堆的数学模型包含90个状态变量、5个输入变量和18个输出变量。本书首先研究了采用静态输出反馈控制对反应堆总功率和空间功率分布控制的可行性，并逐步形成了采用传统控制理论进行反应堆总功率和空间功率分布控制的思路。

与其他大型物理系统类似，先进重水反应堆系统模型中同时存在慢变、缓变和快变动态特性，导致先进重水反应堆模型存在多时间尺度的特性。因此，本书进一步研究了基于奇异摄动理论的高阶－多时间尺度复杂系统的分解技术，将原始的高阶多时间尺度系统分解成多个低阶的子系统。本书还针对先进重水反应堆模型研究了四种双时间尺度分解技术和两种三时间尺度分解技术。基于降阶后的模型，本书研究了不同的空间功率分布控制策略。

最后，本书对所研究的空间控制策略，在多个相同瞬态工况下分别针对计算强度、灵敏度、鲁棒性和响应性能等控制性能进行了对比。本书还针对各个瞬态工况计算了多种控制策略的时域特性指标和误差性能指标，并确定了最适合于先进重水反应堆模型的空间控制策略。虽然本书中的反应堆堆芯数学模型、控制器模型及仿真分析方法是针对先进重水反应堆进行研究的，但是这些数学模型、控制器模型和仿真分析方法也适用于其他类型的大型反应堆。

本书有助于数学研究人员、核领域研究人员及研究非线性建模和控制的研究人员更好地从根本上理解具有数值“病态”的大型系统模型。感谢电气与电子工程师学会（美国）和爱思唯尔两大出版社授权,允许重新出版和发表所有已经在该出版社发表并具有知识产权的内容;衷心感谢印度核科学研究委员会(Board of Research in Nuclear Sciences)、印度原子能部(Department of Atomic Energy)及印度资助的“先进重水反应堆控制器比较”项目,资助号为2009/36/102 - BRNS/3284;感谢父母和老师的养育和教育;感谢许多直接或间接给予帮助的人,特别是S. R. Shimjith博士和P. S. Londhe先生;最后,感谢爱人和孩子,感谢他们在本书的编写过程中给予的支持、理解和关爱。

拉文德拉·蒙杰

巴拉萨赫布·帕特

阿基拉南德·蒂瓦尔

2017年8月于纳希克

译者的话

核反应堆的控制不但影响核电厂运行的经济性，而且影响核反应堆的安全性。特别是在大型核反应堆中，如果控制器设计不当就会引起堆芯氙振荡问题。氙振荡不但会引起反应堆热管位置转移和功率密度峰因子改变，而且在反应堆总功率不变的情况下，也会引起堆芯功率分布畸变，造成堆芯局部温度过高，严重时会影响堆芯的完整性。氙振荡还会使反应堆堆芯温度场发生交替变化，从而加剧堆芯材料温度应力变化，造成堆芯材料过早损坏。因此，大型商用核反应堆控制系统的设计，不但要进行反应堆总功率控制，而且须对堆芯可能存在的氙振荡问题进行抑制。

本书译自斯普林格出版社出版的 *Investigation of Spatial Control Strategies with Application to Advanced Heavy Water Reactor* 一书，该书针对大型核反应堆堆芯空间功率分布控制问题进行了专门研究。书中以先进重水反应堆为研究对象，对基于传统控制理论和现代控制理论的多种控制技术进行了研究，包括静态输出反馈控制、极点配置状态反馈控制、滑模控制、快输出采样反馈控制、周期输出反馈控制和离散滑模控制等。此外为了便于复杂系统控制器设计，书中还研究了高阶－多时间尺度复杂系统的分解技术。最后书中采用仿真分析技术，在多种瞬态工况下，对不同控制器的性能进行了对比，确定了适用于先进重水反应堆堆芯空间功率分布控制的技术。

本书充分考虑了先进重水反应堆系统的复杂性和控制器设计所需的简化系统模型之间的矛盾，为反应堆控制器设计奠定了基础。本书在翻译过程中，保留了原著的设计方法和设计思想，仅对一些微小的错误进行了修改。译者在工作中发现，虽然目前研究人员已经提出了许多先进的控制技术，但是这些先进控制技术在核能控制中的应用是非常有限的。因此，希望本译著能够起到抛砖引玉的作用，能对我国核能先进控制技术的发展有所启发。

我国在多年的核能研究和建设中，逐步形成了以加压水慢化冷却反应堆（简称压水堆）（PWR）为主的核能发展结构。虽然本译著中的数学模型、控制器设计和仿真分析方法都是基于先进重水反应堆提出的，但是这些模型、控制器设计和仿真分析方法同样也适用于其他类型的大型核反应堆。因此本译著不但可用于先进重水反应堆的堆芯空间功率分布控制，而且适用于其他大型核反应堆的堆芯空间功率分布控制，例如我国自主研发的大型三代压水堆核电站。

译著本书的目的是研究先进的核反应堆控制技术，并将其应用于大型商用核反应堆的控制和运行过程中。本译著仅为先进控制技术在核反应堆控制应用中的初级阶段研究，后续还将对先进控制技术的鲁棒性做进一步的研究，并从核安全的角度对先进控制技术的设计和应用进行分析和研究，以期将先进的控制技术应用于核反应堆的控制中，从而实现更大的经济效益和更高的安全性。

由于译者水平有限，译文难免有谬误之处，恳请广大读者批评指正。

马战国

2021 年 2 月于哈尔滨

缩 略 词

AHWR	advanced heavy water reactor	先进重水反应堆
CPPRRL	constant plus proportional rate reaching law	常速率加比例速率趋近律
DSMC	discrete-time sliding mode control	离散滑模控制
FAT	first azimuthal tilt	第一功率斜变
FLC	fuzzy logic control	模糊逻辑控制
FOS	fast output sampling	快输出采样
IAE	integral absolute error	绝对误差积分
ISE	integral square error	平方误差积分
ITAE	integral time absolute error	时间绝对误差积分
ITSE	integral time square error	时间平方误差积分
LQR	linear quadratic regulator	线性二次型调节器
MROF	multirate output feedback	多速率输出反馈
MW	mega watt	兆瓦
MWe	mega watt electrical	兆瓦(电功率)
MWt	mega watt thermal	兆瓦(热功率)
PHWR	pressurized heavy water reactor	加压重水反应堆(简称重水堆)
PID	proportional integral derivative	比例积分微分调节器
POF	periodic output feedback	周期输出反馈
PRRL	power rate reaching law	幂次趋近律
PWR	pressurized water reactor	压水反应堆
RR	regulating rod	功率调节棒
SAT	second azimuthal tilt	第二功率斜变
SIFLC	single input fuzzy logic control	单输入模糊逻辑控制
SMC	sliding mode control	滑模控制
SOFC	static output feedback control	静态输出反馈控制
VSC	variable structure control	变结构控制
VSS	variable structure system	变结构系统

符　　号

通用符号和操作符

矩阵	粗体大写斜体
向量	粗体小写斜体
$\mathbf{0}$	零向量或者零矩阵
$\boldsymbol{E}_n$	n 维单位矩阵
$\boldsymbol{A} > 0$	正定矩阵 $\boldsymbol{A}$
$\boldsymbol{A} \geqslant 0$	半正定矩阵 $\boldsymbol{A}$
$\boldsymbol{A}^{\mathrm{T}}$	矩阵 $\boldsymbol{A}$ 的转置
$\boldsymbol{A}^{-1}$	方阵 $\boldsymbol{A}$ 的逆矩阵
$\varphi(\boldsymbol{A})$	方阵 $\boldsymbol{A}$ 的特征值
$\mathrm{diag}(\cdot)$	矩阵的对角元素
$\max(\cdot)$	最大值函数
$\min(\cdot)$	最小值函数
$\mathrm{rank}(\cdot)$	矩阵的秩
$\mathrm{sgn}(\cdot)$	符号函数
$\mathrm{sig}(\cdot)$	Sigmoid 函数
$\mathbf{R}^n$	n 维的实数空间
$x \in \mathbf{R}^n$	x 属于 n 维的实数空间
$\mathrm{Re}\{x\}$	x 的实部
$\mathrm{Im}\{x\}$	x 的虚部
$\lvert x \rvert$	x 的模
$\cdot$	标量相乘
$\odot$	元素相乘
$*$	数组相乘

先进重水反应堆模型中使用的符号

C	缓发中子先驱核浓度
E_{eff}	每次裂变释放的平均能量,J
H	功率调节棒的棒位,插入堆芯的百分比,%
I	碘浓度
P	汽包压力,MPa

Q	堆芯裂变功率,W
V	体积, m^3
X	氙浓度
h	焓值,kJ/kg
q	质量流速,kg/s
v	控制信号,V
x	出口质量
α	耦合系数
β	缓发中子份额
γ	裂变产生产额
λ	衰变常数
l	瞬发中子寿命,s
ρ	反应性,k
σ_a	微观吸收截面,cm^2
Σ_a	宏观吸收截面,cm^{-1}
Σ_f	宏观裂变截面,cm^{-1}
κ	调节棒驱动常数
δ	偏差参数

其他符号

$\boldsymbol{A}$	线性连续时间系统的状态矩阵
$\boldsymbol{A}_{ij}$	状态矩阵的子矩阵
$\boldsymbol{B}$	线性连续时间系统的输入矩阵
$\boldsymbol{B}_i$	输入矩阵的子矩阵
$\boldsymbol{C}$	超平面矩阵
$\boldsymbol{F}$	离散系统的反馈增益矩阵
$\boldsymbol{G}$	输出注入矩阵
J	二次型性能指标
$\boldsymbol{K}$	反馈增益矩阵
$\boldsymbol{L}$	快输出采样增益矩阵
$\boldsymbol{M}$	系统输出矩阵
$\boldsymbol{M}_{ij}$	输出矩阵的子矩阵
N	采样间隔
T	线性状态变换矩阵
V	李雅普诺夫函数
a	正数
j	复数
m	输入变量个数
n	系统状态个数或者系统阶数

p	输出变量个数
s	滑模面
t	时间,s
$\boldsymbol{u}$	系统输入向量
$\boldsymbol{y}$	系统输出向量
z	系统状态向量
$\dot{z}$	系统状态向量 z 对时间的导数
$\boldsymbol{\Phi}_{\tau}$	线性离散系统以 $1/\tau$ 速率采样时的状态矩阵
$\boldsymbol{\Phi}_{\Delta}$	线性离散系统以 $1/\Delta$ 速率采样时的状态矩阵
$\boldsymbol{\Gamma}_{\tau}$	线性离散系统以 $1/\tau$ 速率采样时的输入矩阵
$\boldsymbol{\Gamma}_{\Delta}$	线性离散系统以 $1/\Delta$ 速率采样时的输入矩阵
τ	输出采样周期
Δ	输入采样周期
μ	系统可观测性指标
υ	系统可控性指标
ξ,η	正数
ε	摄动参数

下标

C	缓发中子先驱核浓度
H	调节棒棒位
I	碘
L	左边
Q	功率
R	右边
X	氙
c	汽化
gp	总功率
d	下降管
f	快速或者给水或者裂变
f1,f2	快变子系统 1 和快变子系统 2
i,j	节块标号
k	功率调节棒标号
s	蒸汽或者慢速
sp	空间功率
w	水
x	出口质量

目　　录

第1章 绪　论

1.1 概　述

尽管原子的体积是极小的，但是原子核中蕴含着巨大的能量。1904 年，原子核物理学之父欧内斯特·卢瑟福曾写道："如果可以任意控制放射性元素的衰变速度，那么就可以从少量的放射性物质中获得巨大的能量。"1934 年，物理学家恩利克·费米证实用中子可以使多种原子发生核裂变。1938 年秋，德国科学家奥托·哈恩和弗里茨·斯特拉斯曼在中子轰击铀靶的实验中发现了钡元素。1939 年，奥地利物理学家莉泽·迈特纳和奥托·罗伯特·弗里施证实了哈恩实验中铀元素发生了裂变，并使用"核裂变"来命名这一过程。1941 年，费米和他的助手列奥·西拉德设想和提出了铀元素链式反应，后来在费米的主导下实现了铀元素链式反应并进行了应用。1942 年初，由费米主导的科学家团队在芝加哥大学成立，开始进行铀元素链式反应的设计和验证。1942 年 11 月，该团队完成准备工作开始建造世界上第一座核反应堆。1942 年 12 月 2 日上午，在伊利诺伊州芝加哥大学内，世界上第一座自持式原子核链式反应堆成功建成。至此，原子能的科学理论成功转换为技术现实[38]。核能发电是和平利用核能的一个重要方向，将核能转变为电能的各种系统的综合称为核电厂。20 世纪 50 年代，第一座商用核电站开始运行。参考世界核能协会 2016 年的数据[8]，世界范围内在运行的核电站有 440 座，分布于 31 个国家，总的发电量超过 380 000 MWe（兆瓦，电功率），另外有在建的核电站 60 多座；作为一种可持续的、可靠的并且无碳排放的能源，核能发电量大约占全世界总发电量的 11.5%；除了商用核电站，还有大约 240 多座研究性核反应堆，这些研究性核反应堆分布在 56 个国家中。此外，还有 180 多个核反应堆为大约 140 艘船舶和潜艇提供动力。

印度的核能发电（核电）是仅次于火力发电、水力发电和可再生能源发电的第四大电力来源。参考印度核电有限公司 2016 年的数据[7]，印度总计有 7 个核电厂，21 座在运核电机组，核能发电能力为 5 780 MWe；此外有在建核电机组 3 座，建成后新增核能发电能力 3 800 MWe。在印度所有的核电站中，除了位于塔拉普尔原子能发电站的 2 个反应堆是沸腾水反应堆（简称沸水堆，BWR）及位于库丹库拉姆核电站的 1 座反应堆是加压水慢化冷却反应堆（简称压水堆，PWR）外，其余的反应堆全部是加压重水慢化反应堆（简称重水堆，PHWR）。重水反应堆采用天然铀作为核燃料，以重水作为慢化剂。在印度核能研究计划中，研究计划的第一阶段是基于现有重水反应堆的运行经验结合国际上的研究趋势，以及印度本土化的研究成果对现有重水反应堆的设计进行改进；第二阶段是在以铀钚混合碳化物作为核燃料的快中子增殖实验堆的研究基础上进行快中子增殖反应堆的研究；印度有很大的钍元素保有量，因此第三阶段是以钍作为核燃料进行反应堆的研究，并进行大规模发电[29-31]。为了实现钍燃料反应堆技术的设计及钍燃料循环周期相关技术的研究，印度设计了先进重水反应堆（AHWR）。本书以先进重水反应堆作为研究对象。

1.2 先进重水反应堆

先进重水反应堆的堆芯长度是 3.5 m,如图 1.1 所示,堆芯组件有 513 个栅格位置,其中 452 个栅格位置布置燃料棒组件,24 个栅格上布置的是堆芯反应性控制相关的控制棒,包括中子吸收棒、补偿棒和功率调节棒(RR),每种反应性控制棒为 8 根。正常工况下,中子吸收棒全部插入堆芯,此时的补偿棒全部提出堆芯;功率调节棒则部分插入堆芯,通过改变功率调节棒插入堆芯的位置来精细地调节堆芯的功率分布。在 8 个功率调节棒中,4 根功率调节棒是自动控制的,另外 4 根功率调节棒是手动控制的。其余 37 个栅格中布置的是 1 号停堆系统所需的停堆棒。中子通量分布通过堆芯外的电离室和堆芯内的中子探测器进行测量。在低功率工况下,堆芯总功率通过电离室的测量数据进行计算;在整个功率范围内,堆芯总功率通过堆内中子探测器的测量数据进行计算。堆芯内的中子通量空间分布主要通过堆芯内中子探测器进行测量[23,26-28,30]。堆芯内同时也布置了 452 根冷却剂管道和相同数量的尾管和进水管,16 根下降管,4 个卧式圆柱形汽包,以及 1 个进口集管,这些设备组成先进重水反应堆的主传热系统。为了说明主传热系统的结构,这里对主传热系统进行了简化。简化后的主传热系统的结构图如图 1.2 所示。该系统包括冷却剂管道、尾管、给水管、下降管、汽包和给水集管(为简单起见,图中只显示了一个汽包)。堆芯冷却剂在吸收裂变释放的热量后开始沸腾,形成的蒸汽通过尾管聚集到对应的汽包中。冷却剂在堆芯的驱动力是 7 MPa 压力,由从尾管到汽包的自然对流形成的。在汽包中,存在汽水分离阶段和给水混合阶段。蒸汽供给汽轮机;过冷水通过下降管进入公用进水管最后回流到冷却剂管道;冷却剂通过公共进水管供给到单个进水管,最后进入冷却剂管道[5, 23, 26, 30]。

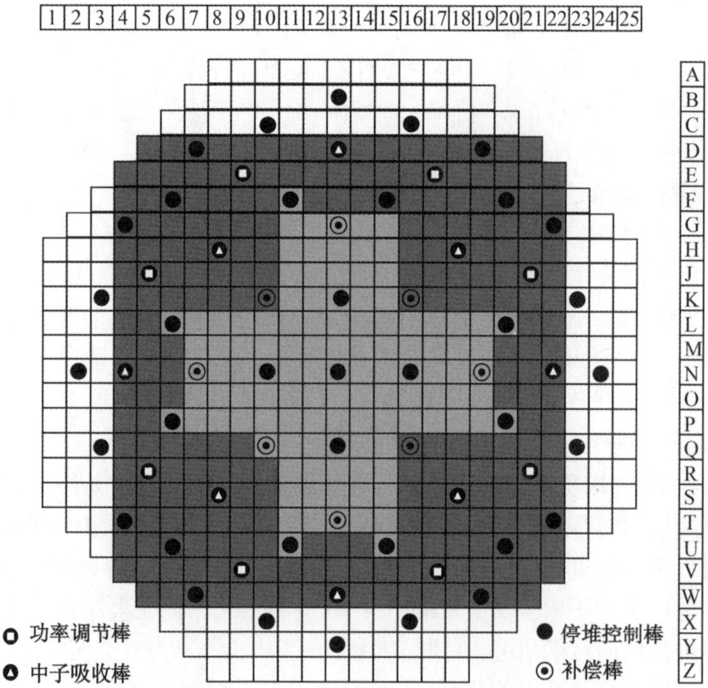

图 1.1 先进重水反应堆堆芯分布图[27]

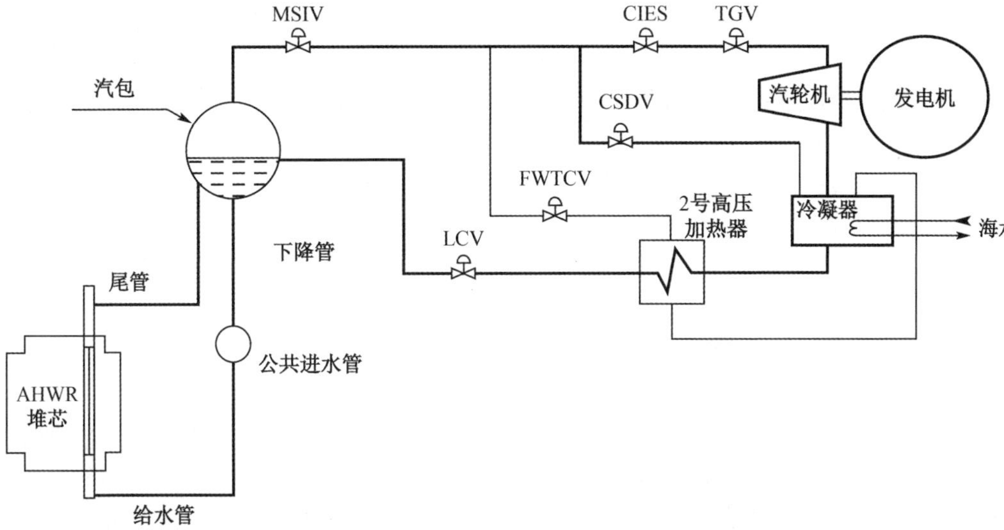

MSIV—主蒸汽隔离阀;CIES—组合式隔离应急截止阀;TGV—汽轮机调节阀;
CSDV—凝汽器排汽阀;FWTCV—给水温度控制阀;LCV—汽包液位控制阀。

图1.2 先进重水反应堆主传热系统简化图

由于可能发生核事故或核破坏,诸如先进重水反应堆之类核电站的运行和控制已经成为一个具有挑战性的难题。在核电站都设计和采用了一系列的安全系统和控制系统来避免发生核安全事故;同时,核电站运行过程中也设计和采用了运行规程和应对策略,在核事故不可避免的情况下,避免或减少放射性物质释放对公众的影响。随着现代设计的核电站规模越来越大,发生核事故后造成危害的严重性也越来越大,因此必须对核电站控制策略进行深入研究。

1.3 空间控制问题

反应堆堆芯发生裂变后会生成多种裂变产物。氙-135(^{135}Xe)作为裂变产物之一,由于有大的热中子吸收截面,在空间控制问题中要特别注意。由裂变直接产生的氙-135的份额很小,大多数的氙-135是由先驱核碘-135(^{135}I)衰变产生的。同时,氙-135的衰变速度小于碘-135的衰变速度,而且氙-135主要是靠吸收中子消失。当堆芯的中子通量突然增加时,氙-135吸收中子后消失,氙-135浓度将会减小,此时堆芯的中子通量会进一步增大。这个过程会持续数个小时,中子通量和氙-135的浓度变化出现相反的变化趋势。中子通量的增加最终导致氙-135浓度的提高,然后进入中子通量减少的过程。由此可知,在堆芯内氙-135会引起中子通量的振荡,称为氙振荡现象[4,6]。在小型反应堆中,氙振荡现象可以通过控制棒进行有效控制,因此在小型反应堆的控制和运行过程中不是很关注氙振荡问题。但是在大型反应堆中,由于堆芯的尺寸是中子行程的若干倍,空间氙振荡现象将会比较严重。在大型反应堆中,如果不对空间氙振荡问题进行控制,那么在反应堆堆芯中某些位置的功率密度和功率变化速率将会超过安全阈值,在严重的情况下将会造成燃料棒的损毁。因此在大型反应堆中,除了反应堆总功率控制系统外,堆芯功率空间分布控制也是至关重要的。堆芯功率空间分布控制的主要目的是保持堆芯的功率分布形状符合设计要求。

在进行大型反应堆控制分析和反应堆控制设计过程中遇到的首要问题就是反应堆数学模型的推导和建立。在小型反应堆中,著名的点堆动力学模型足够用于分析反应堆堆芯平均中子通量(堆芯平均功率)分布和相关先驱核的衰变过程。但是,对于大型反应堆而言中子通量分布形状会发生变化,而点堆动力学模型不能分析中子通量在空间上的变化和分布[4]。因此,在对大型反应堆进行分析时,需要建立更加详细的时空动力学模型。此时,首先要做的就是推导和建立能够描述反应堆堆芯所有重要特性的数学模型;然后建立离线计算方法并进行计算机求解,同时设计适合的控制算法对系统的瞬态过程进行计算分析。

就反应堆功率空间分布控制问题而言,需要特别注意的是,反应堆模型属于一类特殊的系统,称为奇异摄动系统。在此类模型中,同时存在随时间缓慢变化(慢变)的模型和快速变化(快变)的模型。两种模型同时存在将会使控制系统出现“病态”问题。幸运的是,已经有大量的文献对奇异摄动问题及其控制进行了研究,研究成果可以应用于奇异摄动系统分析和控制器设计。采用已有的分析技术后,反应堆模型可以转换为完全不存在刚度问题的可控、可分析的模型。在反应堆模型转换后,就可以采用多种方法对空间功率分布问题进行分析和控制。

功率反馈控制(总功率反馈或者平均功率反馈)通常可用于中小型反应堆控制问题;而对于大型反应堆,通常必须同时采用总功率反馈控制和空间功率分布反馈控制才能满足对空间功率分布控制的要求。静态输出反馈控制存在的最大的问题是不能保证任意极点的位置,这样静态输出反馈不能满足所有控制性能的要求。因此在某些性能指标需求较高的情况下,不能采用静态输出反馈控制,此时可以采用动态输出反馈控制。但动态输出反馈控制会使反馈系统复杂化。对于任意极点位置配置问题,状态反馈控制将是一个更加适合的控制方案。状态反馈控制器在系统中应用时需要对系统的状态进行观测,同样地,状态观测器的设计又会使系统复杂化。此时,一个优化的控制方案是采用现代控制技术,利用系统输出信息对系统进行控制。此类控制方法有快输出采样(FOS)控制和周期输出反馈(POF)控制。此时,需要处理好系统中固有的多时间尺度特性所引起的复杂性问题。

1.4 反应堆控制问题回顾

由于系统存在大范围不同变化速度的变量之间的相互作用,导致系统的特征值被分成几个群组,并且这些群组之间分布范围很广,致使采用现代控制技术对加压重水反应堆或者先进重水反应堆之类的大型反应堆进行空间控制变得十分复杂和困难。经过研究,对于此类控制问题,奇异摄动技术具有优势。文献[16]对采用奇异摄动方法对不同类型反应堆控制问题进行了研究。文献[36]进一步采用奇异摄动技术,将具有数值“病态”条件的加压重水反应堆数学模型解耦成两个子系统,分别针对每个子系统进行控制器设计,然后将单独设计的控制器进行耦合或者组合,这样可以得到原问题(空间功率分布控制问题)的近似最优复合控制器。作为奇异摄动方法的进一步扩展,文献[24]中将先进重水反应堆中的三时间尺度的系统分解成三个独立的子系统,然后再分别设计、复合、耦合得到原系统的控制器。此类奇异摄动技术消除了加压重水反应堆和先进重水反应堆模型中存在数值“病态”条件的问题。但是该类方法要求能够测量所有的系统状态作为反馈控制的输入。在核反应堆中,中子通量和堆芯功率之类的参数可以由现有的传感器进行测量,但是对于缓发中子先驱核浓度、氙浓度和碘浓度等参数目前是无法测量的。因此,基于现代控制理论的状态变量反馈控制策略无法在实际应用中实施。为了解决这个问题,文献[34]设计了确定性的、线性的且降阶的状态观测器,来对加压重水反应堆堆芯不同区域的缓发中子先驱核平均浓度、氙平均浓度和碘的平均浓度进行估计。状态观测器的引入将使得闭环系统的结构复杂化,而且需要额外设计硬件设备和通信网络,这样不但增加了系统的投入也降低了控制系统的可靠性。因此,针对此类控制问题输出反馈控制可能更能满足实际需求。文献[26]采用静态输出反馈控制(SOFC)方法对空间控制问题进行了尝试,结果表明,采用堆芯总功率反馈信号和空间功率分布反馈信号来控制和解决先进重水反应堆的空间功率分布问题是可行的,该方法易于实际系统的设计和实现。但是文献[32]的研究表明,采用静态输出反馈控制方法无法实现全部极点的任意配置,也无法确保闭环系统的稳定性。动态输出反馈控制器能更多地考虑系统的动态特性,但是控制器的设计相对复杂。

近年来,多速率输出反馈(MROF)控制引起了许多研究人员的关注,并成功证明了其在核反应堆中进行空间控制应用的可行性。由于状态观测需要比较长的时间才能确保状态估计的精度,因此基于状态观测器的控制器需要经过比较长的时间才能保证控制精度。而多速率输出反馈控制可以在一个采样周期内精确计算系统状态。多速率输出反馈控制中,系统输入和输出的采样频率是不同的。周期输出反馈控制技术作为多速率输出反馈控制技术的一种特例,它的输入采样频率要比输出采样频率高。快输出采样控制技术作为多速率输出反馈控制技术的另外一个特例,它的输出采样频率要比输入采样频率高。文献[33,37]研究了周期输出反馈控制方法在加压重水反应堆中的应用。其中,文献[37]采用状态变量的线性变换,将加压重水反应堆的奇异扰动模型转化为块三角的形式从而将快变子系统进行解耦;然后采用输出注入增益矩阵来使慢变子系统达到稳定状态。随后仅对慢变子系统计算周期输出反馈增益,并将快变子系统的周期性输出反馈增益设置为零。最后,采用慢变子系统和快变子系统的周期输出反馈增益来计算复合系统的周期输出反馈增益。文献[33]针对加压重水反应堆提出了分散周期输出反馈控制方法,文献证明了分散周期输出反馈控制更加易于实施。文献[17-18,25]针对加压重水反应堆和先进重水反应堆研究了快输出采样控制技术。文献[18]采用快输出采样技术针对具有不确定性的系统设计了鲁棒控制器,并在加压重水反应堆系统中进行了验证。采用快输出采样技术的控制器设计可以同时为线性模型族实现具有鲁棒性的状态反馈增益设计。同时,通过将问题转化为线性矩阵不等式问题可以解决噪声敏感性问题和误差问题。文献[17]将重水反应堆的离散系统模型转化为块三角的形式,从而将快变子系统和慢变子系统进行解耦。慢变子系统通过状态反馈控制进行设计,而快变子系统的状态反馈增益设计为零,然后采用快输出采样反馈技术设计复合状态反馈控制器。文献[25]将文献[18]中的技术扩展到了三时间尺度系统并成功应用于先进重水堆系统的控制器设计。但是这些方法所设计的控制器都缺乏鲁棒性。当系统中存在扰动、参数变化和运行条件摄动的情况时,这些控制技术可能无法实现令人满意的控制效果。在这些情况下,鲁棒控制技术就有了用武之地。

近年来,滑模控制(SMC)技术作为鲁棒控制技术的一种吸引了大量学者的关注。文献[12-15]研究了基于滑模控制技术的加压重水反应堆空间功率分布控制问题。其中,文献

[14]提出采用滑模观测器来估计重水反应堆的状态。文献[12-13,15]进一步针对重水反应堆提出了基于多速率输出反馈控制技术的滑模控制。这些文献提出的方法不需要将系统的状态信息作为控制器的反馈,因此可能更易于实际系统的实现。考虑到系统中传感器或执行器可能出现故障,此时要求设计具有一定容错能力的闭环系统,这样即使传感器或者执行器发生故障,系统也不会失去稳定性。在进行系统容错设计时,针对同一系统将建立多种模型,这种情况下常规的设计方法将难以应用。文献[19,35]针对加压重水反应堆空间功率分布的容错控制问题进行了研究。文献[35]采用的方法是周期输出反馈控制技术,而文献[19]采用的是快输出采样控制技术。空间功率控制的主要目的是防止和抑制堆芯可能发生的氙振荡问题。文献[20]针对大型压水堆核电站,阐述了一种基于三轴向偏移量理念的改进的控制方法来控制氙振荡问题,该方法将堆芯氙振荡信息连续显示给操作员,使操作员更清楚地了解堆芯运行情况。文献[21]对文献[20]的方法进一步进行了扩展,提出了在压水堆核电站中对氙气径向振动进行监测与控制的理念,该方法中控制器的设计不但利用了轴向偏移反馈,而且利用了相应堆芯区域中的功率分布信息。文献[22]进一步提出了一种类似基于三轴向偏移绘制的特征椭圆轨迹的方法。

近期,文献[9-11]的研究表明模糊逻辑控制器(FLC)在核反应堆控制中非常有应用前景。模糊逻辑控制器具有很高的鲁棒性和抗外部干扰能力,而且还具有自学习和自适应能力。文献[11]针对压水堆核电站的功率控制采用了模型预测控制方法设计了自动控制器。该文献中,采用减聚类方法识别的模糊模型来预测反应堆功率,而减聚类方法所采用的算法具有快速性和鲁棒性。该文献提出的模糊模型预测控制器的目标是使预测的反应堆功率与所需功率之间的差异,以及控制棒位置的变化最小化。该控制目标取决于最大和最小的控制棒棒位和最大的控制棒移动速度。遗传算法可以解决多目标优化问题,因此采用遗传算法来优化模糊模型预测控制器。文献[9]提出了采用单输入模糊逻辑控制器(SIFLC)来控制先进重水反应堆空间功率分布。该文献将常用的两输入模糊逻辑控制器设计简化为单输入模糊逻辑控制器设计问题。该文献研究表明,单输入模糊逻辑控制器设计不但减少了推理规则而且简化了控制参数的调节。该文献研究还表明,与常用的两输入模糊逻辑控制器相比,采用单输入模糊逻辑控制器来控制先进重水反应堆的空间功率分布问题需要更少的执行时间。文献[10]进一步提出了一种可应用于先进重水反应堆空间功率分布控制问题的基于简化模糊逻辑的类比例微分控制器。文献[1-3]基于离散比例-积分-微分(PID)控制器和分数阶 PID 控制器提出了其他几种控制策略。

本书的后续章节系统性地研究了多变量空间控制技术在先进重水反应堆空间功率分布控制问题上的适用性。本书后续章节详细介绍了不同的控制技术,并对这些控制技术进行了比较。

1.5 本书内容安排

本书其余章节的内容安排如下:

·第 2 章介绍了先进重水反应堆的数学模型,然后将先进重水反应堆数学模型表示成标准状态空间的形式、矢量化表示形式,并研究了基于静态输出反馈的空间控制技术。

·第 3 章介绍了基于两阶段法分解技术的先进重水反应堆非线性模型的状态反馈控制

技术。

·第 4 章介绍了基于准稳态分解方法的双时间尺度非线性先进重水反应堆系统的空间控制技术。

·第 5 章介绍了基于两阶段分解技术的鲁棒滑模控制器对先进重水反应堆系统的控制。由于快变子系统的设计是稳定的,所以滑模控制器可仅根据慢变子系统进行设计。此后,将所设计的控制器应用于先进重水反应堆系统的矢量化非线性模型,并对仿真结果进行了讨论。

·第 6 章介绍了快输出采样控制策略在先进重水反应堆系统中的应用,以及在不同瞬态工况下的非线性仿真分析。

·第 7 章针对三时间尺度系统提出了一种新的周期输出反馈控制技术,并将其应用于先进重水反应堆系统的空间功率分布稳定控制。

·第 8 章研究了基于三时间尺度分解的两种不同趋近律条件下的离散滑模控制技术,并将所设计的控制器应用到先进重水反应堆系统的控制中,实现了空间功率控制。

·第 9 章基于多个瞬态工况条件,对本书中研究的控制器的响应特性进行了比较,并在不同的瞬态工况下,对控制器的性能进行了对比,确定了较适用于先进重水反应堆系统控制的方法。

1.6　参考文献

1. Bhase, S. S. , Patre, B. M. : Robust FOPI controller design for power control of PHWR under step-back condition. Nucl. Eng. Design 274, 20 – 29 (2014)

2. Das, S. , Das, S. , Gupta, A. : Fractional order modeling of a PHWR under step-back condition and control of its global power with a robust PIλDμ controller. IEEE Trans. Nucl. Sci. 58(5), 2431 – 2441 (2011)

3. Dasgupta, S. , Routh, A. , et al. : Networked control of a large PHWR with discrete proportionalintegral-derivative controllers. IEEE Trans. Nucl. Sci. 60(5), 3879 – 3888 (2013)

4. Duderstadt, J. J. , Hamilton, L. J. : Nuclear Reactor Analysis. Wiley, New York (1976)

5. Gaikwad, A. J. , Vijayan, P. K. , Iyer, K. , Bhartiya, S. , Kumar, R. , Lele, H. G. , Ghosh, A. K. , Kushwaha, H. S. , Sinha, R. K. : Effect of loop configuration on steam drum level control for multiple drum interconnected loops pressure tube type boiling water reactor. IEEE Trans. Nucl. Sci. 56(6), 3712 – 3725 (2009)

6. Glasstone, S. , Sesonske, A. : Nuclear Reactor Engineering. Springer, Heidelberg (1994)

7. https://www. npcil. nic. in/main/AllProjectOperationDisplay. aspx

8. https://www. world-nuclear. org/information-library/current-and-future-generation/nuclearpower-in-the-world-today. aspx

9. Londhe, P. S. , Patre, B. M. , Tiwari, A. P. : Design of single-input fuzzy logic controller for spatial control of advanced heavy water reactor. IEEE Trans. Nucl. Sci. 61, 901 – 911 (2014)

10. Londhe, P. S., Patre, B. M., Tiwari, A. P.: Fuzzy like PD controller for spatial control of advanced heavy water reactor. Nucl. Eng. Design 274, 77 – 89 (2014)

11. Man, G. N., In, J. H., Yoon, J. L.: Design of a fuzzy model predictive power controller for pressurized water reactors. IEEE Trans. Nucl. Sci. 53(3), 1504 – 1514 (2006)

12. Reddy G. D., Bandyopadhyay B., Tiwari A. P.: Spatial control of a large pressurize heavy water reactor by multirate output feedback based sliding mode control. Proc. IEEE Int. Conf. Ind. Technol., 1925 – 1930 (2006)

13. Reddy, G. D., Bandyopadhyay, B., Tiwari, A. P.: Multirate output feedback based sliding mode spatial control for a large pressurize heavy water reactor. IEEE Trans. Nucl. Sci. 54, 2677 – 2686 (2007)

14. Reddy, G. D., Bandyopadhyay, B., Tiwari, A. P., Fernando, T.: Spatial control of a large pressurize heavy water reactor using sliding mode observer and control. Proc. IEEE Int. Conf. Control Autom. Rob. Vis. 53(6), 2142 – 2147 (2008)

15. Reddy, G. D., Park, Y., Bandyopadhyay, B., Tiwari, A. P.: Discrete-time output feedback sliding mode control for spatial control of a large pressurize heavy water reactor. Automatica 45, 2159 – 2163 (2009)

16. Reddy, P. B., Sannuti, P.: Optimal control of a coupled-core nuclear reactor by a singular perturbation method. IEEE Trans. Autom. Control 20(6), 766 – 769 (1975)

17. Sharma, G. L., Bandyopadhyay, B.: Robust controller design for a pressurized heavy water reactor by fast output sampling technique. Proc. IEEE Int. Conf. Ind. Technol. 1, 301 – 306 (2000)

18. Sharma, G. L., Bandyopadhyay, B., Tiwari, A. P.: Spatial control of a large pressurized heavy water reactor by fast output sampling technique. IEEE Trans. Nucl. Sci. 50, 1740 – 1751 (2003)

19. Sharma, G. L., Bandyopadhyay, B., Tiwari, A. P.: Fault tolerance spatial control of a large PHWR by fast output sampling technique. Proc. IEE Control Theory Appl. 151(1), 117 – 124 (2004)

20. Shimazu, Y.: Continuous guidance procedure for xenon oscillation control. J. Nucl. Sci. Technol. 32(2), 95 – 100 (1995)

21. Shimazu, Y., Takeda, K.: Monitoring and control of radial xenon oscillation in PWRs by a three-radial-offset concept. J. Nucl. Sci. Technol. 44(2), 155 – 162 (2007)

22. Shimazu, Y., Takeda, K.: Xenon oscillation control in large PWRs using a characteristic ellipse trajectory drawn by three axial offsets. J. Nucl. Sci. Technol. 45(4), 257 – 262 (2008)

23. Shimjith, S. R., Tiwari, A. P., Bandyopadhyay, B.: Coupled neutronics thermal hydraulics model of advanced heavy water reactor for control system studies. Proc. Annual IEEE India Conf. 1, 126 – 131 (2008)

24. Shimjith, S. R., Tiwari, A. P., Bandyopadhyay, B.: A three-time-scale approach for design of linear state regulator for spatial control of advanced heavy water reactor. IEEE Trans. Nucl. Sci. 58(3), 1264 – 1276 (2011)

25. Shimjith, S. R. , Tiwari, A. P. , Bandyopadhyay, B. : Design of fast output sampling controller for three-time-scale systems: application to spatial control of advanced heavy water reactor. IEEE Trans. Nucl. Sci. 58(6), 3305 – 3316 (2011)

26. Shimjith, S. R. , Tiwari, A. P. , Bandyopadhyay, B. , Patil, R. K. : Spatial stabilization of advanced heavy water reactor. Ann. Nucl. Energy 38(7), 1545 – 1558 (2011)

27. Shimjith, S. R. , Tiwari, A. P. , Bandyopadhyay, B. : Modeling and Control of Large Nuclear Reactor: A Three Time Scale Approach. Lecture Notes in Control and Information Sciences, vol. 431. Springer, Berlin (2013)

28. Shimjith, S. R. , Tiwari, A. P. , Naskar, M. , Bandyopadhyay, B. : Space-time kinetics modeling of advanced heavy water reactor for control studies. Ann. Nucl. Energy 37(3), 310 – 324 (2010)

29. Sinha, R. K. , Kakodkar, A. : The road map for a future Indian nuclear energy system. In: Proceedings of the International Conference on Innovative Technologies for Nuclear Fuel Cycles and Nuclear Power, Vienna (2003)

30. Sinha, R. K. , Kakodkar, A. : Design and development of the AHWR-the Indian thorium fuelled innovative nuclear reactor. Nucl. Eng. Des. 236, 683 – 700 (2006)

31. Sinha, R. K. , Kushwaha, H. S. : Design and development of AHWR-the Indian thorium fuelled innovative nuclear reactor. In: Proceedings of theAnnualConference of Indian Nuclear Society, Mumbai (2000)

32. Syrmos, V. L. , Abdallah, C. T. , Dorato, P. , Grigoriadis, K. : Static output feedback-a survey. Automatica 33, 125 – 137 (1997)

33. Talange, D. B. , Bandyopadhyay, B. , Tiwari, A. P. : Spatial control of a large pressurize heavy water reactor by decentralized periodic output feedback and model reduction techniques. IEEE Trans. Nucl. Sci. 53, 2308 – 2317 (2006)

34. Tiwari, A. P. , Bandyopadhyay, B. : Control of xenon induced spatial oscillations in a large pressurized heavy water reactor. Proc. IEEE Int. Conf. Global Connect. Energy Comput. Commun. Control 1, 178 – 181 (1998)

35. Tiwari, A. P. , Bandyopadhyay, B. : An approach to the design of fault tolerant spatial control system for large pressurize heavy water reactor. Proc. IEEE Int. Conf. Ind. Technol. 1, 747 – 752 (2000)

36. Tiwari, A. P. , Bandyopadhyay, B. , Govindarajan, G. : Spatial control of large pressurized heavy water reactor. IEEE Trans. Nucl. Sci. 43, 2440 – 2453 (1996)

37. Tiwari, A. P. , Bandyopadhyay, B. , Werner, H. : Spatial control of a large pressurize heavy water reactor by piecewise constant periodic output feedback. IEEE Trans. Nucl. Sci. 47, 389 – 402 (2000)

38. United States, Office of the Assistant Secretary for Nuclear Energy and United States, Department of Energy, History Division: The History of Nuclear Energy. U. S. Department of Energy (1985). https://books. google. co. in/books? id = vKIlGQAACAAJ

第 2 章　先进重水反应堆系统数学模型及静态输出反馈控制

2.1　概　　述

先进重水反应堆的物理尺寸要比反应堆堆芯中子的迁移长度大得多。因此,先进重水反应堆堆芯中会发生中子通量密度斜变这一严重的现象。此外,在线换料等工况可能会导致中子通量密度分布形状与平衡状态下中子通量密度分布形状之间出现瞬时偏差。为了分析中子通量密度分布变化情况,就需要建立满足要求的先进重水反应堆时－空动力学模型。另外,由于用于详细堆芯物理计算、热工水力分析或者燃耗优化的数学模型通常具有很高的阶次,因此这些详细模型不适用于控制算法的研究。文献[15]推导了用于研究加压重水反应堆时－空动力学现象的简化模型,该模型是基于多群扩散方程的有限差分逼近理论进行推导和建立的。与之类似,文献[11－12,14]建立了先进重水反应堆的简化时－空动力学模型。本书就是基于简化的时－空动力学模型进行控制算法的研究。

针对反应堆空间功率分布控制问题设计具有鲁棒性的控制器,首先需要对系统或核电厂的动态特性进行详细研究。系统的动态过程反映在系统中表现为各个状态变量之间的相互作用。为了探索先进重水反应堆时－空动力学问题并研究反应堆空间功率分布控制策略,就需要建立一个合适的先进重水反应堆数学模型。该模型应既能描述反应堆的重要特性,又具有合理的复杂性。利用该数学模型可以进行离线仿真计算研究,并研究已知事故工况条件下反应堆的性能[1,7,10,16]。

本章首先推导了先进重水反应堆系统的数学模型,考虑堆芯内部的反应性反馈建立堆芯中子动力学模型和热工水力学模型;然后对所建立的数学模型进行线性化;针对线性化后的模型,采用静态输出反馈控制技术设计了系统控制器。本章也是后面几章进行不同控制技术研究的基础。

2.2　先进重水反应堆数学模型

先进重水反应堆的数学模型包括描述堆芯中子行为的中子动力学模型和描述堆芯主要传热过程的堆芯热工水力学模型。

2.2.1　堆芯中子动力学模型

采用节块划分方法,基于两群中子扩散方程的有限差分近似和有效单群缓发中子先驱核浓度的相关方程,可以得到简化的堆芯中子动力学模型。如图2.1所示,为了解耦时间和空间依赖关系,将先进重水反应堆的堆芯划分成17个节块。这17个节块可划分为中心区域(节块1)和同心径向区域节块。同心径向区域的内部径向区域节块由节块2~9组成,节块2~9每个节块中还同时包括了各自的功率调节棒。同心径向节块的外部区域节块由节块10~17组成。顶部和底部反射面区域节块的划分方案相同,都是17个节块;侧反射层区域划分成8个节块。在堆芯每个节块中,中子通量和其他中子学参数用其体积积分的平均值表示。节块2、4、6和8中包含了堆芯中采用自动控制进行调节的功率调节棒[13]。为了表示简便,包含自动功率控制调节棒的节块中的功率调节棒的编号以所在节块的编号来表示,依次为RR2、RR4、RR6和RR8。这些节块可以看作17个小堆芯,每个堆芯通过中子扩散与其相邻的小堆芯进行耦合。在不考虑内部反应性反馈情况下,可得到下列中子动力学非线性方程。

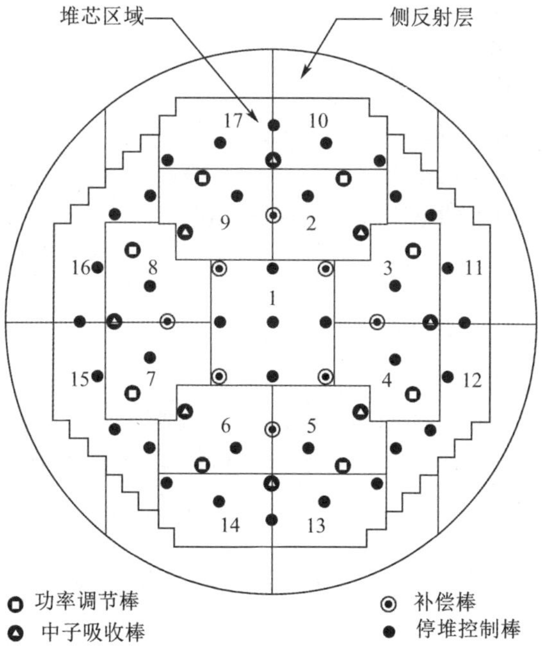

图2.1　先进重水反应堆堆芯17个节块划分方案

$$\frac{\mathrm{d}Q_i}{\mathrm{d}t} = (\rho_i - \alpha_{ii} - \beta)\frac{Q_i}{l} + \sum_{j=1}^{17}\alpha_{ji}\frac{Q_j}{l} + \lambda C_i \tag{2.1}$$

$$\frac{\mathrm{d}C_i}{\mathrm{d}t} = \frac{\beta}{l}Q_i - \lambda C_i,\quad i = 1,2,\cdots,17 \tag{2.2}$$

式中　α_{ji}——第j个节块和第i个节块的耦合系数;

α_{ii}——第i个节块的自耦合系数;

β——有效单群缓发中子产额;

λ——有效单群缓发中子的衰变常数;

l——中子寿命;

Q_i——节块功率;

C_i——第i个节块中有效单群缓发中子先驱核的浓度。

反应堆中最重要的裂变毒物是氙,这是因为氙具有特别大的热中子俘获截面,而且氙的半衰期为9.2 h。反应堆中氙同位素主要来自半衰期为6.7 h的碘的放射性衰变[4-5]。为了推导反应堆中氙引起的反应性反馈,每个节块中的碘和氙的动力学表示为

$$\frac{\mathrm{d}I_i}{\mathrm{d}t}=\gamma_{\mathrm{I}}\Sigma_{\mathrm{f}_i}Q_i-\lambda_{\mathrm{I}}I_i \tag{2.3}$$

$$\frac{\mathrm{d}X_i}{\mathrm{d}t}=\gamma_{\mathrm{X}}\Sigma_{\mathrm{f}_i}Q_i+\lambda_{\mathrm{I}}I_i-(\lambda_{\mathrm{X}}+\bar{\sigma}_{\mathrm{X}_i}Q_i)X_i \tag{2.4}$$

式中 γ_{I}、γ_{X}——碘和氙的裂变产生份额;

λ_{I}、λ_{X}——碘和氙的衰变常数;

I_i——节块 i 中碘的浓度;

X_i——节块 i 中氙的浓度;

E_{eff}——每次裂变释放的能量;

V_i——节块的体积;

Σ_{f_i}——节块 i 的热中子截面;

$\bar{\sigma}_{\mathrm{X}_i}$——氙的平均微观截面,$\bar{\sigma}_{\mathrm{X}_i}=\sigma_{\mathrm{X}_i}/E_{\mathrm{eff}}\Sigma_{\mathrm{f}_i}V_i$;

功率调节棒由各自可反向的变速型三相异步电动机和静态变频器驱动。调节棒的调节速度与施加在驱动电机上的电压成正比,可表示为

$$\frac{\mathrm{d}H_k}{\mathrm{d}t}=\kappa v_k,\quad k=2,4,6,8 \tag{2.5}$$

式中 v_k——功率调节棒的控制信号,信号范围为±1 V;

κ——常数,取值为0.56;

H_k——第 k 个功率调节棒的棒位值,取值为功率调节棒插入堆芯的百分比。

微分方程(2.1)~(2.5)为先进重水反应堆的点堆中子动力学模型。中子动力学相关参数、先进重水反应堆模型中节块耦合系数及节块体积和中子截面如表2.1~2.3所示。

表2.1 中子动力学相关参数

参数	数值
β	2.643×10^{-3}
λ/s^{-1}	6.4568×10^{-2}
ℓ/s	3.6694×10^{-4}
$\lambda_{\mathrm{I}}/\mathrm{s}^{-1}$	2.878×10^{-5}
$\lambda_{\mathrm{X}}/\mathrm{s}^{-1}$	2.1×10^{-5}
γ_{I}	5.7×10^{-2}
γ_{X}	1.1×10^{-2}
$\sigma_{\mathrm{X}}/\mathrm{cm}^{-1}$	1.8×10^{-22}
$E_{\mathrm{eff}}/\mathrm{J}$	3.2×10^{-11}

表 2.2　先进重水反应堆模型中节块耦合系数

耦合系数	数值
$\alpha_{1,1}$	3.1567×10^{-2}
$\alpha_{2,2},\alpha_{5,5},\alpha_{6,6},\alpha_{9,9}$	5.4918×10^{-2}
$\alpha_{3,3},\alpha_{4,4},\alpha_{7,7},\alpha_{8,8}$	6.2052×10^{-2}
$\alpha_{10,10},\alpha_{13,13},\alpha_{14,14},\alpha_{17,17}$	3.8351×10^{-2}
$\alpha_{11,11},\alpha_{12,12},\alpha_{15,15},\alpha_{16,16}$	4.3567×10^{-2}
$\alpha_{1,2},\alpha_{1,5},\alpha_{1,6},\alpha_{1,9}$	6.5746×10^{-3}
$\alpha_{1,3},\alpha_{1,4},\alpha_{1,7},\alpha_{1,8}$	6.5204×10^{-3}
$\alpha_{2,1},\alpha_{5,1},\alpha_{6,1},\alpha_{9,1}$	4.5833×10^{-3}
$\alpha_{3,1},\alpha_{4,1},\alpha_{7,1},\alpha_{8,1}$	4.3309×10^{-3}
$\alpha_{2,3},\alpha_{5,4},\alpha_{6,7},\alpha_{9,8}$	1.3044×10^{-2}
$\alpha_{3,2},\alpha_{4,5},\alpha_{7,6},\alpha_{8,9}$	1.2428×10^{-2}
$\alpha_{3,4},\alpha_{4,3},\alpha_{7,8},\alpha_{8,7}$	1.6097×10^{-2}
$\alpha_{2,9},\alpha_{5,6},\alpha_{6,5},\alpha_{9,2}$	1.0445×10^{-2}
$\alpha_{2,10},\alpha_{5,13},\alpha_{6,14},\alpha_{9,17}$	2.3481×10^{-2}
$\alpha_{3,11},\alpha_{4,12},\alpha_{7,15},\alpha_{8,16}$	2.7555×10^{-2}
$\alpha_{10,2},\alpha_{13,5},\alpha_{14,6},\alpha_{17,9}$	1.9198×10^{-2}
$\alpha_{11,2},\alpha_{12,5},\alpha_{15,6},\alpha_{16,9}$	5.6901×10^{-3}
$\alpha_{2,11},\alpha_{5,12},\alpha_{6,15},\alpha_{9,16}$	5.4963×10^{-3}
$\alpha_{11,3},\alpha_{12,4},\alpha_{15,7},\alpha_{16,8}$	2.9941×10^{-2}
$\alpha_{10,17},\alpha_{17,10},\alpha_{11,12},\alpha_{12,11},\alpha_{13,14},\alpha_{14,13},\alpha_{15,16},\alpha_{16,15}$	9.9912×10^{-3}
其他 $\alpha_{i,j}$	0

表 2.3　节块体积和中子截面

节块号	体积/m^3	Σ_f/cm^{-1}	Σ_a/cm^{-1}
1	8.682 2	2.6657×10^{-3}	6.9514×10^{-3}
2,5,6,9	5.404 2	2.3898×10^{-3}	6.6828×10^{-3}
3,4,7,8	5.138 4	2.5325×10^{-3}	6.7898×10^{-3}
10,13,14,17	4.429 7	2.5665×10^{-3}	6.8991×10^{-3}
11,12,15,16	5.581 4	2.5665×10^{-3}	6.8991×10^{-3}

2.2.2　热工水力学模型

先进重水反应堆主传热系统的热工水力学模型是通过分别建立反应堆堆芯热工水力

学模型和汽包热工水力学模型，然后将它们组合在一起得到的[2,12]。各部分热工水力模型如下。

1. 堆芯热工水力学模型

为了建立了反应堆堆芯的热工水力学模型，假设条件如下：每个节块都有一个等效的冷却剂通道；忽略了下降管、给水管和尾管中的压降，且节块功率沿流向均匀分布。此外，在沸腾开始后，蒸汽质量被认为是沿通道轴向长度均匀增加的。此时，可针对沸腾段建立质量平衡方程和能量平衡方程，并将它们联立求解，得到的堆芯热工水力学模型为

$$e_{vp_i}\frac{\mathrm{d}P}{\mathrm{d}t}+e_{vx_i}\frac{\mathrm{d}x_i}{\mathrm{d}t}=Q_i-q_{\mathrm{d}_i}(h_{\mathrm{w}}-h_{\mathrm{d}})-x_ih_{\mathrm{c}}q_{\mathrm{d}_i} \tag{2.6}$$

式中 P——汽包压力；

h_{w}、h_{d} 和 h_{c}——水的焓值、下降管段水的焓值和凝结水的焓值；

x_i——节块的平均出口质量；

q_{d_i}——由第 i 个节块流入下降管段的冷却剂的流速；

e_{vp_i}、e_{vx_i}——第 i 个节块中的常数。

2. 汽包热工水力学模型

基于如下的假设条件，这里建立了一个简化的汽包集总模型：①蒸汽夹带效应不显著；② 进入汽包的是饱和水和蒸汽的混合物，离开汽包进入堆芯的是过冷水；③汽包水的密度和焓值为平均值。汽包的质量平衡方程和能量平衡方程为

$$e_{pv}\frac{\mathrm{d}V_{\mathrm{w}}}{\mathrm{d}t}+e_{pp}\frac{\mathrm{d}P}{\mathrm{d}t}=-\sum_{i=1}^{17}(q_{\mathrm{d}_i}-q_{r_i})+q_{\mathrm{f}}-q_{\mathrm{s}} \tag{2.7}$$

$$e_{xv}\frac{\mathrm{d}V_{\mathrm{w}}}{\mathrm{d}t}+e_{xp}\frac{\mathrm{d}P}{\mathrm{d}t}=q_{\mathrm{f}}h_{\mathrm{f}}+xq_rh_{\mathrm{s}}+(1-x)q_rh_{\mathrm{w}}-q_{\mathrm{d}}h_{\mathrm{d}}-q_{\mathrm{s}}h_{\mathrm{s}} \tag{2.8}$$

式中 q_{f}、q_{s}、q_{r} 和 q_{d}——给水流速平均值，蒸汽流速的平均值，饱和蒸汽流速平均值和过冷水的平均流速；

V_{w}——汽包中水的体积。

最终汽包中水的能量平衡方程为

$$e_{p_i}\frac{\mathrm{d}P}{\mathrm{d}t}+e_{v_i}\frac{\mathrm{d}V_{\mathrm{w}}}{\mathrm{d}t}+e_{x_i}\frac{\mathrm{d}h_{\mathrm{d}}}{\mathrm{d}t}=q_{\mathrm{f}}h_{\mathrm{f}}+(1-x)q_{\mathrm{r}}h_{\mathrm{w}}-q_{\mathrm{d}}h_{\mathrm{d}} \tag{2.9}$$

式(2.6)~式(2.9)得出了完整的热工水力学模型。此外，汽包压力和水的体积由各自的控制系统进行调节，以维持在各自的设定值。因此在式(2.6)~式(2.9)可去掉 P 和 V_{w} 的导数，以上方程可以简化为

$$e_{vx_i}\frac{\mathrm{d}x_i}{\mathrm{d}t}=Q_i-q_{\mathrm{d}_i}(h_{\mathrm{w}}-h_{\mathrm{d}})-q_{\mathrm{d}_i}x_ih_{\mathrm{c}} \tag{2.10}$$

$$e_{x_i}\frac{\mathrm{d}h_{\mathrm{d}}}{\mathrm{d}t}=q_{\mathrm{f}}(\hat{k}_2h_{\mathrm{f}}-\hat{k}_1)-q_{\mathrm{d}}(\hat{k}_2h_{\mathrm{d}}-\hat{k}_1) \tag{2.11}$$

式中，$\hat{k}_2=h_{\mathrm{s}}/h_{\mathrm{c}}$，$\hat{k}_1=h_{\mathrm{w}}\hat{k}_2$，$e_{vx_i}$ 和 e_{x_i} 的值如表 2.4 所示。

通道中冷却剂流速是归一化节块功率的函数，可表示为

$$q_{\mathrm{d}_i}=\left\{k_1\left[\frac{Q_i}{Q_{i_0}}\right]^3+k_2\left[\frac{Q_i}{Q_{i_0}}\right]^2+k_3\left[\frac{Q_i}{Q_{i_0}}\right]+k_4\right\}q_{\mathrm{d}i_0} \tag{2.12}$$

式中 $k_1=0.215\,6$，$k_2=-0.598\,9$，$k_3=0.485\,38$，$k_4=0.898\,8$；

Q_{i_0} ——第 i 个节块在满功率工况下释放的能量；

$q_{d_{i_0}}$ ——满功率工况下冷却剂流速。

表 2.4　热工水力模型中的常系数

系数	节块号	数值
e_{vx_i}	1	2.440 6
	2.5,6,9	1.090 9
	3,4,7,8	1.216 0
	10,13,14,17	1.986 1
	11,12,15,16	1.167 7
e_{x_i}	—	0.511 4

2.2.3　反应性反馈

式(2.1)中的反应性变量 ρ_i 可表示为

$$\rho_i = \rho_{i_u} + \rho_{i_X} + \rho_{i_\alpha} \tag{2.13}$$

式中　ρ_{i_u} ——控制棒引入的反应性反馈；

ρ_{i_X} ——氙引入的反应性反馈；

ρ_{i_α} ——冷却剂空泡份额引入的反应性反馈。

功率调节棒引入的反应性反馈可表示为

$$\rho_{i_u} = \begin{cases} (-10.234H_i + 676.203) \times 10^{-6}, & i = 2,4,6,8 \\ 0, & \text{其他节块} \end{cases} \tag{2.14}$$

节块 i 中氙引入的反应性反馈可表示为

$$\rho_{i_X} = \frac{\bar{\sigma}_{X_i} X_i}{\Sigma_{a_i}} \tag{2.15}$$

冷却剂空泡份额引入的反应性反馈可表示为

$$\rho_{i_\alpha} = -5 \times 10^{-3}(9.283\,2x_i^5 - 27.719\,2x_i^4 + 31.764\,3x_i^3 - 17.738\,9x_i^2 + 5.230\,8x_i + 0.079\,2) \tag{2.16}$$

由冷却剂温度变化，燃料温度变化和慢化剂温度变化引入的反应性反馈相对较小，因此这些反应性反馈是可忽略的。方程(2.1)～方程(2.5)，方程(2.10)和(2.11)构成了先进重水反应堆完整的中子－热工水力学模型耦合方程。功率方程、缓发中子先驱核浓度方程、氙浓度方程、碘浓度方程和出口质量方程，5 类方程中每一类都有 17 个方程，此外还有 4 个控制棒棒位的方程和 1 个下降管段焓值方程，因此总计为 90 个非线性一阶微分方程。4 个功率调节棒棒位的控制信号和给水流量信号为 17 个节块的输入信号，输出信号为反应堆总功率。节块功率和冷却剂流量在稳态满功率工况下为常值，如表 2.5 所示。功率调节棒的平衡位置为插入堆芯 66.1%。冷却剂进入堆芯的温度为 260 ℃，进入汽包的给水温度为 130 ℃。主系统的运行压力为 7 MPa。其他变量如缓发中子先驱核浓度、碘浓度和氙浓度、出口质量和给水流量的平衡值可以很容易地由各自方程的稳态形式计算出来。

表 2.5　满工况下节块功率和冷却剂流速

节块号	稳态值	
	功率/MWt	冷却剂流量/(kg·s⁻¹)
1	91.874 3	187.32
2,5,6,9	54.999 1	130.20
3,4, 7,8	55.741 0	125.38
10, 13, 14, 17	42.696 7	97.06
11, 12, 15, 16	53.714 6	125.78
总计	920.480 0	2 101.00

2.3　线性化模型和状态空间模型

由式(2.1)~式(2.5),式(2.10)和式(2.11)表示的非线性模型可在稳态运行工况($H_{k_0}, X_{i_0}, I_{i_0}, h_{d_0}, C_{i_0}, x_{i_0}, Q_{i_0}$)附近进行线性化,而且线性化模型可以表示成状态空间标准形式。状态向量可表示为

$$z = [z_H^{\mathrm{T}} \quad z_X^{\mathrm{T}} \quad z_I^{\mathrm{T}} \quad \delta h_{\mathrm{d}} \quad z_C^{\mathrm{T}} \quad z_x^{\mathrm{T}} \quad z_Q^{\mathrm{T}}]^{\mathrm{T}} \tag{2.17}$$

式中,$z_H = [\delta H_2 \quad \delta H_4 \quad \delta H_6 \quad \delta H_8]^{\mathrm{T}}$;其余 $z_\xi = \left[(\delta\xi_1/\xi_{1_0}) \quad \cdots \quad (\delta\xi_{17}/\xi_{17_0})\right]^{\mathrm{T}}$,$\xi = X, I, C, x, Q$,$\delta$ 表示各变量在各自稳态值附近的偏差。类似地,输入向量可表示为

$$\boldsymbol{u} = [\delta v_2 \quad \delta v_4 \quad \delta v_6 \quad \delta v_8]^{\mathrm{T}} \tag{2.18}$$

输出向量为

$$\boldsymbol{y} = [y_{\mathrm{T}} \quad y_1 \quad \cdots \quad y_{17}]^{\mathrm{T}} \tag{2.19}$$

式中,$y_{\mathrm{T}} = \sum_{i=1}^{17} \dfrac{\delta Q_i}{\sum_{j=1}^{17} Q_{j_0}}$,$y_i = \dfrac{\delta Q_i}{Q_{i_0}}$分别表示归一化的总功率和归一化的节块功率。此时系统式(2.1)~式(2.5),式(2.10)和式(2.11)可表示成标准线性状态空间形式:

$$\dot{\boldsymbol{z}} = \boldsymbol{A}\boldsymbol{z} + \boldsymbol{B}\boldsymbol{u} + \boldsymbol{B}_{\mathrm{fw}}\delta q_{\mathrm{fw}} \tag{2.20}$$

$$\boldsymbol{y} = \boldsymbol{M}\boldsymbol{z} \tag{2.21}$$

式中,q_{fw} 为给水流速。状态矩阵 $\boldsymbol{A}$ 为 90 阶的矩阵,可表示为

$$\boldsymbol{A} = \begin{bmatrix} \boldsymbol{0} & \boldsymbol{0} & \boldsymbol{0} & \boldsymbol{0} & \boldsymbol{0} & \boldsymbol{0} & \boldsymbol{0} \\ \boldsymbol{0} & \boldsymbol{A}_{XX} & \boldsymbol{A}_{XI} & \boldsymbol{0} & \boldsymbol{0} & \boldsymbol{0} & \boldsymbol{A}_{XQ} \\ \boldsymbol{0} & \boldsymbol{0} & \boldsymbol{A}_{II} & \boldsymbol{0} & \boldsymbol{0} & \boldsymbol{0} & \boldsymbol{A}_{IQ} \\ \boldsymbol{0} & \boldsymbol{0} & \boldsymbol{0} & \boldsymbol{A}_{hh} & \boldsymbol{0} & \boldsymbol{0} & \boldsymbol{A}_{hQ} \\ \boldsymbol{0} & \boldsymbol{0} & \boldsymbol{0} & \boldsymbol{0} & \boldsymbol{A}_{CC} & \boldsymbol{0} & \boldsymbol{A}_{CQ} \\ \boldsymbol{0} & \boldsymbol{0} & \boldsymbol{0} & \boldsymbol{A}_{xh} & \boldsymbol{0} & \boldsymbol{A}_{xx} & \boldsymbol{A}_{xQ} \\ \boldsymbol{A}_{QH} & \boldsymbol{A}_{QX} & \boldsymbol{0} & \boldsymbol{0} & \boldsymbol{A}_{QC} & \boldsymbol{A}_{Qx} & \boldsymbol{A}_{QQ} \end{bmatrix} \tag{2.22}$$

其中第一行表示 4 行的 0,**0** 表示具有对应维度的空矩阵。其他子矩阵为

$$\boldsymbol{A}_{QC} = \frac{\beta}{l}\boldsymbol{E}_{17}$$

$$\boldsymbol{A}_{QQ}(i,j) = \begin{cases} \dfrac{1}{l}\left(-\sum_{k=1}^{17}\alpha_{ki}\dfrac{Q_{k_0}}{Q_{i_0}} - \beta\right) & ,i = j \\ \dfrac{1}{l}\alpha_{ji}\dfrac{Q_{j0}}{Q_{i_0}}, & i \neq j \end{cases}$$

$$\boldsymbol{A}_{QX} = \mathrm{diag}[a_{qx1} \quad a_{qx2} \quad \cdots \quad a_{qx17}], a_{qxi} = -\frac{1}{l}\left(\frac{\bar{\sigma}_{Xi}X_{i_0}}{\Sigma_{ai}}\right)$$

$$\boldsymbol{A}_{Qx} = \frac{1}{l}\mathrm{diag}[k_{\alpha_1}Q_{1_0} \quad k_{\alpha_2}Q_{2_0} \quad \cdots \quad k_{\alpha_{17}}Q_{17_0}]$$

$$k_{\alpha_i} = -5\times10^{-3}(46.416x_{i_0}^4 - 110.878\,7x_{i_0}^3 + 95.229x_{i_0}^2 - 35.477\,9x_{i_0} + 5.230\,8)$$

$$\boldsymbol{A}_{CQ} = \lambda\boldsymbol{E}_{17}$$

$$\boldsymbol{A}_{CC} = -\boldsymbol{A}_{CQ}$$

$$\boldsymbol{A}_{IQ} = \lambda_I\boldsymbol{E}_{17}$$

$$\boldsymbol{A}_{II} = -\boldsymbol{A}_{IQ}$$

$$\boldsymbol{A}_{XQ} = \lambda_X\boldsymbol{E}_{17} - \mathrm{diag}\left[\lambda_I\frac{I_{1_0}}{X_{10}} \quad \cdots \quad \lambda_I\frac{I_{17_0}}{X_{17_0}}\right]$$

$$\boldsymbol{A}_{XX} = -\mathrm{diag}[\lambda_X + \bar{\sigma}_{X_1}Q_{1_0} \quad \lambda_X + \bar{\sigma}_{X_2}Q_{2_0} \cdots \lambda_X + \bar{\sigma}_{X_{17}}Q_{17_0}]$$

$$\boldsymbol{A}_{XI} = \lambda_I\mathrm{diag}\left[\frac{I_{1_0}}{X_{1_0}} \quad \cdots \quad \frac{I_{17_0}}{X_{17_0}}\right]$$

$$\boldsymbol{A}_{hh} = -\hat{k}_1\frac{q_{d_0}}{e_{xh}h_w}$$

$$\boldsymbol{A}_{hQ} = \frac{\hat{k}_1}{e_{xh}}(3k_1 + 2k_2 + k_3)\left(\frac{1}{h_{d_0}} - \frac{1}{h_w}\right)[q_{d_{1_0}} \quad q_{d_{2_0}} \quad \cdots \quad q_{d_{17_0}}]$$

$$\boldsymbol{A}_{xh} = \left[\frac{q_{d_{1_0}}h_{d_0}}{e_{vx_1}x_{1_0}} \quad \frac{q_{d_{2_0}}h_{d_0}}{e_{vx_2}x_{2_0}} \quad \cdots \quad \frac{q_{d_{17_0}}h_{d_0}}{e_{vx_{17}}x_{17_0}}\right]^{\mathrm{T}}$$

$$A_{xx} = -h_c\mathrm{diag}\left[\frac{q_{d_{1_0}}}{e_{vx_1}}\frac{q_{d_{2_0}}}{e_{vx_2}} \quad \cdots \quad \frac{q_{d_{17_0}}}{e_{vx_{17}}}\right]$$

$$A_{xQ} = \mathrm{diag}[a_{xq1} \quad a_{xq2} \quad \cdots \quad a_{xq17}]$$

$$a_{xqi} = \frac{1}{e_{vx_i}x_{i_0}}[Q_{i_0} - (h_w - h_{d_0} + x_{i_0}h_c)q_{di_0}(3k_1 + 2k_2 + k_3)]$$

$$A_{QH}(i,j) = \begin{cases} \dfrac{-10.23\times10^{-6}Q_{i_0}}{l} & ,i = 2,4,6,8,j = i/2 \\ 0, & \text{其他} \end{cases}$$

矩阵 $\boldsymbol{B}$ 的维度为(90×4):

$$\boldsymbol{B} = [\boldsymbol{B}_H^{\mathrm{T}} \quad \boldsymbol{0} \quad \boldsymbol{0} \quad \boldsymbol{0} \quad \boldsymbol{0} \quad \boldsymbol{0}]^{\mathrm{T}} \tag{2.23}$$

式中,$\boldsymbol{B}_H$ 为对角矩阵,维度为(4×4),对角元素为 κ,其余子矩阵都为 **0**。

矩阵 $\boldsymbol{B}_{\mathrm{fw}}$ 的维度为(90×1)，$b_2=\hat{k}_1 q_{\mathrm{f}_0}\left(\dfrac{h_{\mathrm{f}_0}-1}{e_{x_i}h_{\mathrm{d}0}}\right)$ 位于第 39 行，其余元素都为 0。

归一化的反应堆总功率和节块功率构成了输出向量。因此，在式(2.21)中矩阵 $\boldsymbol{M}$ 的维度为(18×90)，可表示为

$$\boldsymbol{M}=[\boldsymbol{M}_1\quad \boldsymbol{M}_2] \tag{2.24}$$

式中 $\boldsymbol{M}_1$ 为空矩阵，维度为(18×73)；

$$\boldsymbol{M}_2=\begin{bmatrix} \dfrac{Q_{1_0}}{\sum_{j=1}^{17}Q_{j0}} & \dfrac{Q_{2_0}}{\sum_{j=1}^{17}Q_{j0}} & \cdots & \dfrac{Q_{17_0}}{\sum_{j=1}^{17}Q_{j0}} \\ 1 & 0 & \cdots & 0 \\ 0 & 1 & \cdots & 0 \\ \vdots & \vdots & \ddots & \vdots \\ 0 & 0 & \cdots & 1 \end{bmatrix} \tag{2.25}$$

2.4 线性系统的性质

2.4.1 稳定性

当满足如下条件时，线性系统(2.20)是渐近稳定的，即

$$\mathrm{Re}\{\varphi_i(\boldsymbol{A})\}<0,\ \forall i$$

其中 $\varphi_i(\boldsymbol{A})$ 表示矩阵 $\boldsymbol{A}$ 的特征值。如果系统中存在不稳定运动模式，则不稳定运动模式对应系统矩阵中特征值的实部大于等于零，即 $\mathrm{Re}\{\varphi_i(\boldsymbol{A})\}\geqslant 0$ [3]。因此，可以通过式(2.22)定义的开环线性系统矩阵 $\boldsymbol{A}$ 的特征值来判定系统的稳定性。系统矩阵 $\boldsymbol{A}$ 的特征值如表 2.6 所示。可以看出系统有 6 个特征值（特征值 1 ~ 6）具有正实部，此外还有 4 个位于原点的特征值（特征值 7 ~ 10），这表明系统是不稳定的。不稳定特征值如表 2.6 中的斜体部分所示。因此，必须设计形成一个闭环控制系统，在控制氙振荡的同时，有效地保持反应堆的总功率。

表 2.6 具有热工水力耦合的系统开环特征值

序号	特征值	序号	特征值	序号	特征值
1	7.4551×10^{-3}	39	-1.2514×10^{-2}	66	-1.6316×10^{-1}
2,3	$(8.8268\pm \mathrm{j}1.8656)\times10^{-5}$	40	-1.6108×10^{-2}	67	-1.6325×10^{-1}
4,5	$(8.0470\pm \mathrm{j}2.4129)\times10^{-5}$	41	-5.0954×10^{-2}	68	-1.6405×10^{-1}
6	3.9654×10^{-6}	42	-5.1159×10^{-2}	69	-1.6576×10^{-1}
7 ~ 10	*0*	43	-5.7730×10^{-2}	70	-1.8037×10^{-1}
11,12	$(-3.5182\pm \mathrm{j}7.7577)\times10^{-5}$	44	-5.7893×10^{-2}	71	-1.8049×10^{-1}

续表

序号	特征值	序号	特征值	序号	特征值
13	-3.7781×10^{-5}	45	-5.9707×10^{-2}	72	-1.8122×10^{-1}
14,15	$(-3.7785\pm j7.6475)\times10^{-5}$	46	-5.9723×10^{-2}	73	-1.8395×10^{-1}
16	-3.7993×10^{-5}	47	-6.0344×10^{-2}	74	-7.2516
17	-4.0124×10^{-5}	48	-6.0642×10^{-2}	75	-3.2844×10^{1}
18	-4.1520×10^{-5}	49	-6.1848×10^{-2}	76	-3.3372×10^{1}
19	-4.2245×10^{-5}	50	-6.1942×10^{-2}	77	-6.6599×10^{1}
20	-4.4204×10^{-5}	51	-6.2200×10^{-2}	78	-6.8323×10^{1}
21	-4.7476×10^{-5}	52	-6.2380×10^{-2}	79	-9.3653×10^{1}
22	-4.8866×10^{-5}	53	-6.2458×10^{-2}	80	-9.4612×10^{1}
23,24	$(-6.4855\pm j5.3109)\times10^{-5}$	54	-6.2608×10^{-2}	81	-1.0868×10^{2}
25,26	$(-6.5890\pm j5.4696)\times10^{-5}$	55	-6.2865×10^{-2}	82	-1.1705×10^{2}
27,28	$(-7.3359\pm j3.9319)\times10^{-5}$	56	-6.2893×10^{-2}	83	-1.6967×10^{2}
29,30	$(-7.7407\pm j2.9929)\times10^{-5}$	57	-1.1714×10^{-1}	84	-1.7568×10^{2}
31	-1.4107×10^{-4}	58	-1.4712×10^{-1}	85	-1.9497×10^{2}
32	-1.4624×10^{-4}	59	-1.4713×10^{-1}	86	-2.1110×10^{2}
33	-1.5717×10^{-4}	60	-1.4809×10^{-1}	87	-2.1904×10^{2}
34	-1.6524×10^{-4}	61	-1.4849×10^{-1}	88	-2.3591×10^{2}
35	-1.6720×10^{-4}	62	-1.5580×10^{-1}	89	-2.7163×10^{2}
36	-1.7308×10^{-4}	63	-1.5585×10^{-1}	90	-2.7626×10^{2}
37	-1.8807×10^{-4}	64	-1.5662×10^{-1}		
38	-1.8870×10^{-4}	65	-1.5759×10^{-1}		

2.4.2 可控性

n 阶线性系统式(2.20)是可控的,当且仅当满足如下条件:

$$\mathrm{rank}\{[\boldsymbol{A}-\varphi_i\boldsymbol{E}_n\quad \boldsymbol{B}]\}=n,\forall i$$

式中　φ_i ——系统矩阵 $\boldsymbol{A}$ 的第 i 个特征值;

$\boldsymbol{E}_n$ ——n 阶单位矩阵。

如果系统满足以上条件,则称系统($\boldsymbol{A}$, $\boldsymbol{B}$)是可控的。系统的不可控制模式是那些不满足以上条件的特征值对应的运动模式,即 $\mathrm{rank}\{[\boldsymbol{A}-\varphi_i\boldsymbol{E}_n\boldsymbol{B}]\}\neq n$ 的特征值对应的系统的运动模式。

系统的可控性条件决定了控制系统设计问题完全解是否存在[6]。如果系统是不可控的,那么不能通过设计一个控制器来使得不稳定的系统满足稳定性要求,并达到需求的瞬态响应特性。针对先进重水反应堆系统模型式(2.22)和式(2.23),经验证系统($\boldsymbol{A}$, $\boldsymbol{B}$)是可控的,即对任意的 i, $\mathrm{rank}\{[\boldsymbol{A}-\varphi_i\boldsymbol{E}_n\boldsymbol{B}]\}=n$,其中 $n=90$。

2.4.3 可观测性

n 阶线性系统式(2.20)和式(2.21)是可观测的,当且仅当满足如下条件:

$$\operatorname{rank}\left\{\begin{bmatrix} \boldsymbol{A}-\varphi_i \boldsymbol{E}_n \\ \boldsymbol{M} \end{bmatrix}\right\}=n, \forall i$$

如果系统满足以上条件,则称系统$(\boldsymbol{A}, \boldsymbol{M})$是可观测的。系统的不可观测模式是不满足以上条件的特征值对应的运动模式,即 $\operatorname{rank}\left\{\begin{bmatrix} \boldsymbol{A}-\varphi_i \boldsymbol{E}_n \\ \boldsymbol{M} \end{bmatrix}\right\} \neq n$ 的特征值对应的系统的运动模式。系统的可观测性表示在有限的时间间隔内,是否可以通过观测系统输出来确定系统的每个状态变量[6]。系统的可观测性有助于确定能否从被测变量来重构系统中未测量的系统状态变量。系统的可观测性在控制系统设计中起着重要的作用,因为如果所有状态变量的信息都是可以获取的,那么这些状态变量信息对于设计合适的控制器是非常重要的。针对先进重水反应堆系统模型式(2.22)和式(2.24),经验证系统$(\boldsymbol{A}, \boldsymbol{M})$是可观测的,即对任意的 i, $\operatorname{rank}\left\{\begin{bmatrix} \boldsymbol{A}-\varphi_i \boldsymbol{E}_n \\ \boldsymbol{M} \end{bmatrix}\right\}=n$ 。这说明系统式(2.20)和式(2.21)是可观测的。

2.5 先进重水反应堆系统的向量化模型

为使先进重水反应堆系统模型更加简洁,本节将先进重水反应堆耦合中子学-热工水力学模型方程总结如下:

$$\frac{\mathrm{d}Q_i}{\mathrm{d}t}=(\rho_i-\alpha_{ii}-\beta)\frac{Q_i}{l}+\sum_{j=1}^{17}\alpha_{ji}\frac{Q_j}{l}+\lambda C_i \tag{2.26}$$

$$\frac{\mathrm{d}C_i}{\mathrm{d}t}=\frac{\beta}{l}Q_i-\lambda C_i \tag{2.27}$$

$$\frac{\mathrm{d}I_i}{\mathrm{d}t}=\gamma_{\mathrm{I}}\Sigma_{\mathrm{f}_i}Q_i-\lambda_{\mathrm{I}}I_i \tag{2.28}$$

$$\frac{\mathrm{d}X_i}{\mathrm{d}t}=\gamma_{\mathrm{X}}\Sigma_{\mathrm{f}_i}Q_i+\lambda_{\mathrm{I}}I_i-(\lambda_{\mathrm{X}}+\bar{\sigma}_{\mathrm{X}_i}Q_i)X_i \tag{2.29}$$

$$\frac{\mathrm{d}H_k}{\mathrm{d}t}=\kappa v_k \tag{2.30}$$

$$e_{vx_i}\frac{\mathrm{d}x_i}{\mathrm{d}t}=Q_i-q_{\mathrm{d}_i}(h_{\mathrm{w}}-h_{\mathrm{d}})-q_{\mathrm{d}_i}x_ih_c \tag{2.31}$$

$$e_{x_i}\frac{\mathrm{d}h_{\mathrm{d}}}{\mathrm{d}t}=q_{\mathrm{f}}(\hat{k}_2h_{\mathrm{f}}-\hat{k}_1)-q_{\mathrm{d}}(\hat{k}_2h_{\mathrm{d}}-\hat{k}_1) \tag{2.32}$$

以上各式中, $i=1,2,\cdots,17$; $k=2,4,6,8$;

$$q_{\mathrm{d}_i}=\left\{k_1\left[\frac{Q_i}{Q_{i_0}}\right]^3+k_2\left[\frac{Q_i}{Q_{i_0}}\right]^2+k_3\left[\frac{Q_i}{Q_{i_0}}\right]+k_4\right\}q_{\mathrm{d}_{i_0}} \tag{2.33}$$

$$\rho_i=\rho_{i_u}+\rho_{i_{\mathrm{X}}}+\rho_{i_\alpha} \tag{2.34}$$

$$\rho_{i_u} = \begin{cases}(-10.234H_i + 676.203) \times 10^{-6}, & i = 2,4,6,8 \\ 0, & 其他\end{cases} \tag{2.35}$$

$$\rho_{i_X} = \frac{\bar{\sigma}_{X_i} X_i}{\Sigma_{a_i}} \tag{2.36}$$

$$\rho_{i_\alpha} = -5 \times 10^{-3}(9.283\,2x_i^5 - 27.719\,2x_i^4 + 31.764\,3x_i^3 - 17.738\,9x_i^2 + 5.230\,8x_i + 0.079\,2) \tag{2.37}$$

动态方程(2.26)~(2.37)可以表示成矢量或矩阵形式，这样可便于在 MATLAB/Simulink 环境下进行仿真分析[8]。因此节块功率方程(2.26)可重新表示成

$$\frac{dQ_i}{dt} = \frac{1}{l}[\rho_i Q_i - \alpha_{ii} Q_i - \beta Q_i + \sum_{j=1}^{17} \alpha_{ji} Q_j + \lambda l C_i] \tag{2.38}$$

在上面方程中，l、β 为常数，ρ_i、α_{ii}、C_i 和 Q_i 为列向量元素，α_{ji} 为矩阵元素。项 $\rho_i Q_i$，$\alpha_{ii} Q_i$，βQ_i，$\sum_{j=1}^{17} \alpha_{ji} Q_j$ 和 $\lambda l C_i$ 都是矩阵和列向量的元素。如果标量乘法用“·”表示，元素乘法用“⊙”表示，数组乘法用“＊”表示，那么式(2.38)可以表示为

$$\frac{dQ_i}{dt} = \frac{1}{l} \cdot [\rho_i \odot Q_i - \alpha_{ii} \odot Q_i - \beta \cdot Q_i + \sum_{j=1}^{17} \alpha_{ji} Q_j + (\lambda l) \cdot C_i] \tag{2.39}$$

上面的方程在 MATLAB 软件中仿真时，可以只用一个积分器来代替 17 个不同的积分器。MATLAB/Simulink 自动地将方程扩展到适当的维度大小，如图 2.2 所示。节块功率的初始值可以通过双击“积分”算法图标以矢量形式插入积分器。

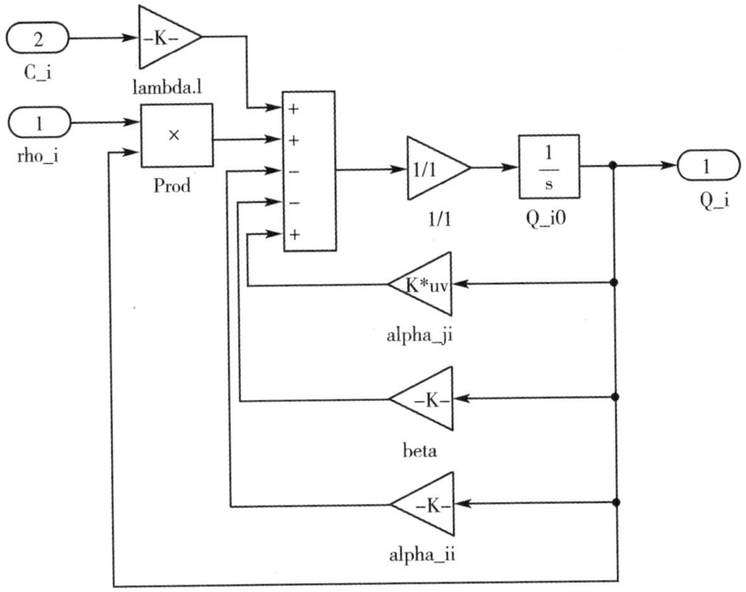

图 2.2　节块功率的 MATLAB/Simulink 实现

与之类似，缓发中子先驱核浓度方程、碘浓度方程、氙浓度方程和棒位方程都可以表示成矢量/矩阵形式：

$$\frac{dC_i}{dt} = \frac{\beta}{l} \cdot Q_i - \lambda \cdot C_i \tag{2.40}$$

$$\frac{\mathrm{d}I_i}{\mathrm{d}t} = (\gamma_{\mathrm{I}} \cdot \Sigma_{\mathrm{f}_i}) \odot Q_i - \lambda_{\mathrm{I}} \cdot I_i \tag{2.41}$$

$$\frac{\mathrm{d}X_i}{\mathrm{d}t} = (\gamma_{\mathrm{X}} \cdot \Sigma_{\mathrm{f}_i}) \odot Q_i + \lambda_{\mathrm{I}} \cdot I_i - (\lambda_{\mathrm{X}} + \bar{\sigma}_{\mathrm{X}_i} \odot Q_i) \odot X_i \tag{2.42}$$

$$\frac{\mathrm{d}H_k}{\mathrm{d}t} = \kappa \cdot v_k, \quad k = 2,4,6,8, i = 1,2,\cdots,17 \tag{2.43}$$

如图 2.3 所示，在定义矢量增益之后，方程(2.40)～(2.43)可以很容易地在 Simulink 中作为一个中子动力学模型的子系统块来进行仿真实现。类似地，由式(2.31)和(2.32)给出的涉及出口质量和下降管焓值动态的热工水力学模型，用矢量形式表示为

$$\frac{\mathrm{d}x_i}{\mathrm{d}t} = \frac{1}{e_{vx_i}} \odot [Q_i - q_{\mathrm{d}_i} \cdot (h_{\mathrm{w}} - h_{\mathrm{d}}) - (q_{\mathrm{d}_i} \odot x_i) \cdot h_c] \tag{2.44}$$

$$\frac{\mathrm{d}h_{\mathrm{d}}}{\mathrm{d}t} = \frac{1}{e_{x_i}} \odot [q_{\mathrm{f}} \cdot (\hat{k}_2 h_{\mathrm{f}} - \hat{k}_1) - q_{\mathrm{d}} \cdot (\hat{k}_2 h_{\mathrm{d}} - \hat{k}_1)] \tag{2.45}$$

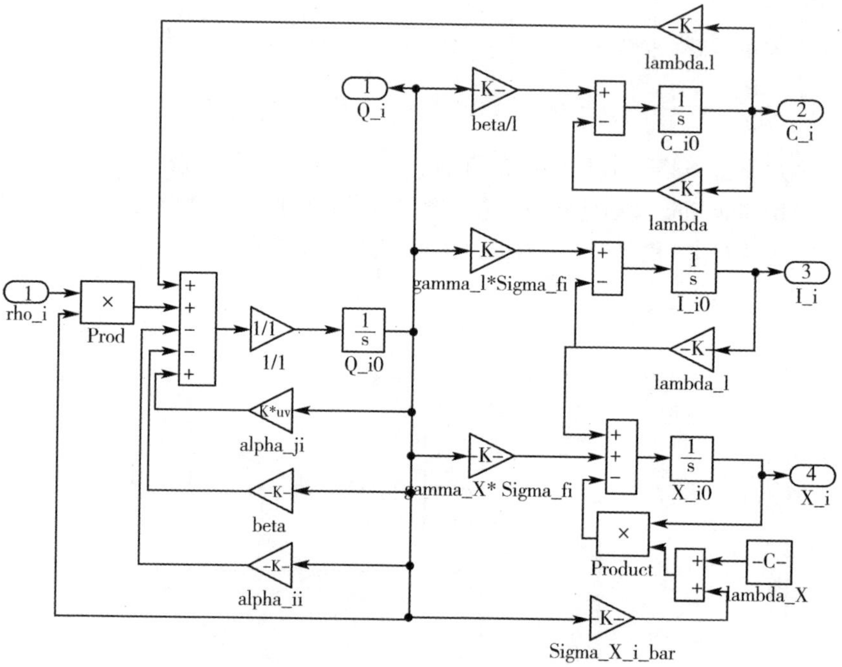

图 2.3　堆芯中子动力学模型的 Simulink 模型

热工水力学模型在 Simulink 环境中的实现如图 2.4 所示。流过通道的瞬时冷却剂流量可根据式(2.33)进行计算，在图 2.4 中表示为冷却剂流量子系统块“coolant flowrate”。功率调节棒动作引入的反应性反馈是其位置的函数，如式(2.30)和式(2.35)所定义。如图 2.5 所示，这两个方程可以一起实现。在 MATLAB 中实现时，所有这些方程可以在 MATLAB 中以不同的子模块的形式组合在一起，建立不同子系统的形式，考虑不同变量和反应性反馈之间的关联关系后，形成完整的先进重水反应堆 MATLAB/Simulink 模型。如图 2.6 所示为整个先进重水反应堆系统的 Simulink 模型，该模型可自动求解非线性方程(2.26)～(2.32)。

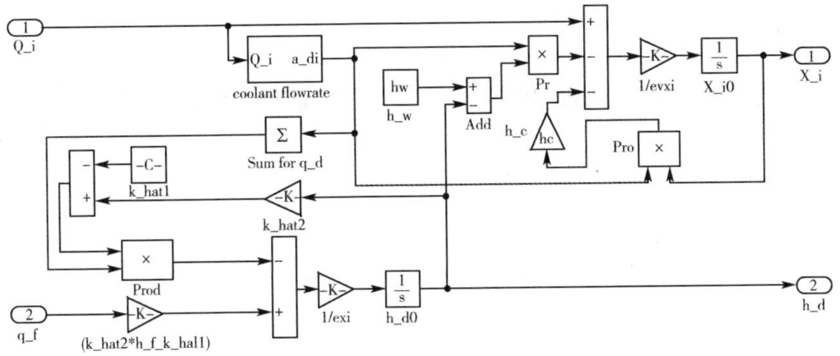

图 2.4　热工水力学模型 Simulink 模型

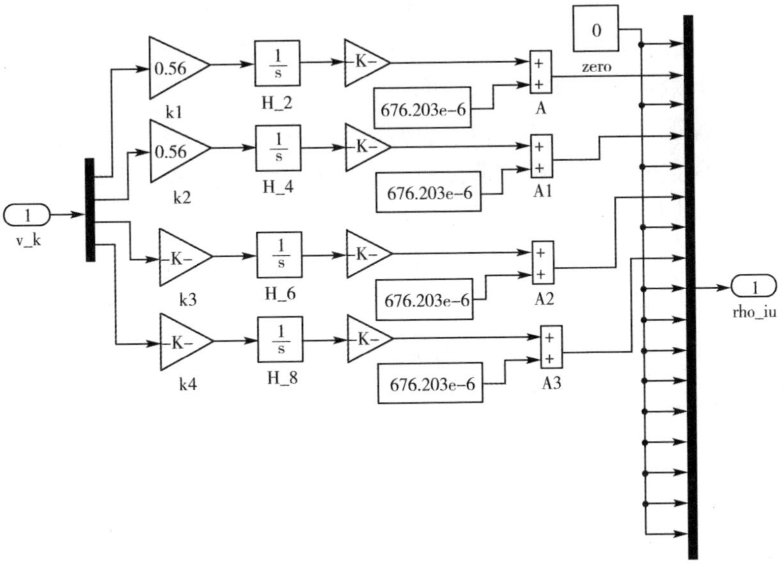

图 2.5　功率调节棒反应性反馈 Simulink 模型

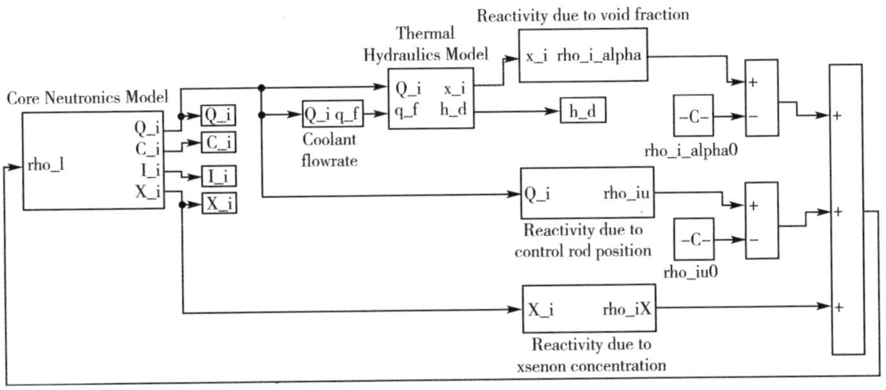

图 2.6　先进重水反应堆系统的 Simulink 模型

在 Simulink 中建模分析的优点如下：

1. 只要耦合系数矩阵和反应性反馈模型能够正确建模，该模型可用于不同节块数划分的反应堆模型，且该模型可应用于不同类型的反应堆；

2. 任何变量相对于时间或任何两个变量之间的相对变化可以通过对该变量应用“scope”模块来研究；

3. 计算过程可以可视化，计算结果可以进行保存并可进一步进行分析；

4. 可以研究不同时间步长的非线性微分方程的不同求解方法；

5. 与反应堆瞬态工况持续时间相比，MATLAB 仿真计算时间要短得多。

2.6 先进重水反应堆静态输出反馈控制

如第 2.4.1 节所述，先进重水反应堆系统模型的多个特征值位于原点处而且还存在多个实部为正值的特征值，这说明开环系统是不稳定的。因此，必须设计一个闭环控制，在抑制氙振荡的同时，有效地保持堆芯的总功率。

通常，总功率反馈控制足以实现对中小型核反应堆的控制；然而对于大型反应堆，如先进重水反应堆，需要空间功率分布反馈控制与总功率的反馈控制来实现有效的堆芯空间功率分布控制。针对以上问题，系统(2.20)中的输入 $\boldsymbol{u}$ 具有如下形式：

$$\boldsymbol{u} = -\boldsymbol{K}\boldsymbol{y} = -\boldsymbol{K} * \boldsymbol{y} \tag{2.46}$$

式中　$\boldsymbol{K}$ 为(4×18)的矩阵。采用以上控制输入并结合式(2.21)，系统(2.20)变为

$$\dot{z} = (\boldsymbol{A} - \boldsymbol{BKM})z + \boldsymbol{B}_{\text{fw}}\delta q_{\text{fw}} = \hat{\boldsymbol{A}}z + \boldsymbol{B}_{\text{fw}}\delta q_{\text{fw}} \tag{2.47}$$

式中，$\hat{\boldsymbol{A}} = (\boldsymbol{A} - \boldsymbol{BKM})$。

2.6.1 总功率反馈控制

首先，考虑

$$\boldsymbol{K} = [\bar{\boldsymbol{K}}_{\text{T}} \quad \boldsymbol{0} \quad \cdots \quad \boldsymbol{0}] \tag{2.48}$$

式中，$\boldsymbol{0}$ 为(4×1)的向量；$\bar{\boldsymbol{K}}_{\text{T}} = [K_{\text{T}} \quad K_{\text{T}} \quad K_{\text{T}} \quad K_{\text{T}}]^{\text{T}}$。

每个功率调节棒的总功率反馈增益都为 K_{T}，节块功率反馈增益为 0。总功率反馈控制方案如图 2.7 所示。通过改变 K_{T} 值来研究系统(2.47)的稳定性特性，当 $K_{\text{T}} = 12.5$ 时，系统总体上是稳定的，但是系统表现出空间不稳定性。为了研究这一特点，在 MATLAB/Simulink 环境中，利用由式(2.26)～(2.37)得到的先进重水反应堆系统的矢量化的非线性模型，针对空间功率扰动这一瞬态过程进行仿真。假设反应堆初始时刻处于满功率下运行，控制信号如式(2.46)所示。RR2 功率调节棒初始时刻位于平衡位置，此后通过控制信号提棒约 1%；然后将 RR2 功率调节棒恢复到原来的位置；此后各个功率调节棒在控制器控制下进行调节。根据反应堆总功率的变化和第一、第二功率斜变的变化可以看出系统对该扰动的响应。

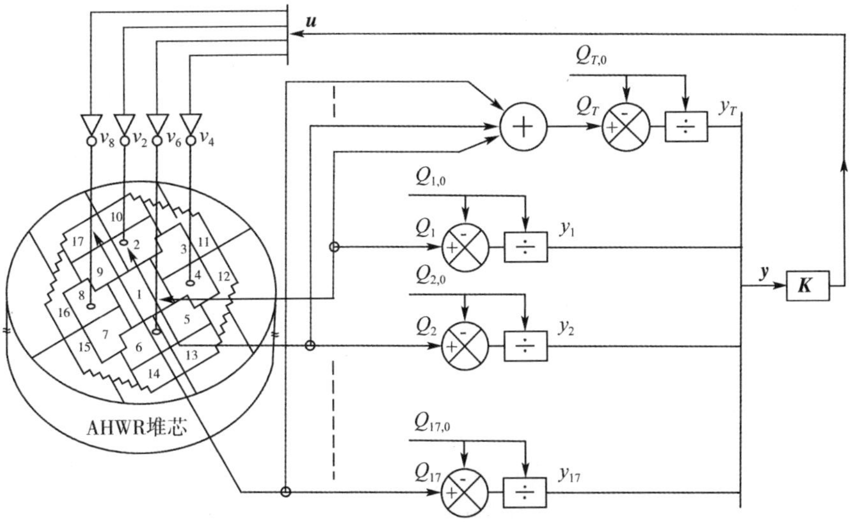

图 2.7　先进重水反应堆输出反馈控制方案

（$Q_{T,0}$ 和 Q_T 分别表示反应堆的稳态功率和瞬时功率）

第一和第二功率斜变定义如下：

第一功率斜变为

$$FAT = \frac{Q_L - Q_R}{\sum_{i=1}^{17} \frac{Q_i}{2}} \times 100\% \tag{2.49}$$

式中 $Q_L = \frac{1}{2}Q_1 + \sum_{i=6}^{9} Q_i + \sum_{i=14}^{17} Q_i$

$Q_R = \frac{1}{2}Q_1 + \sum_{i=2}^{5} Q_i + \sum_{i=10}^{13} Q_i$

第二功率斜变为

$$SAT = \frac{Q_{p1} - Q_{p2}}{\sum_{i=1}^{17} \frac{Q_i}{2}} \times 100\% \tag{2.50}$$

式中 $Q_{p1} = \frac{1}{2}Q_1 + Q_2 + Q_3 + Q_6 + Q_7 + Q_{10} + Q_{11} + Q_{14} + Q_{15}$

$Q_{p2} = \frac{1}{2}Q_1 + Q_4 + Q_5 + Q_8 + Q_9 + Q_{12} + Q_{13} + Q_{16} + Q_{17}$

仿真结果表明，虽然总功率反馈控制在控制器作用下处于总功率稳定，但堆芯内部的功率分布却发生了振荡。如图2.8所示，在38 h处，第一和第二功率斜变幅度分别上升到1.4%和0.75%。同时由仿真结果可观察到第一和第二功率斜变的振荡周期分别为20 h和12 h。如果在反应堆模型中不考虑冷却剂空泡份额对反应性反馈的影响，那么此时观察到的第一和第二功率斜变的振幅将明显大于图2.8所示的振幅。然而如果在反应堆模型中不考虑氙浓度对反应性反馈的影响，那么在堆芯功率分布中没有观察到功率振荡现象。这表明空间功率振荡确实是由氙引起的。功率空间振荡现象和局部超功率现象会对燃料的完整性造成潜在威胁，必须对这两个问题进行控制。因此，有必要设计一种适用于先进重水反应堆系统的空间功率控制器。

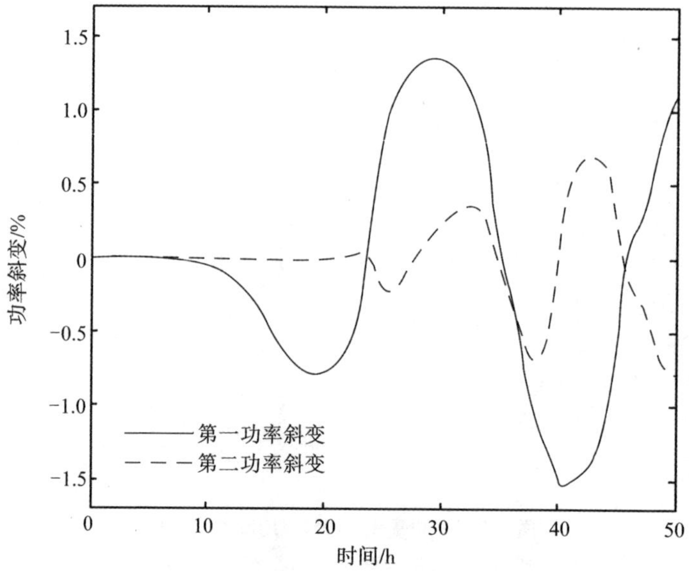

图 2.8　空间不稳定现象中的不稳定模式

2.6.2　空间功率反馈控制

如 2.6.1 节所述，在总功率反馈控制下，先进重水反应堆系统会表现出空间不稳定性。这是因为系统(2.47)仍然有 4 个具有正实部的特征值和 3 个位于原点的特征值。因此，先进重水反应堆系统的控制，除了总功率反馈控制外，同时还需要空间功率的反馈控制。在先进重水反应堆系统中，空间功率稳定是通过节块功率的反馈控制来实现的，而功率调节棒棒位的控制是由总功率反馈控制实现的。因此，在式(2.48)中，反馈增益 $\boldsymbol{K}$ 被限定为只在第一列中包含非零值，而为了实现空间功率反馈则需允许在其他位置含有有非零值。本节可以通过这样的方式来设计反馈增益矩阵：对应于总功率的反馈增益是 K_T，而节块 2、4、6 和 8 中的节块功率反馈增益是 K_R，则 $\boldsymbol{K}$ 可以表示为

$$\boldsymbol{K} = \begin{bmatrix} K_T & 0 & K_R & 0 & 0 & 0 & 0 & 0 & 0 & 0 & 0 & 0 & 0 & 0 & 0 & 0 & 0 \\ K_T & 0 & 0 & 0 & K_R & 0 & 0 & 0 & 0 & 0 & 0 & 0 & 0 & 0 & 0 & 0 & 0 \\ K_T & 0 & 0 & 0 & 0 & 0 & K_R & 0 & 0 & 0 & 0 & 0 & 0 & 0 & 0 & 0 & 0 \\ K_T & 0 & 0 & 0 & 0 & 0 & 0 & 0 & K_R & 0 & 0 & 0 & 0 & 0 & 0 & 0 & 0 \end{bmatrix} \tag{2.51}$$

图 2.9 给出了当 K_R 由零逐渐增加时，稳定的特征值和原点附近的不稳定特征值的根轨迹，结果表明，当 $K_R \geqslant 2$ 时，系统的所有不稳定特征值都是稳定的，这证明包含自动控制功率调节棒的节块功率反馈可以有效地实现系统的稳定性设计。在 $K_R \approx 10$ 时，大多数位于原点附近的特征值都在各自的新位置上固定下来。因此 K_R 的值选定为 10。如表 2.7 所示，当 $K_R = 10$，$K_T = 12.5$ 时闭环系统的特征值都位于 S 平面的左半平面。这表明采用式(2.51)的反馈增益 $\boldsymbol{K}$ 和式(2.46)的控制器，系统(2.47)具有稳定性。空间功率反馈控制方案与图 2.7 相同，其中 $\boldsymbol{K}$ 由式(2.51)给出[9]。

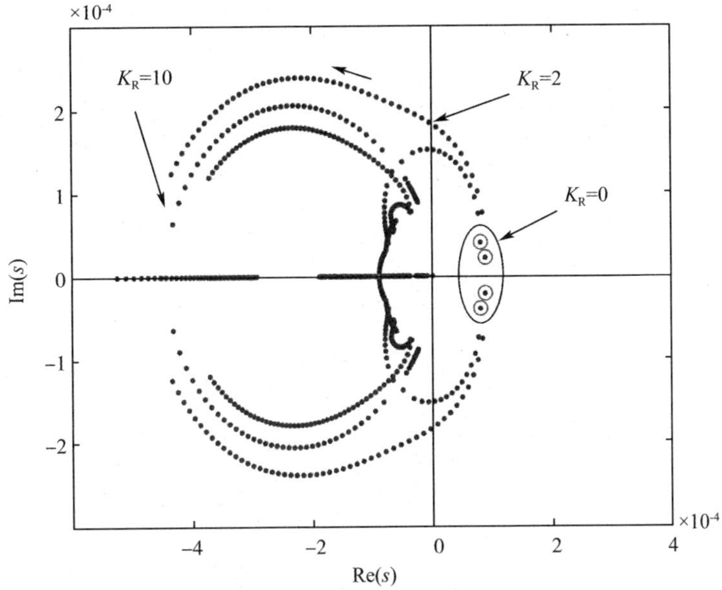

图 2.9　包含自动控制功率调节棒的节块功率反馈对不稳定特征值位置的影响

表 2.7　先进重水反应堆模型闭环系统的特征值

序号	特征值	序号	特征值	序号	特征值
1	$-2.877\ 3\times10^{-5}$	37	$-5.883\ 4\times10^{-2}$	69	$-1.751\ 0\times10^{-1}$
2	$-2.877\ 3\times10^{-5}$	38	$-5.936\ 4\times10^{-2}$	70	$-1.805\ 3\times10^{-1}$
3	$-2.877\ 3\times10^{-5}$	39	$-5.966\ 0\times10^{-2}$	71	$-1.807\ 8\times10^{-1}$
4	$-2.877\ 3\times10^{-5}$	40	$-5.984\ 5\times10^{-2}$	72	$-1.822\ 1\times10^{-1}$
5	$-4.008\ 5\times10^{-5}$	41	$-6.119\ 1\times10^{-2}$	73	$-2.634\ 5\times10^{-1}$
6	$-4.023\ 7\times10^{-5}$	42	$-6.131\ 6\times10^{-2}$	74	$-6.979\ 6$
7	$-4.328\ 3\times10^{-5}$	43,44	$(-5.908\ 5\pm j1.690\ 1)\times10^{-2}$	75	$-3.278\ 7\times10^{1}$
8	$-4.359\ 3\times10^{-5}$	45	$-6.180\ 3\times10^{-2}$	76	$-3.332\ 7\times10^{1}$
9	$-6.755\ 0\times10^{-5}$	46	$-6.187\ 2\times10^{-2}$	77	$-6.658\ 4\times10^{1}$
10	$-7.145\ 7\times10^{-5}$	47	$-6.235\ 0\times10^{-2}$	78	$-6.830\ 2\times10^{1}$
11,12	$(-7.681\ 0\pm j3.086\ 2)\times10^{-5}$	48	$-6.238\ 7\times10^{-2}$	79	$-9.365\ 2\times10^{1}$
13,14	$(-7.692\ 6\pm j3.063\ 7)\times10^{-5}$	49	$-6.270\ 2\times10^{-2}$	80	$-9.460\ 4\times10^{1}$
15,16	$(-2.096\ 7\pm j8.277\ 1)\times10^{-5}$	50	$-6.272\ 3\times10^{-2}$	81	$-1.086\ 7\times10^{2}$
17,18	$(-3.755\ 6\pm j7.670\ 6)\times10^{-5}$	51,52	$(-6.512\ 0\pm j2.262\ 6)\times10^{-2}$	82	$-1.170\ 4\times10^{2}$
19,20	$(-6.461\ 0\pm j5.611\ 4)\times10^{-5}$	53,54	$(-6.802\ 6\pm j2.345\ 7)\times10^{-2}$	83	$-1.696\ 6\times10^{2}$
21,22	$(-3.538\ 6\pm j7.797\ 3)\times10^{-5}$	55	$-8.498\ 2\times10^{-2}$	84	$-1.756\ 7\times10^{2}$

续表

序号	特征值	序号	特征值	序号	特征值
23,24	$(-5.688\ 9\pm j0.865\ 9)\times10^{-6}$	56	$-1.125\ 7\times10^{-1}$	85	$-1.949\ 6\times10^{2}$
25	$-9.473\ 1\times10^{-5}$	57	$-1.337\ 5\times10^{-1}$	86	$-2.110\ 9\times10^{2}$
26	$-1.004\ 9\times10^{-4}$	58	$-1.471\ 5\times10^{-1}$	87	$-2.190\ 3\times10^{2}$
27	$-1.574\ 1\times10^{-4}$	59	$-1.471\ 8\times10^{-1}$	88	$-2.359\ 0\times10^{2}$
28	$-1.588\ 1\times10^{-4}$	60	$-1.484\ 4\times10^{-1}$	89	$-2.716\ 2\times10^{2}$
29	$-1.762\ 1\times10^{-4}$	61	$-1.504\ 5\times10^{-1}$	90	$-2.762\ 5\times10^{2}$
30	$-1.770\ 5\times10^{-4}$	62	$-1.559\ 2\times10^{-1}$		
31	$-2.357\ 3\times10^{-4}$	63	$-1.560\ 2\times10^{-1}$		
32	$-2.358\ 6\times10^{-4}$	64	$-1.574\ 9\times10^{-1}$		
33	$-2.499\ 1\times10^{-4}$	65	$-1.603\ 8\times10^{-1}$		
34	$-2.502\ 6\times10^{-4}$	66	$-1.632\ 4\times10^{-1}$		
35	$-1.573\ 4\times10^{-4}$	67	$-1.633\ 9\times10^{-1}$		
36	$-5.776\ 1\times10^{-2}$	68	$-1.649\ 9\times10^{-1}$		

2.6.3 瞬态过程仿真

这里通过对先进重水反应堆非线性系统模型的仿真,对控制器性能进行了验证。假设反应堆在初始时刻运行在满功率稳态运行工况下,控制信号由式(2.46)来计算且反馈增益 $\boldsymbol{K}$ 由式(2.51)来计算;稍后不久,最初处于自动控制状态的功率调节棒 RR4 在 2 s 后通过手动控制信号提棒约 1%,此后再次处于自动控制状态。如图 2.7 所示,节块功率相对于其各自平衡值的偏差作为反馈增益 $\boldsymbol{K}$ 的输入。该反馈增益仅采用包含功率调节棒 RRs 的节块功率的偏差及总功率偏差来计算。从瞬态工况仿真结果可看出,功率调节棒 RRs 在控制器的作用下回到其平衡位置,如图 2.10 所示。在控制器的调节作用下,总功率和空间功率的扰动在大约 80 s 内被抑制。

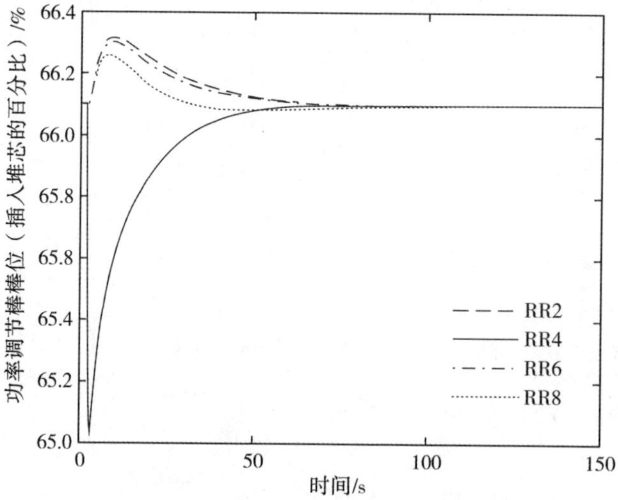

图 2.10　功率调节棒扰动对调节棒棒位的影响

总功率的变化曲线如图 2.11 所示，节块功率的变化通过第一功率斜变和第二功率斜变进行了度量，其变化曲线如图 2.12 所示。由于瞬变过程持续时间很短，第一和第二功率斜变的振幅分别为 0.012 8% 和 0.004 8%。

在另一个瞬态工况中，假设反应堆在稳态满功率工况下运行，即反应堆功率为 920.48 MW，节块功率如表 2.5 所示。在各个节块中，碘浓度、氙浓度和缓发中子先驱核的浓度均处于平衡状态。此后，需求功率以 1.5 MW/s 的速率匀速下降，大约在 61 s 内总功率下降到 828.43 MW，然后保持稳定。图 2.13 ~ 图 2.17 分别表示该瞬态过程中总功率变化、节块功率变化、节块氙浓度变化和缓发中子先驱核浓度的变化。从图 2.13 可以看出，总功率可以保持跟踪需求功率的变化。图 2.14 所示为初始 0.06 h(216 s)期间的总功率变化曲线。在 0.02 h(72 s)时，总功率接近 822.42 MW，在接下来的 90 s 内，总功率稳定在需求功率的 ±0.12% 以内。如图 2.15 所示，节块功率在大约 90 s 内达到新的稳态值，并且在剩余的长时间仿真模拟期间没有任何变化。如图 2.17 所示，氙浓度在大约 50 h 内稳定在各自的新稳态值。缓发中子先驱核浓度仅需 90 s 即可达到新的稳定状态。虽然缓发中子先驱核和氙浓度的稳定时间分别为 90 s 和若干小时，但这并没有给仿真分析带来任何的困难，这些仿真都是在 Simulink 中使用推导得到的矢量化方程实现的。

最后，为了测试所设计的控制器在干扰条件下的性能，再次采用非线性模型进行仿真分析。在先进重水反应堆仿真模型中，除了 4 个到功率调节棒 RRs 的电压输入信号外，还有第五个输入信号，即给水流量输入信号。给水流量的变化作为系统的干扰信号。初始时刻反应堆运行在平衡工况下，100 s 后给水流量加入 5% 的正阶跃变化，其变化曲线如图 2.18 所示。该干扰导致下降管段的焓值降低了 0.64%，如图 2.19 所示；该干扰导致的总功率变化曲线如图 2.20 所示。反应堆总功率先从 920.48 MW 上升到 920.70 MW，此后在大约 100 s 内恢复并稳定在初始值。从图 2.21 可以明显看出，为了使总功率保持在平衡状态，所有的功率调节棒 RRs 几乎都插棒 1%。由仿真结果可观察到总功率的变化非常小，大约为 0.02%（图 2.20）；因此缓发中子先驱核的浓度变化和氙浓度的变化也非常小，如图 2.22和图 2.23 所示。尽管缓发中子先驱核的浓度和氙浓度的时间常数存在巨大差异，但进行仿真分析并没有任何困难。这说明了控制器的有效性。

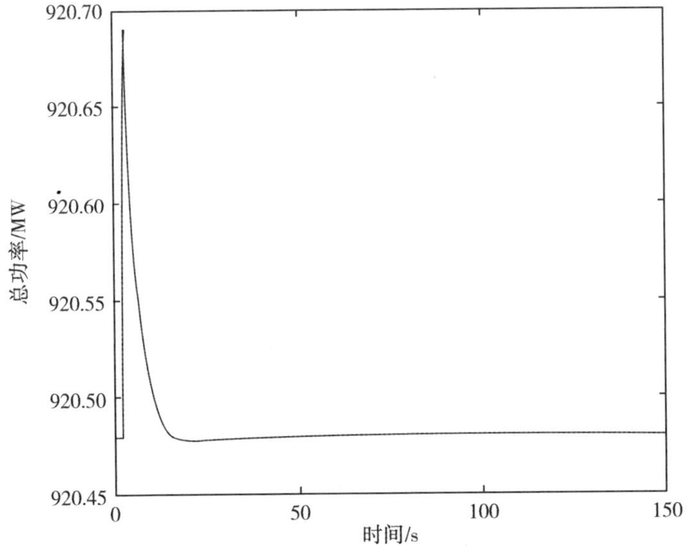

图 2.11　功率调节棒扰动对反应堆总功率的影响

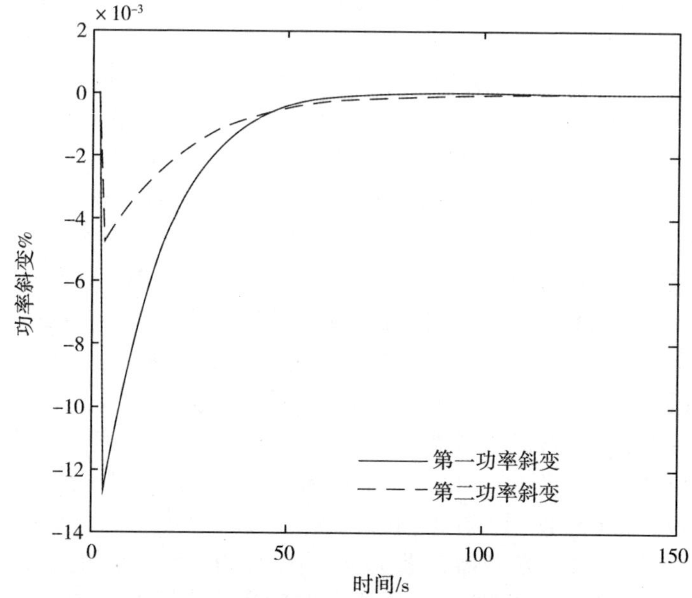

图 2.12　功率调节棒扰动对功率斜变的影响

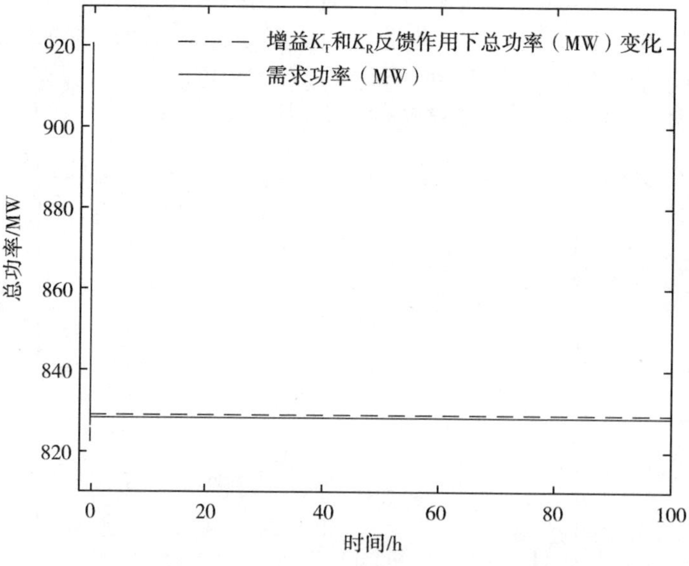

图 2.13　需求功率变化对反应堆总功率的影响

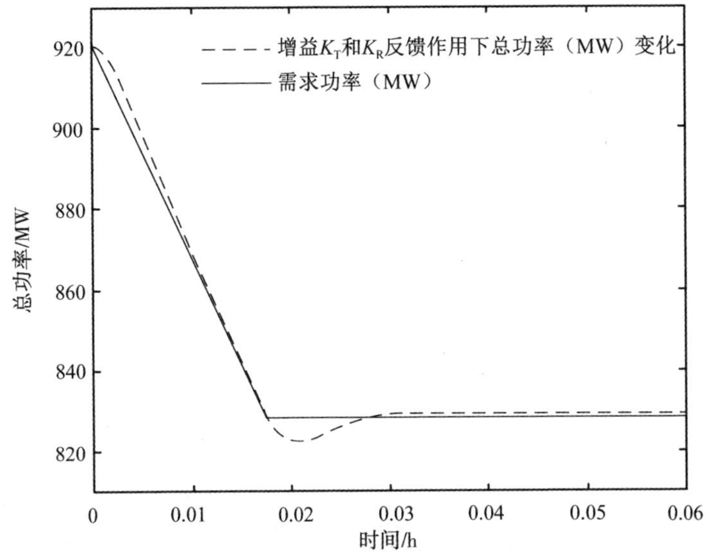

图 2.14　需求功率变化对反应堆总功率的影响前 0.06 h 内(216s)的曲线

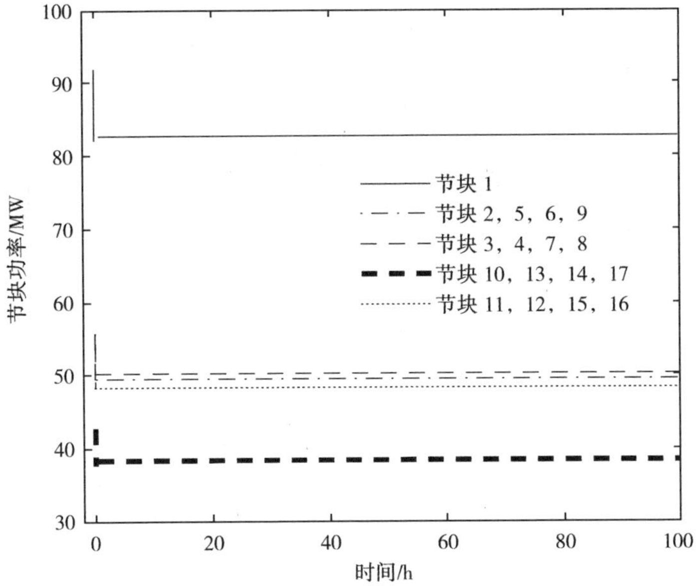

图 2.15　需求功率变化对节块功率的影响

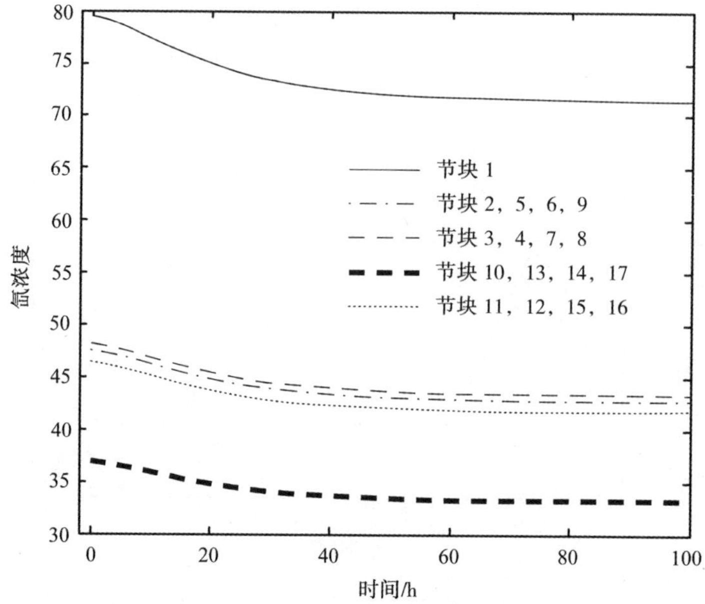

图 2.16　需求功率变化对氙浓度的影响

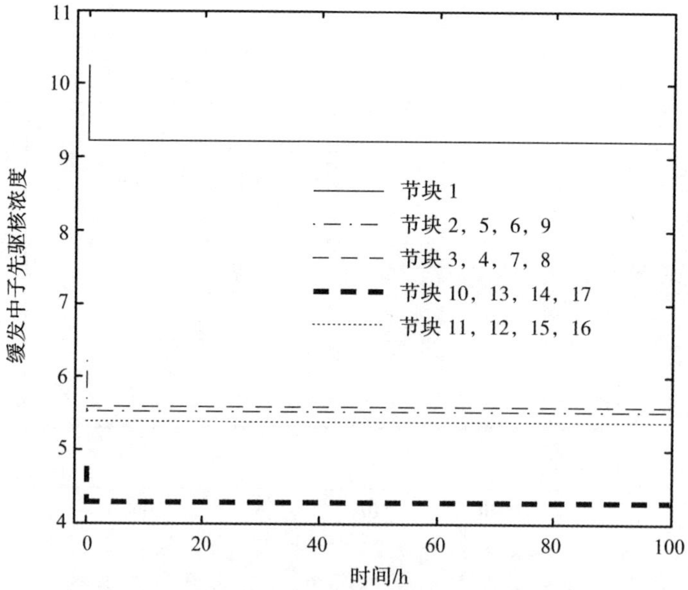

图 2.17　需求功率变化对缓发中子先驱核浓度的影响

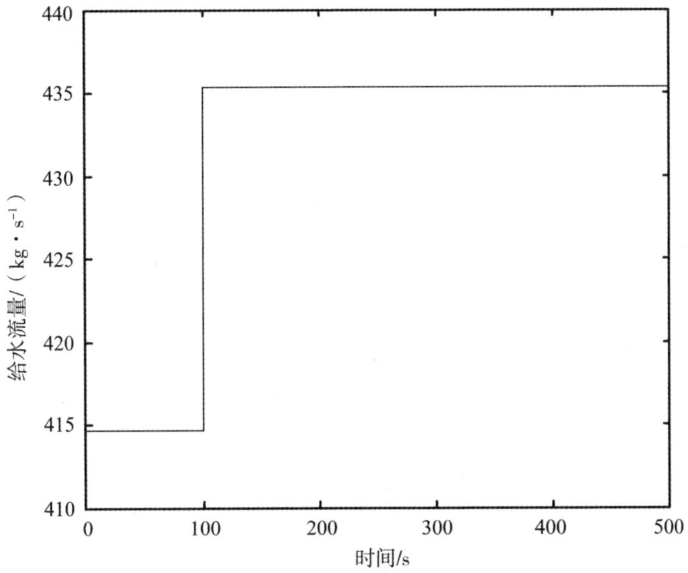

图 2.18　给水流量 5%阶跃变化曲线

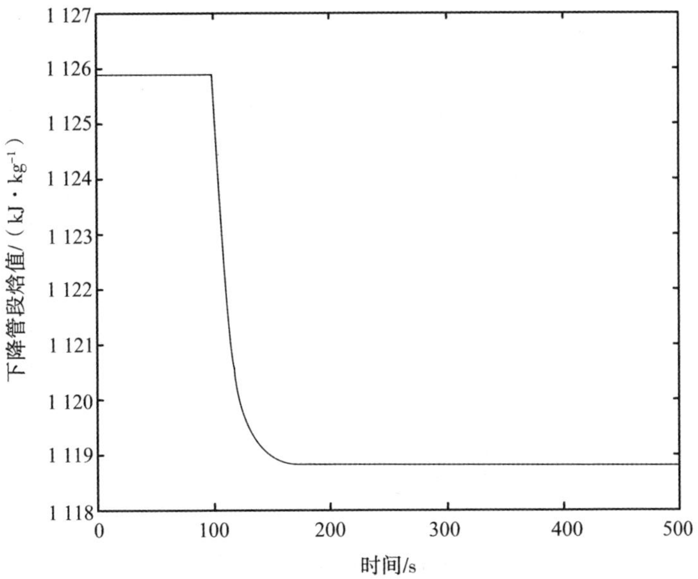

图 2.19　给水阶跃变化对下降管段焓值的影响

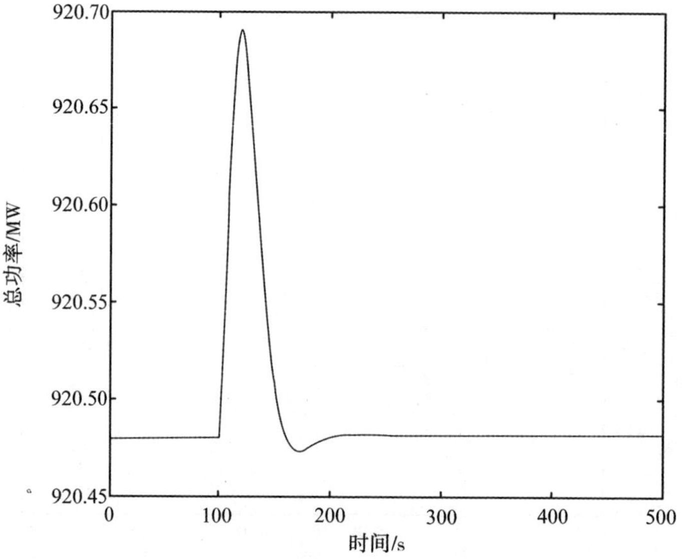

图 2.20　给水阶跃变化对反应堆总功率的影响

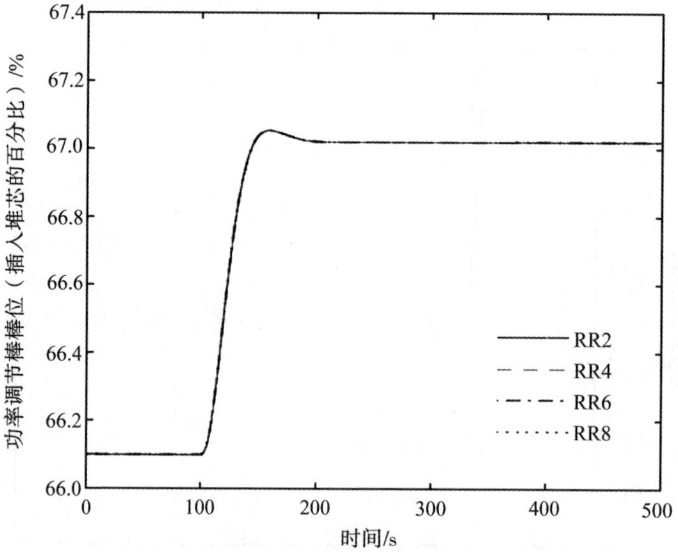

图 2.21　给水阶跃变化对功率调节棒棒位的影响

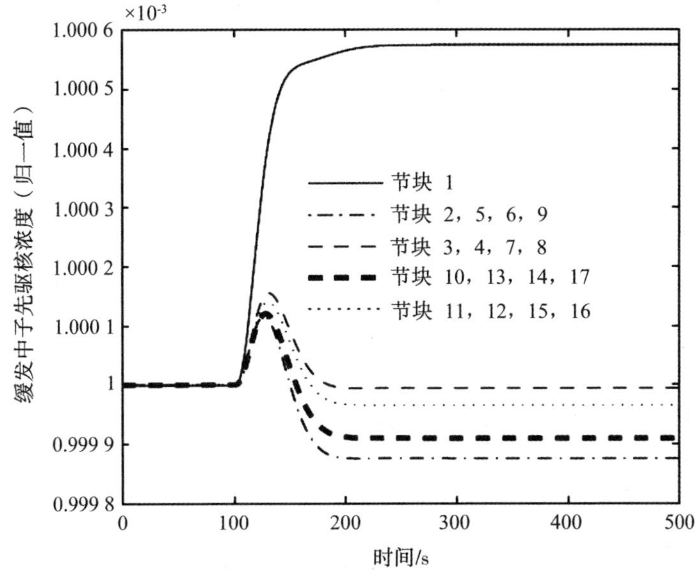

图 2.22　给水阶跃变化对缓发中子先驱核浓度的影响

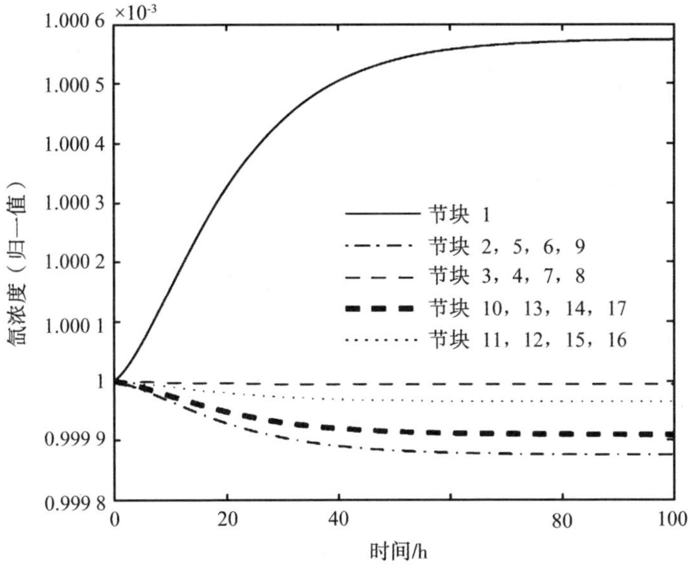

图 2.23　给水阶跃变化对氙浓度的影响

2.7 小　　结

核反应堆系统分析和系统控制器的设计都需要先建立数学模型。本章推导了简化的先进重水反应堆堆芯中子动力学－热工水力学耦合模型,并将最终的耦合模型表示成标准状态空间形式,用于控制系统的研究。基于状态空间模型,研究了先进重水反应堆系统的稳定性、可控性和可观测性。然后在 MATLAB/Simulink 环境下,采用矢量化方法建立了先进重水反应堆系统的非线性模型,并通过总功率的反馈控制实现了先进重水反应堆的稳态控制。采用该模型进行瞬态工况仿真分析时,虽然总功率保持不变,但是堆芯局部区域的功率发生振荡。因此在进行静态输出反馈控制设计时,除了总功率反馈外,还采用布置功率调节棒的节块功率进行了反馈。通过不同瞬态工况下的控制性能测试,验证了该静态输出反馈控制的有效性。

2.8 参 考 文 献

1. Arda, S. E., Holbert, K. E.: Nonlinear dynamic modeling and simulation of a passively cooled small modular reactor. Prog. Nucl. Energy 91, 116 – 131 (2016)

2. Astrom, K. J., Bell, R. D.: Drum-boiler dynamics. Automatica 36(3), 363 – 378 (2000)

3. Chen, C.-T.: Linear System Theory and Design. Oxford University Press, New York (1999)

4. Duderstadt, J. J., Hamilton, L. J.: Nuclear Reactor Analysis. Wiley, New York (1976)

5. Glasstone, S., Sesonske, A.: Nuclear Reactor Engineering. Springer, Heidelberg (1994)

6. Hautus, M. L. J.: Stabilization controllability and observability of linear autonomous systems. Nederl. Akad. Wetensch. Proc. Ser. 73, 448 – 455 (1970)

7. Javidnia, H., Jiang, J., Borairi, M.: Modeling and simulation of a CANDU reactor for control system design and analysis. Nucl. Technol. 165, 174 – 189 (2009)

8. MATLAB/Simulink Control Design Toolbox User Manual (2012)

9. Munje, R. K., Patre, B. M., Tiwari, A. P.: Nonlinear simulation and control of xenon induced oscillations in advanced heavy water reactor. Ann. Nucl. Energy 64, 191 – 200 (2014)

10. Seyed, A. M. S.: The simulation of a model by SIMULINK of MATLAB for determining the best ranges for velocity and delay time of control rod movement in LWR reactors. Prog. Nucl. Energy 54, 64 – 67 (2012)

11. Shimjith, S. R., Tiwari, A. P., Bandyopadhyay, B.: Modeling and Control of Large Nuclear Reactor: A Three Time Scale Approach. Lecture Notes in Control and Information Sciences, vol. 431. Springer, Berlin (2013)

12. Shimjith, S. R., Tiwari, A. P., Bandyopadhyay, B.: Coupled neutronics thermal

hydraulics model of advanced heavy water reactor for control system studies. Proc. Ann. IEEE India Conf. 1, 126 – 131 (2008)

13. Shimjith, S. R., Tiwari, A. P., Bandyopadhyay, B., Patil, R. K.: Spatial stabilization of advanced heavy water reactor. Ann. Nucl. Energy 38(7), 1545 – 1558 (2011)

14. Shimjith, S. R., Tiwari, A. P., Naskar, M., Bandyopadhyay, B.: Space-time kinetics modeling of advanced heavy water reactor for control studies. Ann. Nucl. Energy 37(3), 310 – 324 (2010)

15. Tiwari, A. P., Bandyopadhyay, B., Govindarajan, G.: Spatial control of large pressurized heavy water reactor. IEEE Trans. Nucl. Sci. 43, 2440 – 2453 (1996)

16. Xia, L., Jiang, J., Javidnia, H., Luxat, J. C.: Performance evaluation of 3-D kinetic model of CANDU reactors in a closed-loop environment. Nucl. Eng. Des. 243, 76 – 86 (2012)

第3章　极点配置状态反馈控制

3.1　概　　述

奇异摄动系统通常具有时间常数小的特性参数或者类似“寄生”特性的参数，在系统简化过程中通常忽略此类参数。当在系统模型中考虑小时间常数特性时，通常会增加系统的阶数。此时进行系统控制器的设计通常会导致计算量的大量增加，有时甚至会导致系统模型成为“病态”模型。经过多年的发展，奇异摄动法已成为针对奇异摄动系统研究系统稳定性和鲁棒性的有效方法。奇异摄动系统（一般也称为多时间尺度系统），此类系统的模型通常是为了描述系统中存在的小时间常数、小质量、大的反馈增益、弱耦合等系统特性[3,6]。很早以前，学者们在研究过程中就意识到奇异摄动问题存在于基于降阶模型的经典控制理论和现代控制理论。针对奇异摄动问题，提出了多种时域控制方法并进行了实际应用，其中包括状态反馈控制方法，输出反馈控制方法，滤波方法和观测器设计方法等[9,12]。利用奇异摄动技术将原系统分解为慢变子系统和快变子系统可有效地实现针对大型复杂系统的控制器设计[3]。采用准稳态方法[2]或者直接块对角化方法[4,6-7]可对原系统进行解耦，得到降阶后的子系统模型。对于具有小的摄动参数 ε 的系统，准稳态方法可以有效地实现系统解耦。但是对于类似核反应堆这样的系统，由于它的摄动参数并不为零，因此当使用准稳态方法时，慢变子系统和快变子系统的特征值不再与原始全阶系统的特征值位于同一位置。由于这个原因，须采用块对角化方法[6-7]对此类系统进行解耦，而且该方法可实现精确解耦。针对此类系统的控制器设计，可首先针对每个单独的子系统进行设计，然后将所得到的子系统的控制器进行复合或组合得到针对原系统的复合反馈控制器。文献[1,7-8,11]研究了状态反馈控制器的设计。文献[1]针对线性系统采用线性二次型最优设计进行了奇异摄动技术研究，该线性二次型最优设计模型中系统的代价函数是从全阶系统的代价函数进行选择的。此外，该研究还表明所设计的复合控制器，可以按照代价函数以近似最优的方式来实现对系统的稳定性控制。文献[11]研究结果表明，快变子系统反馈不影响慢变子系统的可控性和稳定性。文献[8]再次对这一特性进行了研究。此外，文献[7]还研究了基于两阶段分解法的两步特征值配置问题。

第2章已经建立了先进重水反应堆的数学模型，并将模型表示成标准的状态空间表示形式。此后基于 MATLAB/Simulink 运行环境进行仿真，采用基于非线性系统矢量化模型方程和基于总功率反馈和节块功率反馈的空间功率分布控制策略，实现了反应堆空间功率分布控制。虽然基于静态输出反馈的控制策略可以实现对系统的控制，但仍然可以研究其他的控制策略来使系统具有更好的瞬态性能和鲁棒性。同时也考虑到基于静态输出反馈的系统通常不具有闭环稳定性，因此更需要研究其他可行的控制策略[13]。

本章将先进重水反应堆的模型表示成描述奇异摄动系统的双时间尺度形式，采用文献[7]中提出的技术，系统的模型解耦表示为具有73阶的慢变子系统和具有17阶的快变子系统，并设计了系统的复合控制器。与文献[10]采用准稳态方法来解耦得到三个子系统相比，本章的两阶段法解耦方法具有更高的准确性。

3.2　奇异摄动模型

对于一个可观可控的 n 阶线性时不变系统，其状态空间形式可表示为

$$\dot{z} = Az + Bu \tag{3.1}$$

$$y = Mz \tag{3.2}$$

式中　$z \in \mathbf{R}^n$ ——系统的状态变量；

$u \in \mathbf{R}^m$ ——控制输入变量；

$y \in \mathbf{R}^p$ ——系统的输出变量；

矩阵 A，B 和 M——具有相应维数的常数矩阵。

式(3.1)和式(3.2)所描述的系统可以表示成标准的双时间尺度奇异摄动形式：

$$\dot{z}_1 = A_{11} z_1 + A_{12} z_2 + B_1 u; z_1(t_0) = z_{1_0} \tag{3.3}$$

$$\varepsilon \dot{z}_2 = A_{21} z_1 + A_{22} z_2 + B_2 u; z_2(t_0) = z_{2_0} \tag{3.4}$$

$$y = M_1 z_1 + M_2 z_2 \tag{3.5}$$

其中，$z_1 \in \mathbf{R}^{n_1}$ 和 $z_2 \in \mathbf{R}^{n_2}$ 都表示状态变量，并且 $n_1 + n_2 = n$，矩阵 A_{ij}、B_i 和 M_i 具有对应的维度，参数 $\varepsilon > 0$ 是标量，表示慢变子系统与快变子系统的变化速度比。当 ε 的值接近0的时候，系统的特性表现为非均匀特性，此时产生了所谓的奇摄动刚性问题。标量 ε 表征了系统中所有可忽略的小时间常数。参数 ε 的值可以基于对过程/系统和系统中的设备认知情况来选择。由 $\varphi(A)$ 表示系统矩阵 A 的特征值，并且将 $\varphi(A)$ 的各个元素按照特征值绝对值的升序来排列，此时可以表示为

$$\varphi(A) = \{\varphi_1, \varphi_2, \cdots, \varphi_{n_1}, \varphi_{n_1+1}, \cdots, \varphi_n\}$$

其中

$$0 \leqslant |\varphi_1| < |\varphi_2| < \cdots < |\varphi_{n_1}| \ll |\varphi_{n_1+1}| < \cdots < |\varphi_n|$$

这样，式(3.1)的系统可以表示成具有 n_1 个主要(慢速)运动模式和 n_2 个非主要(快速)运动模式的形式。式(3.3)和式(3.4)的系统也可以表示为矩阵形式：

$$\begin{bmatrix} \dot{z}_1 \\ \dot{z}_2 \end{bmatrix} = \begin{bmatrix} A_{11} & A_{12} \\ \dfrac{A_{21}}{\varepsilon} & \dfrac{A_{22}}{\varepsilon} \end{bmatrix} \begin{bmatrix} z_1 \\ z_2 \end{bmatrix} + \begin{bmatrix} B_1 \\ \dfrac{B_2}{\varepsilon} \end{bmatrix} u \tag{3.6}$$

$$A = \begin{bmatrix} A_{11} & A_{12} \\ \dfrac{A_{21}}{\varepsilon} & \dfrac{A_{22}}{\varepsilon} \end{bmatrix}, B = \begin{bmatrix} B_1 \\ \dfrac{B_2}{\varepsilon} \end{bmatrix}, z = \begin{bmatrix} z_1 \\ z_2 \end{bmatrix} \tag{3.7}$$

3.3　系统控制器设计

针对奇异摄动双时间尺度系统，采用极点配置进行状态反馈控制器设计时，先通过直接块对角化将高阶系统解耦为两个低阶子系统，然后再分别进行设计。这种设计方法可以保证原始可控和可观的高阶系统的各个子系统具有与原始高阶系统相同的可控性和可观测性。因此，可以分别设计各个子系统的控制器，然后将子系统的控制器进行复合得到整

个系统的复合控制器。

3.3.1 系统两阶段分解法

采用系统两阶段分解法的主要目的是降低系统的阶数,通过两阶段分解技术将系统分解为低阶数的主要运动模式和非主要运动模式。两阶段分解是通过两次线性变换来实现的,第一阶段是进行系统变量替换,可以表示为

$$\begin{bmatrix} z_1 \\ z_f \end{bmatrix} = \begin{bmatrix} \boldsymbol{E}_{n_1} & \boldsymbol{0} \\ \boldsymbol{L} & \boldsymbol{E}_{n_2} \end{bmatrix} \begin{bmatrix} z_1 \\ z_2 \end{bmatrix} = \boldsymbol{T}_1 \begin{bmatrix} z_1 \\ z_2 \end{bmatrix} \tag{3.8}$$

式中,$\boldsymbol{E}_{n_1}$ 和 $\boldsymbol{E}_{n_2}$ 分别为 n_1 和 n_2 阶单位矩阵,矩阵 $\boldsymbol{L}$ 维数为($n_1 \times n_2$),而且它们满足如下关系式:

$$\varepsilon \boldsymbol{L} \boldsymbol{A}_{11} + \boldsymbol{A}_{21} - \varepsilon \boldsymbol{L} \boldsymbol{A}_{12} \boldsymbol{L} - \boldsymbol{A}_{22} \boldsymbol{L} = \boldsymbol{0} \tag{3.9}$$

式(3.6)可以变形为

$$\begin{bmatrix} \dot{z}_1 \\ \dot{z}_f \end{bmatrix} = \begin{bmatrix} \boldsymbol{A}_s & \boldsymbol{A}_{12} \\ \boldsymbol{0} & \dfrac{\boldsymbol{A}_f}{\varepsilon} \end{bmatrix} \begin{bmatrix} z_1 \\ z_f \end{bmatrix} + \begin{bmatrix} \boldsymbol{B}_1 \\ \dfrac{\boldsymbol{B}_f}{\varepsilon} \end{bmatrix} \boldsymbol{u} \tag{3.10}$$

式中,$\boldsymbol{A}_s = \boldsymbol{A}_{11} - \boldsymbol{A}_{12}\boldsymbol{L}$,$\boldsymbol{A}_f = \boldsymbol{A}_{22} + \varepsilon \boldsymbol{L} \boldsymbol{A}_{12}$,且 $\boldsymbol{B}_f = \boldsymbol{B}_2 + \varepsilon \boldsymbol{L} \boldsymbol{B}_1$ 。如果 $\boldsymbol{A}_{22}$ 是可逆矩阵,那么就可以通过迭代方法来求得式(3.9)中 $\boldsymbol{L}$ 的唯一解。

第二阶段线性变换为

$$\begin{bmatrix} z_s \\ z_f \end{bmatrix} = \begin{bmatrix} \boldsymbol{E}_{n_1} & -\varepsilon \boldsymbol{N} \\ \boldsymbol{0} & \boldsymbol{E}_{n_2} \end{bmatrix} \begin{bmatrix} z_1 \\ z_f \end{bmatrix} = \boldsymbol{T}_2 \begin{bmatrix} z_1 \\ z_f \end{bmatrix} \tag{3.11}$$

对式(3.10)进行变换并对矩阵 $\boldsymbol{N}$ 进行选择,$\boldsymbol{N}$ 的维数为($n_1 \times n_2$)且满足如下关系:

$$\boldsymbol{A}_{12} - \boldsymbol{N} \boldsymbol{A}_{22} - \varepsilon \boldsymbol{N} \boldsymbol{L} \boldsymbol{A}_{12} + \varepsilon (\boldsymbol{A}_{11} - \boldsymbol{A}_{12} \boldsymbol{L}) \boldsymbol{N} = \boldsymbol{0} \tag{3.12}$$

此时,式(3.10)可变换为

$$\begin{bmatrix} \dot{z}_s \\ \dot{z}_f \end{bmatrix} = \begin{bmatrix} \boldsymbol{A}_s & \boldsymbol{0} \\ \boldsymbol{0} & \dfrac{\boldsymbol{A}_f}{\varepsilon} \end{bmatrix} \begin{bmatrix} z_s \\ z_f \end{bmatrix} + \begin{bmatrix} \boldsymbol{B}_s \\ \dfrac{\boldsymbol{B}_f}{\varepsilon} \end{bmatrix} \boldsymbol{u} \tag{3.13}$$

式中,$\boldsymbol{B}_s = \boldsymbol{B}_1 - \boldsymbol{N} \boldsymbol{B}_f$ 。

这样,通过采用两阶段线性变换方法,将式(3.6)对应的系统在式(3.13)中解耦为独立的慢变子系统和快变子系统,从而可以分别独立求解慢变系统状态变量 z_s 和快变系统状态变量 z_f 。此外,$\dfrac{\boldsymbol{A}_f}{\varepsilon}$ 最小特征值的大小要远大于 $\boldsymbol{A}_s$ 的最大特征值的幅值,也就是

$$\max|\varphi(\boldsymbol{A}_s)| \ll \min\left|\varphi\left(\frac{\boldsymbol{A}_f}{\varepsilon}\right)\right|$$

式(3.8)和式(3.11)将慢变状态变量 z_s 和快变状态变量 z_f 与原变量 z_1 和 z_2 进行了关联,它们的变换关系可以表示为

$$z_d = \boldsymbol{T} z \tag{3.14}$$

式中,$z_d = [z_s^T \quad z_f^T]^T$,$z = [z_1^T \quad z_2^T]^T$,$\boldsymbol{T} = \boldsymbol{T}_2 \boldsymbol{T}_1$ 。

3.3.2 复合控制器设计

式(3.6)对应的系统的完全可控性表明,式(3.13)所对应的各个子系统而言也是完全

可控的，即慢变子系统 $(\boldsymbol{A}_s, \boldsymbol{B}_s)$ 与快变子系统 $(\boldsymbol{A}_f, \boldsymbol{B}_f)$ 都是完全可控的。因此为了设计系统(3.6)的状态反馈控制器，可采用两步法。输入向量 $\boldsymbol{u}$ 可以表示为：$\boldsymbol{u} = \boldsymbol{u}_s + \boldsymbol{u}_f$。第一步针对慢变子系统，输入向量 $\boldsymbol{u}_s$ 可通过下式进行计算：

$$\boldsymbol{u}_s = [\boldsymbol{K}_s \quad \boldsymbol{0}]\begin{bmatrix} \boldsymbol{z}_s \\ \boldsymbol{z}_f \end{bmatrix} \tag{3.15}$$

式中，$\boldsymbol{K}_s$ 是 $(m \times n_1)$ 反馈系数矩阵，将 $(\boldsymbol{A}_s + \boldsymbol{B}_s\boldsymbol{K}_s)$ 的特征值配置在 n_1 个所需位置。将式(3.15)代入式(3.13)可以得到

$$\begin{bmatrix} \dot{\boldsymbol{z}}_s \\ \dot{\boldsymbol{z}}_f \end{bmatrix} = \begin{bmatrix} \boldsymbol{A}_s + \boldsymbol{B}_s\boldsymbol{K}_s & \boldsymbol{0} \\ \dfrac{\boldsymbol{B}_f\boldsymbol{K}_s}{\varepsilon} & \dfrac{\boldsymbol{A}_f}{\varepsilon} \end{bmatrix}\begin{bmatrix} \boldsymbol{z}_s \\ \boldsymbol{z}_f \end{bmatrix} + \begin{bmatrix} \boldsymbol{B}_s \\ \dfrac{\boldsymbol{B}_f}{\varepsilon} \end{bmatrix}\boldsymbol{u}_f \tag{3.16}$$

采用如下的变换形式：

$$\begin{bmatrix} \boldsymbol{z}_s \\ \boldsymbol{g}_f \end{bmatrix} = \begin{bmatrix} \boldsymbol{E}_{n_1} & \boldsymbol{0} \\ \boldsymbol{U} & \boldsymbol{E}_{n_2} \end{bmatrix}\begin{bmatrix} \boldsymbol{z}_s \\ \boldsymbol{z}_f \end{bmatrix} = \boldsymbol{T}_3\begin{bmatrix} \boldsymbol{z}_s \\ \boldsymbol{z}_f \end{bmatrix} \tag{3.17}$$

则式(3.16)变换为

$$\begin{bmatrix} \dot{\boldsymbol{z}}_s \\ \dot{\boldsymbol{g}}_f \end{bmatrix} = \begin{bmatrix} \boldsymbol{A}_s + \boldsymbol{B}_s\boldsymbol{K}_s & \boldsymbol{0} \\ \boldsymbol{0} & \dfrac{\boldsymbol{A}_f}{\varepsilon} \end{bmatrix}\begin{bmatrix} \boldsymbol{z}_s \\ \boldsymbol{g}_f \end{bmatrix} + \begin{bmatrix} \boldsymbol{B}_s \\ \dfrac{\overline{\boldsymbol{B}}_f}{\varepsilon} \end{bmatrix}\boldsymbol{u}_f \tag{3.18}$$

式中，$\overline{\boldsymbol{B}}_f = \boldsymbol{B}_f + \varepsilon\boldsymbol{U}\boldsymbol{B}_s$，矩阵 $\boldsymbol{U}$ 的维度是$(n_2 \times n_1)$且 $\boldsymbol{U}$ 满足如下关系：

$$\varepsilon\boldsymbol{U}(\boldsymbol{A}_s + \boldsymbol{B}_s\boldsymbol{K}_s) - \boldsymbol{A}_f\boldsymbol{U} + \boldsymbol{B}_f\boldsymbol{K}_s = \boldsymbol{0} \tag{3.19}$$

由于式(3.18)是由式(3.16)经式(3.17)线性变换得到的，因此系统$(\boldsymbol{A}_f, \overline{\boldsymbol{B}}_f)$也是可控的。

第二步输入向量 $\boldsymbol{u}_f$ 可由下式进行计算选择：

$$\boldsymbol{u}_f = [\boldsymbol{0} \quad \boldsymbol{K}_f]\begin{bmatrix} \boldsymbol{z}_s \\ \boldsymbol{g}_f \end{bmatrix} \tag{3.20}$$

式中，$\boldsymbol{K}_f$ 为$(m \times n_2)$维的反馈矩阵。将 $\left(\dfrac{\boldsymbol{A}_f + \overline{\boldsymbol{B}}_f\boldsymbol{K}_f}{\varepsilon}\right)$ 的特征值配置在 n_2 个所需位置，由 $\boldsymbol{u}_f$ 得到的闭环系统可表示为

$$\begin{bmatrix} \dot{\boldsymbol{z}}_s \\ \dot{\boldsymbol{g}}_f \end{bmatrix} = \begin{bmatrix} \boldsymbol{A}_s + \boldsymbol{B}_s\boldsymbol{K}_s & \boldsymbol{B}_s\boldsymbol{K}_f \\ \boldsymbol{0} & \dfrac{\boldsymbol{A}_f + \overline{\boldsymbol{B}}_f\boldsymbol{K}_f}{\varepsilon} \end{bmatrix}\begin{bmatrix} \boldsymbol{z}_s \\ \boldsymbol{g}_f \end{bmatrix} \tag{3.21}$$

此时，输入向量 $\boldsymbol{u} = \boldsymbol{u}_s + \boldsymbol{u}_f$ 可以表示为

$$\boldsymbol{u} = [\boldsymbol{K}_s \quad \boldsymbol{0}]\begin{bmatrix} \boldsymbol{z}_s \\ \boldsymbol{z}_f \end{bmatrix} + [\boldsymbol{0} \quad \boldsymbol{K}_f]\begin{bmatrix} \boldsymbol{z}_s \\ \boldsymbol{g}_f \end{bmatrix} = ([\boldsymbol{K}_s \quad 0] + [\boldsymbol{0} \quad \boldsymbol{K}_f]\boldsymbol{T}_3)\boldsymbol{T}\boldsymbol{z} \tag{3.22}$$

因此，对于系统式(3.13)，它的复合状态反馈增益为

$$\boldsymbol{K}_d = [\boldsymbol{K}_s + \boldsymbol{K}_f\boldsymbol{U}\boldsymbol{K}_f] \tag{3.23}$$

从式(3.23)可得到系统式(3.6)的状态反馈增益矩阵

$$\boldsymbol{K} = \boldsymbol{K}_d\boldsymbol{T} \tag{3.24}$$

将线性控制输入向量 $\boldsymbol{u} = \boldsymbol{K}\boldsymbol{z}$ 代入系统式(3.1)中，此时可得到闭环系统为

$$\dot{z} = (A + BK)z \tag{3.25}$$

此系统是稳定的,即($A + BK$)所有的特征值都位于 s 平面的左半平面。

引理 3.1 如果快变子系统是渐近稳定的,即 $\varphi\left(\frac{A_f}{\varepsilon}\right) < 0$,那么仅根据为慢变子系统设计的状态反馈控制器就可以使系统(3.6)稳定。

证明 慢变子系统的状态反馈控制器由式(3.15)给出。将该控制器应用于系统(3.13)中得到的闭环系统由下式给出:

$$\begin{bmatrix} \dot{z}_s \\ \dot{z}_f \end{bmatrix} = \begin{bmatrix} A_s + B_s K_s & 0 \\ \frac{B_f K_s}{\varepsilon} & \frac{A_f}{\varepsilon} \end{bmatrix} \begin{bmatrix} z_s \\ z_f \end{bmatrix} \tag{3.26}$$

由于($A_s + B_s K_s$)是设计稳定的,而且 $\frac{A_f}{\varepsilon}$ 是假设稳定的,那么系统(3.26)是稳定的。此外,系统(3.13)是由系统(3.6)经过线性变换式(3.14)变换得到的,因此,系统(3.6)也可通过仅针对慢变子系统设计的状态反馈控制器来达到稳定。

注意 3.1 如果 $\varphi\left(\frac{A_f}{\varepsilon}\right) < 0$,那么此时可以假设式(3.23)中 $K_f = 0$,此时会得到降阶的 K_d 近似估计表示,即 $\overline{K}_d = [K_s \quad 0]$ 。

3.4 极点配置状态反馈控制在先进重水反应堆系统中的应用

第 2 章已经建立了 920.48 MW 先进重水反应堆系统的数学模型。将先进重水反应堆的非线性模型在稳态附近进行线性化得到式(2.20)和式(2.21)的模型。本章模型为

$$\dot{z} = Az + Bu + B_{fw}\delta q_{fw} \tag{3.27}$$

$$y = Mz \tag{3.28}$$

第 2 章中还对系统模型的一些重要特性,例如稳定性、可控性和可观测性等系统特性进行了研究。此外,第 2 章还进一步研究了先进重水反应堆的矢量化非线性模型,提出了基于静态输出反馈的空间功率控制技术。本节将研究基于状态反馈控制的先进重水反应堆模型的特征值配置问题。为了便于问题研究,将系统(3.27)的输入向量 u 表示成如下形式:

$$u = u_{gp} + u_{sp} \tag{3.29}$$

式中 u_{gp} ——全局(总)功率反馈控制输入部分;

u_{sp} ——空间功率反馈控制输入部分。

第 2 章已经研究了总功率反馈控制,其可以表示为

$$u = u_{gp} = -K_G y \tag{3.30}$$

式中, K_G 为(4×18)的矩阵,可以表示为 $\left[\overline{K}_T \quad 0 \quad \cdots \quad 0\right]$, $\overline{K}_T = [K_T \quad K_T \quad K_T \quad K_T]^T$ 。此时对于所有的功率调节棒对应的总功率反馈增益为 K_T ,对应的节块功率反馈增益为零。采用式(3.30)的表示形式,方程(3.27)变成

$$\dot{z} = \hat{\boldsymbol{A}}z + \boldsymbol{B}\,\boldsymbol{u}_{\mathrm{sp}} + \boldsymbol{B}_{\mathrm{fw}}\delta q_{\mathrm{fw}} \tag{3.31}$$

其中，$\hat{\boldsymbol{A}} = \boldsymbol{A} - \boldsymbol{B}\boldsymbol{K}_G\boldsymbol{M}$ 的特征值分别聚集于三个不同的簇中，如图 3.1 所示。第一簇特征值有 38 个，位于 $6.2899\times10^{-3} \sim (8.8268 \pm \mathrm{j}1.8656)\times10^{-5}$；第二簇特征值中有 35 个，位于 $-1.8396\times10^{-1} \sim -1.1779\times10^{-2}$；第三簇特征值中有 17 个，位于 $-2.7626\times10^{2} \sim -7.2513$。这表明先进重水反应堆系统具有 38 种慢变模式，35 种缓变模式和 17 种快变模式。包含慢变，缓变和快变模式相互作用的系统的反馈控制器设计通常存在“病态”条件。在针对奇异摄动系统的反馈控制器设计方法中，通常将原始“病态”系统中慢变、缓变和快变子系统之间的相互作用解耦为慢变、缓变和快变模式的低阶子系统；然后分别对各个子系统进行反馈控制器设计，将各个子系统的反馈控制器进行组合得到原系统的复合反馈控制器。这里采用两阶段分解法对先进重水反应堆模型的状态反馈控制器进行设计。为此，将图 3.1(a)和(b)中的慢变模式和缓变模式归为一类，定义为具有 73 个模式的慢变子系统；图 3.1(c)所示的 17 个快变模式定义为具有 17 阶的快变子系统。

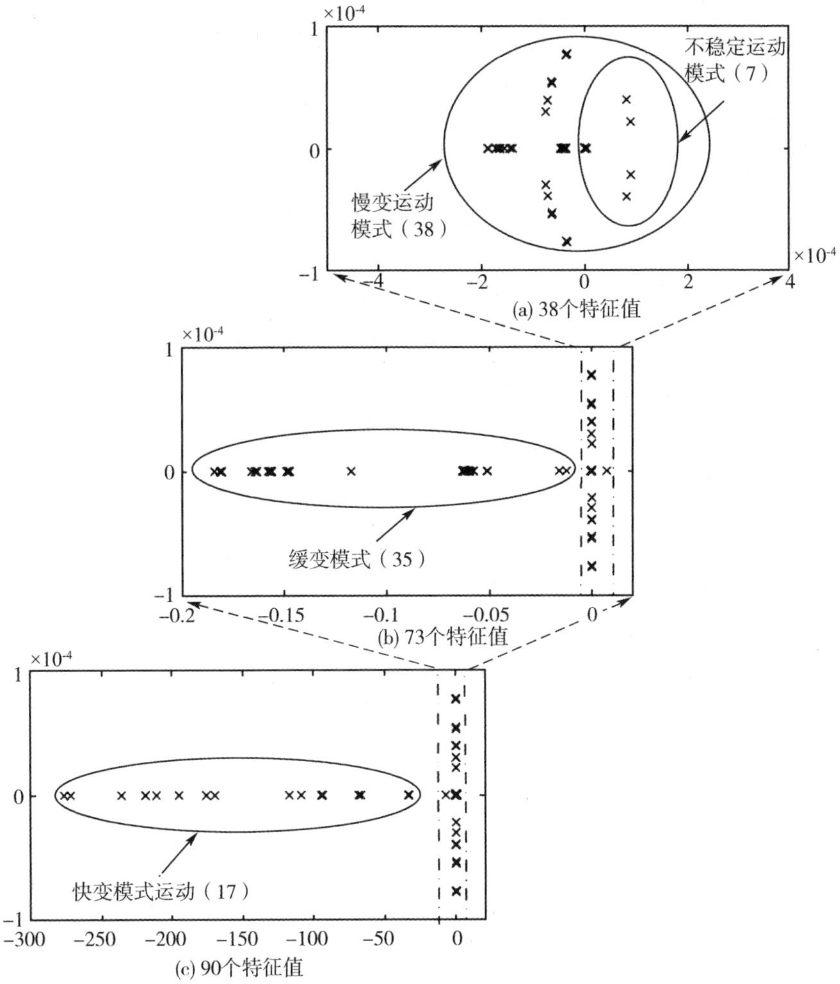

图 3.1　矩阵 $\hat{A}$ 的特征值在 s 平面上的分布

[图(a)仅表示非常靠近虚轴的特征值；图(b)中的特征值包括了图(a)中的特征值和接近虚轴的特征值；图(c)表示系统中所有的特征值]

3.4.1 先进重水反应堆模型的奇异摄动形式

针对先进重水反应堆模型，在得到系统的线性方程式(2.1) ~ (2.5)，式(2.10)和式(2.11)后，也确实可以观察到存在17个节块功率方程的相关系数，而且在分母中存在参数l，它的值为$3.669\ 4 \times 10^{-4}$ s，该数值可以作为参数ε的值。因此系统(2.17)中的状态可以分为慢变子系统和快变子系统，表示为

$$z_1 = [z_H^{\mathrm{T}} \quad z_X^{\mathrm{T}} \quad z_I^{\mathrm{T}} \quad \delta h_{\mathrm{d}} \quad z_C^{\mathrm{T}} \quad z_x^{\mathrm{T}}]^{\mathrm{T}} \tag{3.32}$$

$$z_2 = z_Q \tag{3.33}$$

先进重水反应堆模型已经表示成式(3.6)所定义的标准奇异摄动系统的双时间尺度形式，其中$n_1 = 73$，$n_2 = 17$。子矩阵$\boldsymbol{A}_{11}$、$\boldsymbol{A}_{12}$、$\dfrac{\boldsymbol{A}_{21}}{\varepsilon}$、$\dfrac{\boldsymbol{A}_{22}}{\varepsilon}$、$\boldsymbol{B}_1$、$\dfrac{\boldsymbol{B}_2}{\varepsilon}$的维度分别为(73×73)、(73×17)、(17×73)、(17×17)、(73×4)和(17×4)。该系统模式的分组形式也充分证明了先进重水反应堆系统运动模式分组选择的合理性，该模式分组与图3.1所示的双时间尺度表示一致。

3.4.2 先进重水反应堆系统控制器设计

如3.4.1节所述，采用3.3.1节所述方法，先进重水反应堆奇异摄动模型可以解耦为具有73阶的慢变子系统和具有17阶的快变子系统。本节采用的方法与准稳态方法相比，奇异摄动解耦方法能更加精确地将原系统解耦为慢变子系统和快变子系统。这一点可以从表3.1所示的慢变子系统的特征值中充分体现出来。表3.1中，不稳定特征值进行了突出显示(斜体)。不稳定特征值1~3为零，这与原系统矩阵$\hat{\boldsymbol{A}}$的不稳定特征值完全一致。此外，从表3.2中可以看出，快变子系统的特征值是渐近稳定的，即$\varphi\left(\dfrac{\boldsymbol{A}_f}{\varepsilon}\right) < 0$。根据引理3.1和注意3.1，原系统的复合控制器可以仅使用慢变子系统的控制器进行构建。因此，为了将慢变子系统特征值配置于-4.5×10^{-6}与-1.9×10^{-1}之间，可由慢变子系统的增益矩阵计算得到系统状态反馈增益矩阵$\boldsymbol{K}_{\mathrm{s}}$。系统状态反馈增益矩阵$\boldsymbol{K}_{\mathrm{s}}$为

$$\boldsymbol{K}_{\mathrm{s}} = \begin{bmatrix} 1.460\ 7 & 0.032\ 8 & 0.026\ 7 & 0.032\ 1 & 6.486\ 1 & 57.842\ 8 & -13.062\ 4 & 2.104\ 1 & 0.364\ 5 \\ 0.032\ 8 & 1.463\ 4 & 0.032\ 1 & 0.029\ 9 & 3.059\ 7 & 1.701\ 1 & -15.678\ 3 & 57.222\ 8 & -31.142\ 4 \\ 0.026\ 7 & 0.032\ 1 & 1.460\ 7 & 0.032\ 8 & 6.486\ 1 & 1.326\ 0 & 1.545\ 9 & 1.988\ 2 & -18.644\ 4 \\ 0.032\ 1 & 0.029\ 9 & 0.032\ 8 & 1.463\ 4 & 3.059\ 7 & 1.669\ 9 & 0.389\ 9 & 1.543\ 6 & -1.385\ 3 \end{bmatrix}$$

$$\begin{matrix} 1.326\ 0 & 1.545\ 9 & 1.988\ 2 & -18.644\ 4 & -31.110\ 0 & -26.833\ 2 & 0.789\ 7 & -0.339\ 1 & 0.295\ 3 \\ 1.669\ 9 & 0.389\ 9 & 1.543\ 6 & -1.385\ 3 & -1.623\ 0 & -28.156\ 6 & -40.115\ 1 & -27.908\ 8 & -5.558\ 8 \\ 57.842\ 8 & -13.062\ 4 & 2.104\ 1 & 0.364\ 5 & 0.295\ 3 & 0.727\ 0 & -1.327\ 0 & -26.927\ 8 & -31.110\ 0 \\ 1.701\ 1 & -15.678\ 3 & 57.222\ 8 & -31.142\ 4 & -5.558\ 8 & -0.195\ 5 & 0.786\ 9 & -1.825\ 8 & -1.623\ 0 \end{matrix}$$

$$\begin{matrix} 0.727\ 0 & -1.327\ 0 & -26.927\ 8 & -3.049\ 9 & 0.959\ 9 & -7.387\ 7 & -0.216\ 4 & 0.073\ 6 & -0.019\ 8 \\ -0.195\ 5 & 0.786\ 9 & -1.825\ 8 & -4.247\ 2 & -0.184\ 3 & -9.582\ 9 & 0.976\ 8 & -11.515\ 4 & -0.161\ 9 \\ -26.833\ 2 & 0.789\ 7 & -0.339\ 1 & -3.049\ 9 & -0.019\ 8 & -0.053\ 8 & -0.192\ 9 & -6.696\ 7 & 0.959\ 9 \\ -28.156\ 6 & -40.115\ 1 & -27.908\ 8 & -4.247\ 2 & -0.161\ 9 & -0.265\ 26 & -0.044\ 2 & -0.218\ 6 & -0.184\ 3 \end{matrix}$$

$$
\begin{matrix}
-0.053\,8 & -0.192\,9 & -6.696\,7 & -13.551\,5 & -6.790\,2 & 0.025\,0 & 0.097\,3 & 0.031\,0 & 0.015\,9 \\
-0.265\,2 & -0.044\,2 & -0.218\,6 & -0.272\,1 & -5.212\,8 & -21.804\,5 & -4.416\,8 & -0.640\,6 & -0.100\,9 \\
-7.387\,7 & -0.216\,4 & 0.073\,6 & 0.031\,0 & 0.015\,9 & -0.502\,2 & -4.245\,1 & -13.551\,5 & -6.790\,2 \\
-9.582\,9 & 0.976\,8 & -11.515\,4 & -0.640\,6 & -0.100\,9 & -0.020\,8 & -0.037\,3 & -0.272\,1 & -5.212\,8
\end{matrix}
$$

$$
\begin{matrix}
-0.502\,2 & -4.245\,1 & -0.049\,2 & -1.924\,0 & -1.789\,9 & -1.371\,5 & -0.987\,2 & -0.756\,6 & -0.703\,5 \\
-0.020\,8 & -0.037\,3 & -0.049\,1 & -2.029\,8 & -0.975\,9 & -1.413\,5 & -1.887\,4 & -1.365\,8 & -0.941\,9 \\
0.025\,0 & 0.097\,3 & -0.049\,2 & -1.924\,0 & -0.703\,5 & -0.806\,9 & -0.952\,8 & -1.205\,7 & -1.789\,9 \\
-21.804\,5 & -4.416\,8 & -0.049\,1 & -2.029\,8 & -0.941\,9 & -0.862\,2 & -0.815\,2 & -0.788\,1 & -0.975\,9
\end{matrix}
$$

$$
\begin{matrix}
-0.806\,9 & -0.952\,8 & -1.205\,7 & -1.258\,3 & -1.229\,5 & -0.788\,2 & -0.501\,7 & -0.474\,9 & -0.642\,6 \\
-0.862\,2 & -0.815\,2 & -0.788\,1 & -0.649\,5 & -1.159\,4 & -1.598\,8 & -0.946\,8 & -0.707\,3 & -0.709\,3 \\
-1.371\,5 & -0.987\,2 & -0.756\,6 & -0.474\,9 & -0.642\,6 & -0.814\,5 & -0.954\,5 & -1.258\,3 & -1.229\,5 \\
-1.413\,5 & -1.887\,4 & -1.365\,8 & -0.707\,3 & -0.709\,3 & -0.655\,7 & -0.551\,7 & -0.649\,5 & -1.159\,4
\end{matrix}
$$

$$
\begin{matrix}
-0.814\,5 & -0.954\,5 & -0.001\,9 & -2.547\,9 & -0.313\,4 & 0.069\,3 & 0.004\,1 & 0.010\,7 & 0.013\,4 & 0.060\,3 \\
-0.655\,7 & -0.551\,7 & -0.051\,1 & -0.006\,4 & -0.403\,8 & -2.420\,7 & -0.506\,7 & 0.003\,7 & -0.001\,0 & 0.015\,7 \\
-0.788\,2 & -0.501\,7 & -0.001\,9 & 0.010\,7 & 0.013\,4 & 0.060\,3 & -0.324\,8 & -2.547\,9 & -0.313\,4 & 0.069\,3 \\
-1.598\,8 & -0.946\,8 & -0.051\,1 & 0.003\,7 & -0.001\,0 & 0.015\,7 & -0.014\,9 & -0.006\,4 & -0.403\,8 & -2.420\,7
\end{matrix}
$$

$$
\left.
\begin{matrix}
-0.324\,8 & -0.675\,3 & -0.351\,4 & 0.013\,1 & -0.001\,9 & 0.002\,6 & 0.005\,6 & -0.008\,4 & -0.268\,6 \\
-0.014\,9 & -0.017\,2 & -0.277\,8 & -0.907\,0 & -0.275\,1 & -0.049\,1 & -0.002\,6 & 0.006\,1 & -0.015\,0 \\
0.004\,1 & 0.002\,6 & 0.005\,6 & -0.008\,4 & -0.268\,6 & -0.675\,3 & -0.351\,4 & 0.013\,1 & -0.001\,9 \\
-0.506\,7 & -0.049\,1 & -0.002\,6 & 0.006\,1 & -0.015\,0 & -0.017\,2 & -0.277\,8 & -0.907\,0 & -0.275\,1
\end{matrix}
\right]
\tag{3.34}
$$

表 3.1　通过两阶段分解法变换后得到的慢变子系统(A_s)的特征值

序号	特征值	序号	特征值	序号	特征值
1~3	*0*	33	$-1.571\,7\times10^{-4}$	54	$-6.260\,8\times10^{-2}$
4	$-2.679\,9\times10^{-5}$	34	$-1.652\,4\times10^{-4}$	55	$-6.286\,5\times10^{-2}$
5	$-3.778\,1\times10^{-5}$	35	$-1.665\,3\times10^{-4}$	56	$-6.289\,3\times10^{-1}$
6	$-3.799\,3\times10^{-5}$	36	$-1.730\,8\times10^{-4}$	57	$-1.171\,5\times10^{-1}$
7	$-4.012\,4\times10^{-5}$	37	$-1.880\,7\times10^{-4}$	58	$-1.471\,2\times10^{-1}$
8	$-4.152\,0\times10^{-5}$	38	$-1.887\,0\times10^{-2}$	59	$-1.471\,3\times10^{-1}$
9	$-4.204\,4\times10^{-5}$	39	$-5.250\,1\times10^{-2}$	60	$-1.480\,9\times10^{-1}$
10	$-4.420\,4\times10^{-5}$	40	$-1.586\,7\times10^{-2}$	61	$-1.485\,0\times10^{-1}$
11	$-4.737\,1\times10^{-5}$	41	$-5.095\,4\times10^{-2}$	62	$-1.558\,0\times10^{-1}$
12	$-4.886\,6\times10^{-5}$	42	$-5.115\,9\times10^{-2}$	63	$-1.558\,5\times10^{-1}$
13,14	$(-7.740\,7\pm j2.992\,9)\times10^{-5}$	43	$-5.773\,0\times10^{-2}$	64	$-1.566\,2\times10^{-1}$
15,16	$(-7.335\,9\pm j3.931\,9)\times10^{-5}$	44	$-5.789\,3\times10^{-2}$	65	$-1.558\,5\times10^{-1}$
17,18	$(-6.595\,2\pm j5.478\,5)\times10^{-5}$	45	$-5.970\,7\times10^{-2}$	66	$-1.566\,2\times10^{-1}$
19,20	$(-6.485\,5\pm j5.310\,9)\times10^{-5}$	46	$-5.972\,3\times10^{-2}$	67	$-1.576\,1\times10^{-1}$
21,22	$(-3.900\,3\pm j8.900\,9)\times10^{-5}$	47	$-6.034\,4\times10^{-2}$	68	$-1.632\,5\times10^{-1}$

续表

序号	特征值	序号	特征值	序号	特征值
23,24	$(-3.7785\pm j7.6475)\times10^{-5}$	48	-6.0642×10^{-2}	69	-1.6405×10^{-1}
25,26	$(-3.5380\pm j7.7343)\times10^{-5}$	49	-6.1848×10^{-2}	70	-1.8037×10^{-1}
27,28	$(8.8268\pm j2.1800)\times10^{-5}$	50	-6.1942×10^{-2}	71	-1.8049×10^{-1}
29,30	$(8.0470\pm j3.9864)\times10^{-5}$	51	-6.22×10^{-2}	72	-1.8122×10^{-1}
31	-1.4107×10^{-4}	52	-6.238×10^{-2}	73	-1.8402×10^{-1}
32	-1.4532×10^{-4}	53	-6.2458×10^{-2}		

表 3.2　通过两阶段分解法变换后得到的快变子系统(A_f)的特征值

序号	特征值	序号	特征值
1	-7.2484	10	-1.6967×10^{2}
2	-3.2844×10^{1}	11	-1.7568×10^{2}
3	-3.3372×10^{1}	12	-1.9497×10^{2}
4	-6.6599×10^{1}	13	-2.111×10^{2}
5	-6.8323×10^{1}	14	-2.1904×10^{2}
6	-9.3653×10^{1}	15	-2.3591×10^{2}
7	-9.4612×10^{1}	16	-2.7163×10^{2}
8	-1.0868×10^{2}	17	-2.7626×10^{2}
9	-1.1705×10^{2}		

本书并未针对快变子系统进行状态反馈控制器设计，因此快变子系统的这些特征值保持不变。但是为了便于控制器的实现，针对解耦系统(3.13)设计的降阶估计矩阵 $\boldsymbol{K}_d$ 可以通过式(3.24)来表征原始系统的状态，因此，$\boldsymbol{K}_d$ 可以作为原始系统(3.6)的反馈增益矩阵。需要注意的是，虽然原系统的复合控制器仅由慢变子系统的控制器进行构建，但是为了实际系统的控制器具有可实现性需要所有的状态反馈。为了使系统具有稳定性而且能够保持双时间尺度结构，需要对闭环系统的特征值进行配置。采用复合控制器后闭环系统的特征值如表 3.3 所示。

表 3.3　AHWR 闭环系统的特征值

序号	特征值	序号	特征值	序号	特征值
1	-4.5625×10^{-6}	36	-7.9531×10^{-3}	64	-1.5662×10^{-1}
2,3	$(-3.5399\pm j7.7474)\times10^{-5}$	37	-7.9591×10^{-3}	65	-1.5761×10^{-1}
4	-3.7779×10^{-5}	38,39	$(-9.7370\pm j0.11351)\times10^{-3}$	66	-1.6316×10^{-1}

续表

序号	特征值	序号	特征值	序号	特征值
5	-3.7991×10^{-5}	40	-1.5769×10^{-2}	67	-1.6324×10^{-1}
6,7	$(-3.8092\pm j7.6314)\times10^{-5}$	41	-5.0952×10^{-2}	68	-1.6405×10^{-1}
8,9	$(-6.4915\pm j5.2981)\times10^{-5}$	42	-5.1157×10^{-2}	69	-1.6579×10^{-1}
10,11	$(-6.5894\pm j5.4694)\times10^{-5}$	43	-5.7730×10^{-2}	70	-1.8037×10^{-1}
12,13	$(-7.3379\pm j3.9266)\times10^{-5}$	44	-5.7892×10^{-2}	71	-1.8049×10^{-1}
14,15	$(-7.7423\pm j2.9886)\times10^{-5}$	45	-5.9707×10^{-2}	72	-1.8122×10^{-1}
16,17	$(-8.1067\pm j3.8606)\times10^{-5}$	46	-5.9723×10^{-2}	73	-1.8401×10^{-1}
18,19	$(-8.8817\pm j1.8965)\times10^{-5}$	47	-6.0344×10^{-2}	74	-7.2484
20	-4.0122×10^{-5}	48	-6.0642×10^{-2}	75	-3.2844×10^{1}
21	-4.1518×10^{-5}	49	-6.1848×10^{-2}	76	-3.3372×10^{1}
22	-4.2241×10^{-5}	50	-6.1942×10^{-2}	77	-6.6599×10^{1}
23	-4.4224×10^{-5}	51	-6.2200×10^{-2}	78	-6.8323×10^{1}
24	-4.7464×10^{-5}	52	-6.2380×10^{-2}	79	-9.3653×10^{1}
25	-4.8903×10^{-5}	53	-6.2458×10^{-2}	80	-9.4612×10^{1}
26	-1.4098×10^{-4}	54	-6.2608×10^{-2}	81	-1.0868×10^{2}
27	-1.4626×10^{-4}	55	-6.2865×10^{-2}	82	-1.1705×10^{2}
28	-1.5720×10^{-4}	56	-6.2893×10^{-2}	83	-1.6967×10^{2}
29	-1.6526×10^{-4}	57	-1.1715×10^{-1}	84	-1.7568×10^{2}
30	-1.6722×10^{-4}	58	-1.4712×10^{-1}	85	-1.9497×10^{2}
31	-1.7311×10^{-4}	59	-1.4713×10^{-1}	86	-2.1110×10^{2}
32	-1.8809×10^{-4}	60	-1.4809×10^{-1}	87	-2.1904×10^{2}
33	-1.8871×10^{-4}	61	-1.4850×10^{-1}	88	-2.3591×10^{2}
34	-3.3851×10^{-3}	62	-1.5580×10^{-1}	89	-2.7163×10^{2}
35	-7.9331×10^{-3}	63	-1.5585×10^{-1}	90	-2.7626×10^{2}

3.4.3 瞬态过程仿真

针对采用复合控制器后所形成的闭环控制系统,采用向量化先进重水反应堆模型进行了非线性动态仿真研究。功率调节棒的控制信号在每个时间步长内通过总功率反馈来计算得到并应用到调节棒控制过程中。空间控制信号通过复合控制器来计算得到并叠加到总功率控制信号上。系统的初始状态假设处于满功率稳态状态下,并且所有的功率调节棒的棒位都处于平衡位置。RR2 功率调节棒的初始状态处于自动控制的状态下,在 2 s 之后通过手动操作插入扰动信号,即将 RR2 功率调节棒进行 1% 提棒操作。此后 RR2 处于自动控制状态,RR2 棒位曲线如图 3.2 所示。其他功率调节棒(RR4、RR6 和 RR8)在控制器的调节下进行动作来补偿 RR2 功率调节棒的动作,使系统的总功率恢复到稳态功率水平。在针对 RR2 功率调节棒手动加入干扰信号后,在控制器的调节作用下所有的功率调节棒都开始进行动作,直到 120 s 后各个功率调节棒恢复到初始稳态位置。但是可以观察到系统响应过程存在欠阻尼情况。空间功率分布的变化通过所定义的第一功率斜变和第二功率斜变进行度量,其变化过程和总功率变化过程分别如图 3.3 和图 3. 4 所示。通过仿真过程还可以观察到功率斜变本质上还是一个振荡过程,振荡幅度不断减小,并在 120 s后被完全抑制。第一和第二功率斜变分别大约在 10 个和 5 个振荡周期后达到稳态值,而且总功率中没有观察到明显的振荡。

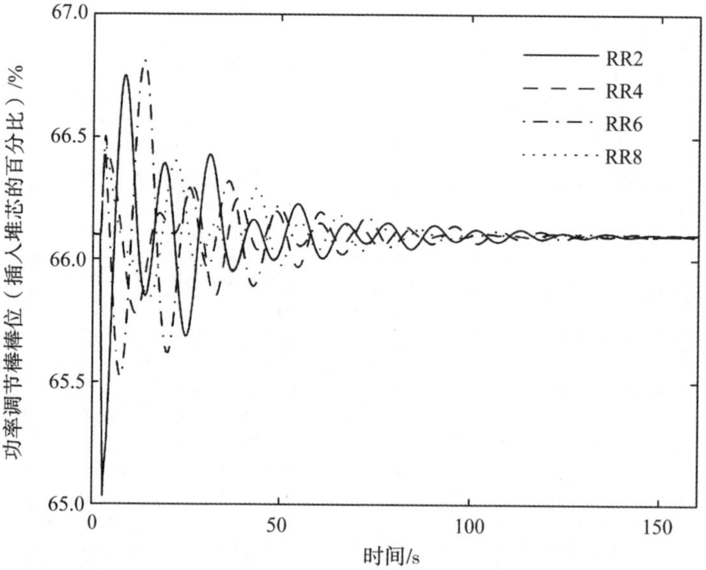

图 3.2 RR2 功率调节棒提棒后各个功率调节棒棒位的变化

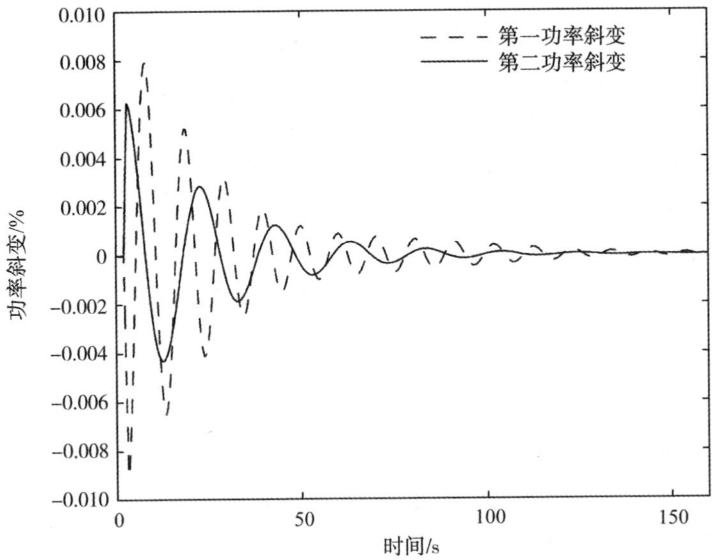

图3.3　RR2 功率调节棒提棒后功率斜变变化

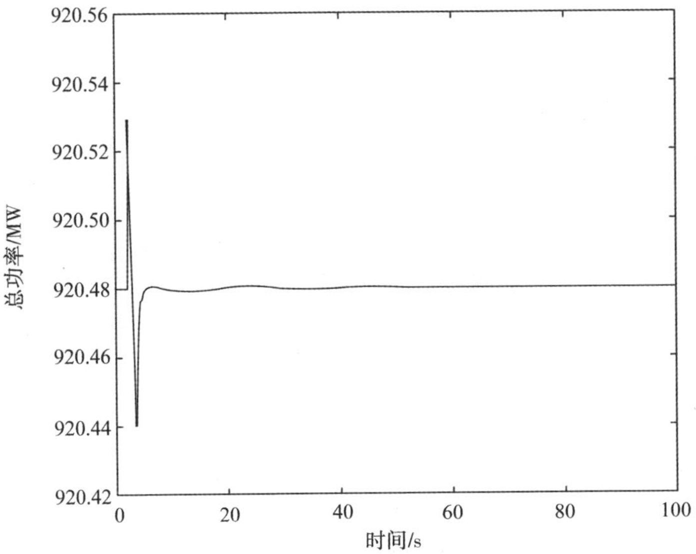

图3.4　RR2 功率调节棒提棒后总功率变化情况

此外,采用另一个瞬态工况对先进重水反应堆闭环系统性能进行了分析。在该瞬态工况中,对 RR2 功率调节棒进行扰动,扰动后系统的响应曲线如图 3.5 所示。可以看出,在只有总功率反馈控制下,反应堆最初是在满功率稳态条件下运行。该瞬态工况的扰动为:RR2 功率调节棒原本处于平衡位置,然后插棒 1.5%,此后立即恢复到原来的位置。如图3.5(a)所示,由于 RR2 功率调节棒扰动的影响,第一和第二功率斜变开始增大。空间功率控制信号在 17.5 h 后引入叠加到总功率的控制信号中。因此,第一和第二功率斜变大约在 5 min 内开始减小,并在 1.5 h 内完全控制。在后续的仿真过程中,第一和第二功率斜变完全保持抑制状态。图 3.5(b)表示总功率的变化曲线。由变化曲线可以看出,总功率只在瞬态工况开始时刻和空间功率控制分量引入时刻出现了变化,在其他时刻保持恒定。

进一步比较本章所设计的控制器与文献[10]提出的控制器性能,在该瞬态工况中,通过手动信号同时改变两个功率调节棒的棒位,即 RR6 功率调节棒提棒 2%,RR4 功率调节棒插棒 2%。此后,这两个功率调节棒立即恢复到之前的位置。图 3.6 所示为非线性重水反应堆模型分别在这两个控制器作用下控制棒棒位的变化曲线仿真结果。由仿真结果可看出,在两个控制器的作用下,两个功率调节棒都恢复到其稳态位置,但在本章设计的控制器调节下,功率调节棒恢复到其稳态位置所需的时间明显较少。

为了评估给水扰动对先进重水反应堆系统的影响,对另一瞬态工况,即给水流量具有 5% 正阶跃变化[图 3.7(a)],再次采用非线性模型进行仿真分析。由于给水系统扰动影响,进入堆芯的冷却剂焓值降低了约 0.64%[图 3.7(b)]。在控制器的作用,总功率稳定在其稳态值[图 3.7(c)]。由图 3.7(d)可以看出,功率调节棒插棒约 0.9%。如图 3.8 所示,对于给水短时扰动,总功率稳定在初始值,功率调节棒也恢复到稳态位置。

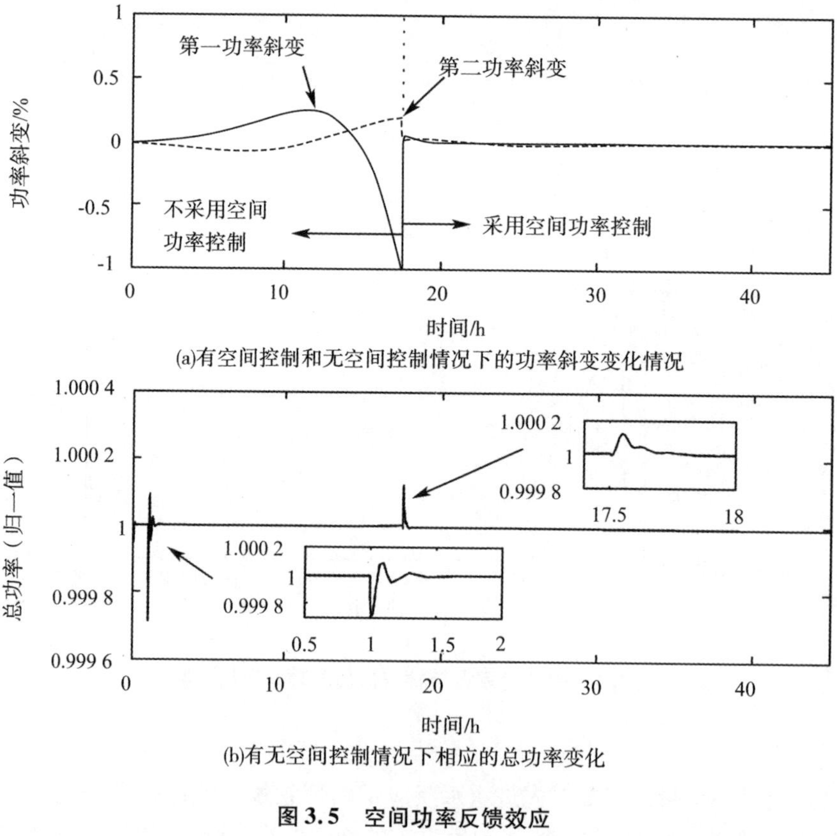

(a)有空间控制和无空间控制情况下的功率斜变变化情况

(b)有无空间控制情况下相应的总功率变化

图 3.5　空间功率反馈效应

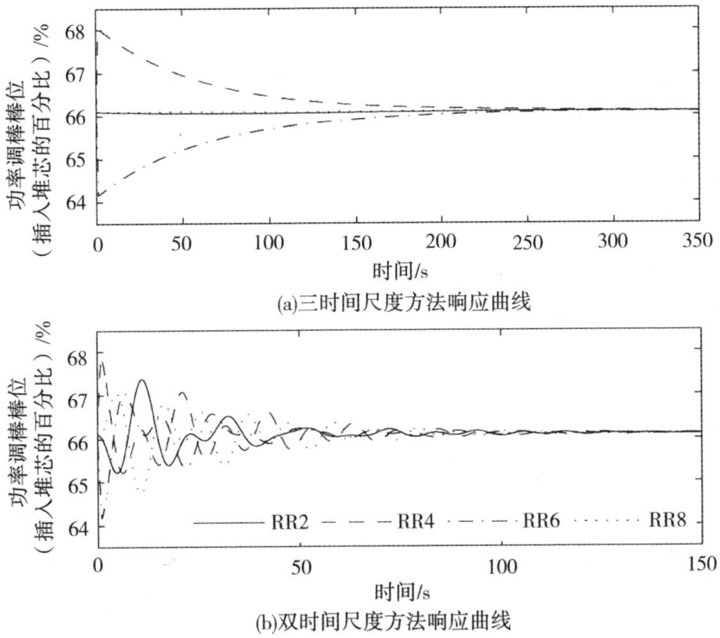

图 3.6　不同控制器控制效果对比

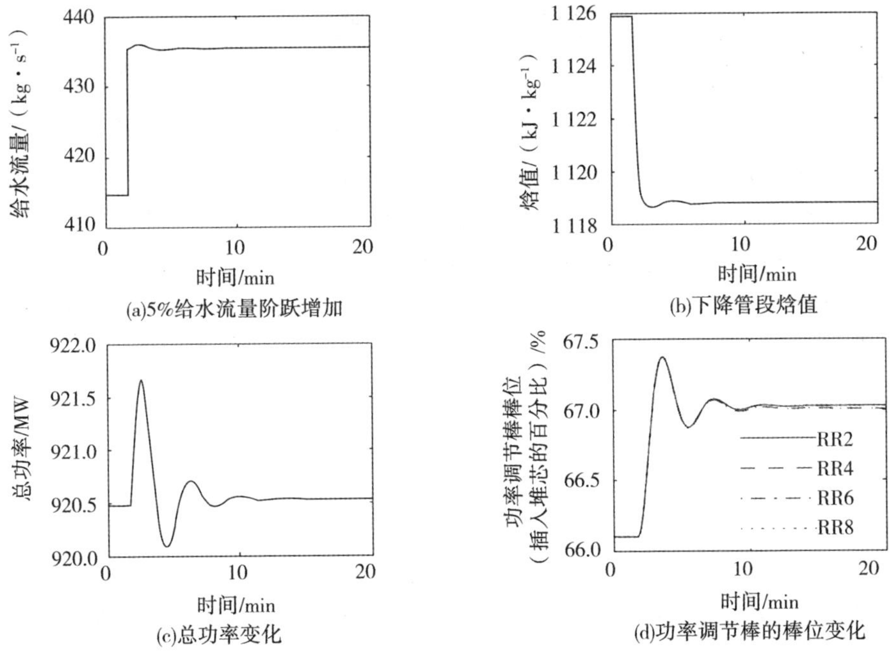

图 3.7　给水流量变化曲线

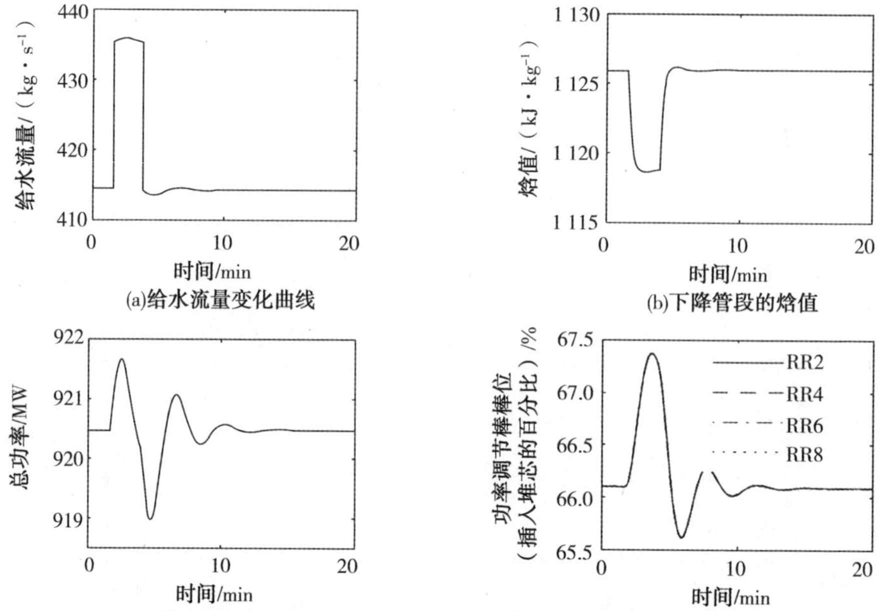

(a)给水流量变化曲线 (b)下降管段的焓值

(c)总功率变化曲线 (d)功率调节棒的棒位变化

图 3.8 给水流量的脉冲变化响应

3.5 小 结

本章采用两阶段分解法,将先进重水反应堆模型分解为 73 阶的慢变子系统和 17 阶的快变子系统。在这两个子系统中,快变子系统是渐近稳定的。因此,稳定状态反馈控制只需针对慢变子系统进行设计;然后用线性变换将其表示成原始状态变量模型,并推导出全阶系统的复合状态反馈控制器。该复合控制器可以使先进重水反应堆系统的线性模型稳定;然后采用先进重水反应堆系统的非线性模型,对控制器在各种瞬态工况下的性能进行了分析。仿真结果表明,控制器在典型瞬态下的响应是令人满意的。同时,本章所设计的控制器与三时间尺度控制器进行了比较,证明了其有效性。

3.6 参考文献

1. Chow, J. H., Kokotovic, P. V.: A decomposition of near-optimum regulators for systems with slow and fast modes. IEEE Trans. Autom. Ctrl. 21(5), 701 – 705 (1976)

2. Gajic, Z., Lim, M.-T.: Optimal Control of Singularly Perturbed Linear Systems and Applications: High Accuracy Techniques. Marcel Dekker, New York (2001)

3. Kokotovic, P. V., O' Malley, R. E., Sannuti, P.: Singular perturbation and order

reduction in control theory-an overview. Automatica 12, 123 – 132 (1976)

4. Ladde, G. S., Siljak, D. D.: Multiparameter singular perturbations of linear systems with multiple time scales. Automatica 19, 385 – 394 (1983)

5. Munje, R. K., Parkhe, J. G., Patre, B. M.: Spatial control of advanced heavy water reactor via two stage decomposition. Ann. Nucl. Energy 77, 326 – 334 (2015)

6. Naidu, D. S.: Singular Perturbation Methodology in Control Systems. Peter Peregrinus Ltd., London (1988)

7. Phillips, R. G.: A two-stage design of linear feedback controls. IEEE Trans. Autom. Control 25, 1220 – 1223 (1980)

8. Saberi, A., Khalil, H.: Stabilization and regulation of nonlinear singularly perturbed systems composite control. IEEE Trans. Autom. Control 30, 739 – 747 (1985)

9. Saksena, V. R., O'Reilly, J., Kokotovic, P. V.: Singular perturbation and time-scale methods in control theory: survey 1976—1983. Automatica 20, 273 – 293 (1984)

10. Shimjith, S. R., Tiwari, A. P., Bandyopadhyay, B.: A three-time-scale approach for design of linear state regulator for spatial control of advanced heavy water reactor. IEEE Trans. Nucl. Sci. 58(3), 1264 – 1276 (2011)

11. Suzuki, M.: Composite controls for singularly perturbed systems. IEEE Trans. Autom. Control 26, 505 – 507 (1981)

12. Syrcos, G., Sannuti, P.: Singular perturbation modeling of continuous and discrete physical systems. Int. J. Control 37, 1007 – 1022 (1983)

13. Syrmos, V. L., Abdallah, C. T., Dorato, P., Grigoriadis, K.: Static output feedback-a survey. Automatica 33, 125 – 137 (1997)

第4章　基于线性二次型调节器(LQR)的状态反馈控制

4.1　概　　述

在大型系统中，系统的阶数越高，系统中存在的不同变化速度的子系统之间的相互作用越多，此类大型系统的分析和控制就更加复杂。针对此类系统，学者们采用奇异摄动方法和多时间尺度方法进行了研究。随着时间的推移，在不同的时间段内发表了许多关于奇异摄动法和多时间尺度法的优秀的综述性论文和调研论文，例如文献[7]调研了1976年之前的研究情况，文献[14]综述了1976—1983年的研究，文献[11]对1984—2001年的研究情况进行了调研，文献[21]对2002—2012年的研究进展进行了综述。文献[19]对采用奇异摄动方法和时间尺度方法对物理系统建模分析进行了调研。许多研究已经证明，奇异摄动法是控制系统设计的有效方法。

奇异摄动方法也可用于对系统模型进行降阶。文献[7] 研究了基于奇异摄动方法进行系统降阶的过程，并针对线性系统和非线性系统分别进行了验证。该方法采用标准奇异摄动形式来表示建立动态系统的模型。在标准奇异摄动形式中，系统中描述小时间常数特性的状态变量通过采用乘以一个小的标量因子来表示。第3章已经应用了此类系统表达形式对双时间尺度系统进行建模。文献[6]通过设置 $\varepsilon=0$，并将其导数与 ε 相乘的状态变量用其他状态变量的解来替换，实现模型简化。在实际系统应用中，物理系统的模型通常表示成标准的奇异摄动形式，用 ε 表示小的时间常数、小的质量、大的增益等。在电力系统模型中，ε 可以表示变压器中的电抗或瞬变；在工业控制系统中，ε 可以表示驱动器和执行器的时间常数；而在核反应堆模型中，ε 可以表示瞬发中子模型。

奇异摄动方法的双时间尺度特性表明通过奇异摄动变换可以将系统解耦为慢变子系统和快变子系统。文献[1]采用该方法对线性系统进行了变换。在自动控制领域中，大量的文献对非线性系统的最优控制和线性奇异摄动系统的最优控制进行了研究。在奇异摄动系统中，最热门的最优化控制问题是线性二次调节器问题。研究 Riccati 方程当 ε 趋近零时的渐进行为的关键问题是找到如下特殊形式的方程的解：

$$\boldsymbol{S}=\begin{bmatrix}\boldsymbol{S}_{11} & \varepsilon\boldsymbol{S}_{12}\\ \varepsilon\boldsymbol{S}_{12}^{\mathrm{T}} & \varepsilon\boldsymbol{S}_{22}\end{bmatrix} \tag{4.1}$$

该问题最先在文献[15]中进行了研究，该研究将全阶奇异摄动系统的 Riccati 方程分解为三个方程，然后分别进行求解。通过奇异摄动法可以将原高阶系统问题解耦为两个或多个低阶系统问题。对包含慢变子系统和快变子系统相互作用的系统，在进行反馈控制器设计时常常会受到“病态”条件的影响。在基于奇异摄动方法的反馈控制器设计中，为了避免快变子系统和慢变子系统之间的相互影响，首先将原“病态”系统解耦为两个低阶子系统，然后分别进行控制器设计,最后将子系统的控制器进行复合得到原系统的复合反馈控制器。针对奇异摄动系统的控制器设计过程通常会首先忽略快变系统的动态特性,即等效地设置 $\varepsilon = 0$ 可以得到慢变子系统的模型。针对慢变子系统设计状态反馈控制器,使得闭环慢变子系统能够满足稳定性和其他系统设计指标要求;接下来,在慢变子系统的状态稳定在平衡状态的情况下,为快变子系统设计控制器,以使闭环快变子系统满足稳定要求并满足其他设计指标;最后,将慢变子系统和快变子系统的状态反馈控制器进行复合(相加),这样就得到了原系统的复合控制器。多篇论文针对不同的系统和应用实例进行了研究,说明了该方法适用于多种不同的情况。该方法的优点不仅仅是其可计算性,实际上该方法为设计与开环系统的时间尺度配置相匹配的反馈控制策略提供了一种系统性方法。如果该方法使用得当,可以获得更好的设计和更加有效的系统实施方案。在许多控制问题中,慢变子系统的动态设计指标要求通常要比快变子系统的设计指标要求更加严格。另一方面,快变子系统的动态特性模型建模精度要比慢变子系统的建模精度低。此外将设计问题进行分解,例如将系统解耦为慢变子系统和快变子系统,为设计人员提供了新的问题突破口。设计人员可以根据每个子系统的设计指标和模型精度,为不同的子系统设计不同的折中控制方案。对于系统实施而言,该系统性设计方法会自然而然地形成一种层次化的设计方案。这样在综合考虑系统通信成本和多速率采样等因素的情况下,层次化设计可以更有效地进行系统实施。文献[3, 5, 10, 12 - 13, 16, 18]分别对不同的系统设计了不同的状态反馈控制器。文献[3]提出了精确分解慢变子系统和快变子系统的条件,并提出一种将两个子系统的控制器进行复合得到准最优系统控制器的方法。文献[18]证明了对于快变子系统的状态变量反馈而言,慢变子系统的可控性和稳定性是不变的。文献[13]也对这一特性进行了研究。文献[17]进一步研究了一种两阶段分解法设计过程,通过两阶段分解法设计变换可以将原双时间尺度系统分解为三个子系统。文献[8]提出了将高阶多时间尺度并具有多参数的奇异摄动线性系统直接进行解耦的一种方法。同时,文献[2]研究形成了 Chang 变换的三种形式。但是该研究仅限于自治系统本身,并没有给出关于研究控制器设计的讨论。该研究成果可与文献[4]中的研究成果进行比较,文献[4]的研究基于更多数学背景,并针对三时间尺度的自治系统进行了分解。文献[16]进行了进一步扩展,研究了将非自治奇异摄动系统同时分解为三个子系统。此外该文献还研究了基于各个子系统控制器设计来获得复合控制器设计的方法,并解释了将原系统的最优控制问题分解为三个低阶子系统的最优控制问题。

本书之前章节研究了先进重水反应堆系统建模问题,输出反馈控制器设计问题和基于极点配置的状态反馈控制器设计问题。本章基于线性二次型调节方法,再次对系统的状态反馈控制器进行了设计:首先采用准稳态方法将先进重水反应堆模型解耦为慢变子系统和快变子系统;然后针对每个子系统单独进行控制器设计;最后将子系统控制器进行复合得到原系统的复合控制器。

4.2　双时间尺度系统的线性二次型调节器设计

为简便起见,让我们将 n 阶的一般线性时不变可控和可观的双时间尺度系统(3.3) ~ (3.5)的模型改写为如下形式:

$$\dot{z}_1 = A_{11}z_1 + A_{12}z_2 + B_1u;z_1(t_0) = z_{1_0} \tag{4.2}$$

$$\varepsilon\dot{z}_2 = A_{21}z_1 + A_{22}z_2 + B_2u;z_2(t_0) = z_{2_0} \tag{4.3}$$

$$y = M_1 z_1 + M_2 z_2 \tag{4.4}$$

式中 $z_1 \in \mathbf{R}^{n_1}$、$z_2 \in \mathbf{R}^{n_2}$——系统的状态变量，$n_1 + n_2 = n$；

A_{ij}、B_i、M_i——系数矩阵；

ε——奇异摄动系数，$\varepsilon > 0$。

该系统中具有 n_1 个慢变模式和 n_2 个快变模式。

在系统(4.2)~(4.4)所有的慢变模式和快变模式中，快变模式只在系统初期较短时间段内对系统产生影响。在该时间段之后，快变模式对系统的影响可以忽略不计，此时系统的特性可以用系统的慢变模式来描述。忽略了快变模式的系统模型称为准稳态模型[3]。忽略系统中的快变模式等同于假设系统快变模式的速度是无限快的，即在式(4.2)~(4.3)中 $\varepsilon \to 0$。当 $\varepsilon = 0$ 时，微分方程(4.3)退化为代数方程，此时系统(4.2)和(4.3)的阶数由($n_1 + n_2$)降低为 n_1，此时的代数方程为

$$\mathbf{0} = A_{21}\bar{z}_1 + A_{22}\bar{z}_2 + B_2\bar{u} \tag{4.5}$$

该方程中用上横线表示此时系统中 $\varepsilon = 0$。当且仅当式(4.5)在研究区间内有唯一解或有限个不同解时，模型(4.2)和(4.3)才是标准形式。如果 A_{22}^{-1} 存在，那么 $\bar{z}_2$ 的解可以表示为

$$\bar{z}_2 = -A_{22}^{-1}A_{21}\bar{z}_1 - A_{22}^{-1}B_2\bar{u} \tag{4.6}$$

将 $\bar{z}_2$ 的解式(4.6)代入式(4.2)和式(4.4)就可以得到慢变子系统模型：

$$\dot{z}_s = A_s z_s + B_s u_s \tag{4.7}$$

$$y_s = M_s z_s + N_s u_s \tag{4.8}$$

式中

$$z_s = \bar{z}_1, u_s = \bar{u}, A_s = A_{11} - A_{12}A_{22}^{-1}A_{21}, B_s = B_1 - A_{12}A_{22}^{-1}B_2$$

$$M_s = M_1 - M_2A_{22}^{-1}A_{21}, N_s = -M_2A_{22}^{-1}B_2$$

为了推导出快变子系统模型，在快变瞬态过程中可将慢变变量假设为常数，由此可得到系统的快变子系统模型：

$$\varepsilon\dot{z}_f = A_f z_f + B_f u_f \tag{4.9}$$

$$y_f = M_f z_f \tag{4.10}$$

式中

$$z_f = z_2 - \bar{z}_2, u_f = u - \bar{u}, A_f = A_{22}, B_f = B_2, M_f = M_2$$

由此可以将原高阶系统(4.2)~(4.4)解耦为 n_1 维的慢变子系统(4.7)和(4.8)及 n_2 维的快变子系统(4.9)和(4.10)。

4.2.1 线性状态反馈控制

为了方便起见，系统(4.2)~(4.4)可以表示成如下形式：

$$\dot{z} = Az + Bu \tag{4.11}$$

$$\boldsymbol{y} = \boldsymbol{M}\boldsymbol{z} \tag{4.12}$$

式中　$\boldsymbol{z} = [\boldsymbol{z}_1^{\mathrm{T}} \quad \boldsymbol{z}_2^{\mathrm{T}}]^{\mathrm{T}}$ —— n 维状态向量(即 $n_1 + n_2 = n$);

$$\boldsymbol{A} = \begin{bmatrix} \boldsymbol{A}_{11} & \boldsymbol{A}_{12} \\ \dfrac{\boldsymbol{A}_{21}}{\varepsilon} & \dfrac{\boldsymbol{A}_{22}}{\varepsilon} \end{bmatrix}, \quad \boldsymbol{B} = \begin{bmatrix} \boldsymbol{B}_1 \\ \dfrac{\boldsymbol{B}_2}{\varepsilon} \end{bmatrix}, \quad \boldsymbol{M} = [\boldsymbol{M}_1 \quad \boldsymbol{M}_2]$$

特别地,目标函数采用最小化二次型性能指标:

$$J = \int_0^{\infty} [\boldsymbol{z}^{\mathrm{T}}\boldsymbol{Q}\boldsymbol{z} + \boldsymbol{u}^{\mathrm{T}}\boldsymbol{R}\boldsymbol{u}]\mathrm{d}t \tag{4.13}$$

式中　$\boldsymbol{Q}$ ——$(n \times n)$维矩阵,且 $\boldsymbol{Q} \geqslant \boldsymbol{0}$;

　　　$\boldsymbol{R}$ ——$(m \times m)$维矩阵,且 $\boldsymbol{R} > \boldsymbol{0}$。

式(4.13)的解即为最优化线性反馈控制器:

$$\boldsymbol{u} = -\boldsymbol{R}^{-1}\boldsymbol{B}^{\mathrm{T}}\boldsymbol{S}[\boldsymbol{z}_1^{\mathrm{T}} \quad \boldsymbol{z}_2^{\mathrm{T}}]^{\mathrm{T}} = \boldsymbol{K}_{\mathrm{opt}}[\boldsymbol{z}_1^{\mathrm{T}} \quad \boldsymbol{z}_2^{\mathrm{T}}]^{\mathrm{T}} \tag{4.14}$$

式中,$\boldsymbol{S}$ 为$(n \times n)$维矩阵,可通过求解 Riccati 方程得到:

$$\boldsymbol{S}\boldsymbol{A} + \boldsymbol{A}^{\mathrm{T}}\boldsymbol{S} - \boldsymbol{S}\boldsymbol{B}\boldsymbol{R}^{-1}\boldsymbol{B}^{\mathrm{T}}\boldsymbol{S} + \boldsymbol{Q} = \boldsymbol{0} \tag{4.15}$$

由于系统中同时存在慢变和快变动态特性,这样在进行控制器设计时便受到“病态”条件的影响,难以通过求解式(4.15)来求得 $\boldsymbol{S}$。“病态”条件问题可以通过采用奇异摄动法将原高阶“病态”条件系统分解为两个子系统,并对两个独立的子系统分别进行线性控制器设计。最后,通过将单独设计的控制器组合起来获得式(4.14)所需的控制器。为了便于系统设计,假设矩阵 $\boldsymbol{Q}$ 和 $\boldsymbol{S}$ 可按照如下方式进行划分:

$$\boldsymbol{Q} = \begin{bmatrix} \boldsymbol{Q}_{11} & \boldsymbol{Q}_{12} \\ \boldsymbol{Q}_{12}^{\mathrm{T}} & \boldsymbol{Q}_{22} \end{bmatrix}, \quad \boldsymbol{S} = \begin{bmatrix} \boldsymbol{S}_{11} & \varepsilon\boldsymbol{S}_{12} \\ \varepsilon\boldsymbol{S}_{12}^{\mathrm{T}} & \varepsilon\boldsymbol{S}_{22} \end{bmatrix} \tag{4.16}$$

对于快变子系统(4.9),最优控制器可表示为[3, 20]

$$\boldsymbol{u}_{\mathrm{f}} = -\boldsymbol{R}^{-1}\boldsymbol{B}_{\mathrm{f}}^{\mathrm{T}}\boldsymbol{S}_{22}\boldsymbol{z}_{\mathrm{f}} = \boldsymbol{K}_2\boldsymbol{z}_{\mathrm{f}} \tag{4.17}$$

式中

$$\boldsymbol{S}_{22}\boldsymbol{A}_{\mathrm{f}} + \boldsymbol{A}_{\mathrm{f}}^{\mathrm{T}}\boldsymbol{S}_{22} - \boldsymbol{S}_{22}\boldsymbol{B}_{\mathrm{f}}\boldsymbol{R}^{-1}\boldsymbol{B}_{\mathrm{f}}^{\mathrm{T}}\boldsymbol{S}_{22} + \boldsymbol{Q}_{\mathrm{f}} = \boldsymbol{0} \tag{4.18}$$

其中,$\boldsymbol{Q}_{\mathrm{f}} = \boldsymbol{Q}_{22} \geqslant \boldsymbol{0}$ 且 $\boldsymbol{R} > \boldsymbol{0}$。如果快变子系统 $(\boldsymbol{A}_{\mathrm{f}} \quad \boldsymbol{B}_{\mathrm{f}})$ 是可控的,则 $\boldsymbol{S}_{22}$ 存在唯一解。

系统(4.7)的最优控制器可表示为[3, 20]

$$\boldsymbol{u}_{\mathrm{s}} = -\boldsymbol{R}_0^{-1}(\boldsymbol{H}_0 + \boldsymbol{B}_0^{\mathrm{T}}\boldsymbol{S}_0)\boldsymbol{z}_{\mathrm{s}} = \boldsymbol{K}_0\boldsymbol{z}_{\mathrm{s}} \tag{4.19}$$

式中,$\boldsymbol{S}_0$ 可通过对下式进行求解得到:

$$\boldsymbol{S}_0\boldsymbol{A}_0 + \boldsymbol{A}_0^{\mathrm{T}}\boldsymbol{S}_0 - \boldsymbol{S}_0\boldsymbol{B}_0\boldsymbol{R}_0^{-1}\boldsymbol{B}_0^{\mathrm{T}}\boldsymbol{S}_0 + \boldsymbol{Q}_0 = \boldsymbol{0} \tag{4.20}$$

其中

$$\boldsymbol{A}_0 = \boldsymbol{A}_{\mathrm{s}} - \boldsymbol{B}_{\mathrm{s}}\boldsymbol{R}_0^{-1}\boldsymbol{H}_0$$

$$\boldsymbol{B}_0 = \boldsymbol{B}_{\mathrm{s}}$$

$$\boldsymbol{R}_0 = \boldsymbol{R} + (\boldsymbol{A}_{22}^{-1}\boldsymbol{B}_{\mathrm{f}})^{\mathrm{T}}\boldsymbol{Q}_{22}\boldsymbol{A}_{22}^{-1}\boldsymbol{B}_{\mathrm{f}}$$

$$\boldsymbol{Q}_0 = \overline{\boldsymbol{Q}}_0 - \boldsymbol{H}_0^{\mathrm{T}}\boldsymbol{R}_0^{-1}\boldsymbol{H}_0$$

$$\boldsymbol{H}_0 = -(\boldsymbol{A}_{22}^{-1}\boldsymbol{B}_{\mathrm{f}})^{\mathrm{T}}[\boldsymbol{Q}_{12}^{\mathrm{T}} - \boldsymbol{Q}_{22}\boldsymbol{A}_{22}^{-1}\boldsymbol{A}_{21}]$$

$$\overline{\boldsymbol{Q}}_0 = \boldsymbol{Q}_{11} - \boldsymbol{Q}_{12}\boldsymbol{A}_{22}^{-1}\boldsymbol{A}_{21} - (\boldsymbol{A}_{22}^{-1}\boldsymbol{A}_{21})^{\mathrm{T}}[\boldsymbol{Q}_{12}^{\mathrm{T}} - \boldsymbol{Q}_{22}\boldsymbol{A}_{22}^{-1}\boldsymbol{A}_{21}]$$

4.2.2 复合控制器设计

针对各子系统,单独设计的最优控制器式(4.17)和式(4.19)可以分别保证各个子系统的稳定性,即

$$\mathrm{Re}\{\varphi(\boldsymbol{A}_f+\boldsymbol{B}_f\boldsymbol{K}_2)\}<0 \quad , \quad \mathrm{Re}\{\varphi(\boldsymbol{A}_s+\boldsymbol{B}_s\boldsymbol{K}_0)\}<0 \tag{4.21}$$

如果采用如下复合控制器,则可以使原系统(4.2)和(4.3)为闭环渐近稳定的:

$$\boldsymbol{u}=\boldsymbol{K}_0\boldsymbol{z}_{\mathrm{s}}+\boldsymbol{K}_2\boldsymbol{z}_{\mathrm{f}} \tag{4.22}$$

将状态变量 z_1 和 z_2 代入,则可得到

$$\begin{aligned}\boldsymbol{u}&=[(\boldsymbol{E}_m+\boldsymbol{K}_2\boldsymbol{A}_{22}^{-1}\boldsymbol{B}_2)\boldsymbol{K}_0+\boldsymbol{K}_2\boldsymbol{A}_{22}^{-1}\boldsymbol{A}_{21}]\boldsymbol{z}_1+\boldsymbol{K}_2\boldsymbol{z}_2\\&=[\boldsymbol{K}_1\quad\boldsymbol{K}_2][\boldsymbol{z}_1^{\mathrm{T}}\quad\boldsymbol{z}_2^{\mathrm{T}}]^{\mathrm{T}}\end{aligned} \tag{4.23}$$

式中 $\boldsymbol{K}_1=(\boldsymbol{E}_m+\boldsymbol{K}_2\boldsymbol{A}_{22}^{-1}\boldsymbol{B}_2)\boldsymbol{K}_0+\boldsymbol{K}_2\boldsymbol{A}_{22}^{-1}\boldsymbol{A}_{21}$;

$\boldsymbol{E}_m$ ——$(m\times m)$的单位矩阵。

式(4.23)可进一步表示为

$$\boldsymbol{u}=\boldsymbol{K}_{\mathrm{opt}}\boldsymbol{z} \tag{4.24}$$

式中,$\boldsymbol{K}_{\mathrm{opt}}=[\boldsymbol{K}_1\quad\boldsymbol{K}_2]$。该复合控制器为原高阶系统准最优控制器。

注意4.1 如果原系统中的快变模式子系统是稳定的,则 $\boldsymbol{K}_2$ 可以为 $(m\times n_2)$ 维的空矩阵。此时双时间尺度系统的增益矩阵可降阶近似为 $\boldsymbol{K}_{\mathrm{opt}}$,且 $\overline{\boldsymbol{K}}_{\mathrm{opt}}=[\boldsymbol{K}_0\quad\boldsymbol{0}]$。

4.3 线性二次型调节器在先进重水反应堆系统中的应用

4.3.1 先进重水反应堆线性二次型控制器计算

在3.4.1节中的奇异摄动模型可以通过式(4.7)~式(4.10)解耦为具有73阶的慢变子系统和具有17阶的快变子系统。矩阵 $\boldsymbol{A}_{\mathrm{s}}$ 和 $\boldsymbol{A}_{\mathrm{f}}$ 的特征值分别如表4.1和表4.2所示。计算结果表明,快变子系统矩阵的特征值与矩阵 $\hat{\boldsymbol{A}}$ 的最后17个特征值吻合得很好。同样可以看出,慢变子系统的特征值与矩阵 $\hat{\boldsymbol{A}}$ 的其余73个特征值吻合得也比较好。因此,可以得出如下结论:在3.4.1节讨论的奇异摄动模型(3.31)经验证可以应用于先进重水反应堆系统。

表4.1 采用准稳态方法求取的慢变子系统($\boldsymbol{A}_{\mathrm{s}}$)的特征值

序号	特征值	序号	特征值	序号	特征值
1	2.4139×10^{-17}	31	-1.5717×10^{-4}	53	-6.2865×10^{-2}
2	6.1105×10^{-17}	32	-1.6524×10^{-4}	54	-6.2894×10^{-2}
3	-2.2396×10^{-17}	33	-1.6573×10^{-4}	55	-9.7168×10^{-2}
4	-2.8757×10^{-5}	34	-1.7308×10^{-4}	56	-1.0708×10^{-1}

续表

序号	特征值	序号	特征值	序号	特征值
5	-3.7781×10^{-5}	35	-1.8807×10^{-4}	57	-1.3169×10^{-1}
6	-3.7993×10^{-5}	36	-1.8870×10^{-4}	58	-1.4712×10^{-1}
7	-4.0124×10^{-5}	37	-2.4408×10^{-4}	59	-1.4713×10^{-1}
8	-4.1520×10^{-5}	38	-1.5738×10^{-2}	60	-1.4808×10^{-1}
9	-4.1968×10^{-5}	39	-5.0954×10^{-2}	61	-1.5063×10^{-1}
10	-4.4204×10^{-5}	40	-5.1179×10^{-2}	62	-1.5580×10^{-1}
11	-4.7338×10^{-5}	41	-5.7743×10^{-2}	63	-1.5585×10^{-1}
12	-4.8866×10^{-5}	42	-5.7898×10^{-2}	64	-1.5662×10^{-1}
13,14	$(-7.7407\pm j2.9929)\times10^{-5}$	43	-5.9709×10^{-2}	65	-1.6019×10^{-1}
15,16	$(-7.3360\pm j3.9319)\times10^{-5}$	44	-5.9727×10^{-2}	66	-1.6316×10^{-1}
17,18	$(-6.4855\pm j5.3109)\times10^{-5}$	45	-6.0346×10^{-2}	67	-1.6324×10^{-1}
19,20	$(-3.5444\pm j7.7360)\times10^{-5}$	46	-6.0644×10^{-2}	68	-1.6404×10^{-1}
21,22	$(-3.7785\pm j7.6475)\times10^{-5}$	47	-6.1849×10^{-2}	69	1.7531×10^{-1}
23,24	$(-6.5949\pm j5.4819)\times10^{-5}$	48	-6.1946×10^{-2}	70	-1.8031×10^{-1}
25,26	$(8.0471\pm j3.9863)\times10^{-5}$	49	-6.2200×10^{-2}	71	-1.8049×10^{-1}
27,28	$(8.8268\pm j2.1800)\times10^{-5}$	50	-6.2385×10^{-2}	72	-1.8122×10^{-1}
29	-1.4107×10^{-4}	51	-6.2458×10^{-2}	73	-2.7823×10^{-1}
30	-1.4441×10^{-4}	52	-6.2608×10^{-2}		

表 4.2　采用准稳态方法求取的快变子系统(A_f)的特征值

序号	特征值	序号	特征值	序号	特征值
1	-7.2028	7	-9.4608×10^{1}	13	-2.1110×10^{2}
2	-3.2833×10^{1}	8	-1.0868×10^{2}	14	-2.1904×10^{2}
3	-3.3361×10^{1}	9	-1.1704×10^{2}	15	-2.3591×10^{2}
4	-6.6593×10^{1}	10	-1.6967×10^{2}	16	-2.7163×10^{2}
5	-6.8317×10^{1}	11	-1.7568×10^{2}	17	-2.7626×10^{2}
6	-9.3649×10^{1}	12	-1.9497×10^{2}		

慢变子系统包含原点附近的不稳定的特征值,快变子系统包含了系统中稳定的特征值。观察表 4.1 中的慢变子系统的不稳定特征值(特征值 1 ~ 3 和 25 ~ 28),可以发现不稳定特征值 1 ~ 3 与原系统矩阵中坐标原点附近的特征值相对应。慢变子系统的其余 70 个特征值没有很大变化。此外还可以发现,输入子矩阵 $\boldsymbol{B}_2$ 是空矩阵,因此 $\boldsymbol{B}_f = 0$ 。也就是说,快变子系统是不可控的。但是,可以验证慢变子系统是可控的,因此只需要为慢变子系统设计反馈增益 $\boldsymbol{K}_0$:

$$\boldsymbol{u}_{sp} = \boldsymbol{K}_0 z_1 \tag{4.25}$$

调节器设计采用 4.2.1 节的方程进行,其中 $\boldsymbol{R}$ 为(4 × 4)的单位矩阵,矩阵 $\boldsymbol{Q}$ 采用文献[16]中的方程进行计算:

$$\boldsymbol{Q} = \mathrm{diag}[\boldsymbol{Q}_H \quad \boldsymbol{Q}_X \quad \boldsymbol{Q}_I \quad \boldsymbol{Q}_h \quad \boldsymbol{Q}_C \quad \boldsymbol{Q}_x \quad \boldsymbol{Q}_Q] \times 10^{-3} \tag{4.26}$$

式中

$$\boldsymbol{Q}_H = 0.2\times\boldsymbol{E}_4,\boldsymbol{Q}_{\mathrm{X}} = 0.1\times\boldsymbol{E}_{17},\boldsymbol{Q}_{\mathrm{I}} = 0.1\times\boldsymbol{E}_{17},$$
$$Q_h = 1.0,\boldsymbol{Q}_C = 0.2\times\boldsymbol{E}_{17},\boldsymbol{Q}_x = 1.0\times\boldsymbol{E}_{17},\boldsymbol{Q}_Q = 10\times\boldsymbol{E}_{17}$$

矩阵 $\boldsymbol{S}_0$ 通过式(4.20)计算得到,慢变子系统的最优增益矩阵由式(4.19)进行计算。最终复合增益矩阵由式(4.23)计算得到:

$$\boldsymbol{K}_{\mathrm{opt}} = -\begin{bmatrix}\boldsymbol{K}_H & \boldsymbol{K}_{\mathrm{X}} & \boldsymbol{K}_{\mathrm{I}} & \boldsymbol{K}_h & \boldsymbol{K}_C & \boldsymbol{K}_x & \boldsymbol{0}\end{bmatrix} \tag{4.27}$$

式中 $\boldsymbol{0}$——(4×17)的空矩阵;

$\boldsymbol{K}_H$, $\boldsymbol{K}_{\mathrm{X}}$, $\boldsymbol{K}_{\mathrm{I}}$, $\boldsymbol{K}_h$, $\boldsymbol{K}_C$, $\boldsymbol{K}_x$ ——功率调节棒棒位的反馈增益,氙浓度的反馈增益,碘浓度反馈增益,焓值反馈增益,缓发中子先驱核浓度反馈增益和出口质量的反馈增益,具体矩阵分别如下:

$$K_H = \begin{bmatrix} -19.9545 & -5.7393 & -4.9452 & -5.6978 \\ -5.7393 & -20.7841 & -5.6978 & -5.7178 \\ -4.9452 & -5.6978 & -19.9545 & -5.7393 \\ -5.6978 & -5.7178 & -5.7393 & -20.7841 \end{bmatrix}\times10^{-3} \tag{4.28}$$

$$\boldsymbol{K}_{\mathrm{X}} = \left[\begin{matrix} -10.7345 & -8.3090 & -8.0272 & -5.9800 & -3.7218 & -2.8063 & -3.9180 \\ -11.4554 & -5.8965 & -8.3055 & -9.2395 & -7.9956 & -5.7743 & -4.4195 \\ -10.7345 & -2.8063 & -3.9180 & -5.8549 & -7.3040 & -8.3090 & -8.0272 \\ -11.4554 & -5.7743 & -4.4195 & -3.5621 & -3.7827 & -5.8965 & -8.3055 \end{matrix}\right.$$
$$\begin{matrix} -5.8549 & -7.3040 & -6.8392 & -7.4296 & -4.7889 & -1.9474 & -1.3720 \\ -3.5621 & -3.7827 & -3.8666 & -7.2293 & -8.4341 & -6.1019 & -4.6704 \\ -5.9800 & -3.7218 & -1.3720 & -2.7189 & -5.2149 & -6.1906 & -6.8392 \\ -9.2395 & -7.9956 & -4.6704 & -3.5452 & -2.4453 & -2.5284 & -3.8666 \end{matrix}$$
$$\left.\begin{matrix} -2.7189 & -5.2149 & -6.1906 \\ -3.5452 & -2.4453 & -2.5284 \\ -7.4296 & -4.7889 & -1.9474 \\ -7.2293 & -8.4341 & -6.1019 \end{matrix}\right]\times10^{-1} \tag{4.29}$$

$$\boldsymbol{K}_{\mathrm{I}} = \left[\begin{matrix} 2.6987 & 2.8876 & 2.0075 & 1.5505 & 0.5708 & 0.0338 & 0.9088 \\ 2.8489 & 1.6278 & 2.2559 & 2.4676 & 2.7771 & 1.4134 & 0.8170 \\ 2.6987 & 0.0338 & 0.9088 & 1.3398 & 2.3417 & 2.8876 & 2.0075 \\ 2.8489 & 1.4134 & 0.8170 & 0.5847 & 0.3009 & 1.6278 & 2.2559 \end{matrix}\right.$$
$$\begin{matrix} 1.3398 & 2.3417 & 3.2291 & 3.2090 & 1.3042 & -0.4368 & -0.9069 \\ 0.5847 & 0.3009 & 0.8915 & 3.0851 & 3.9466 & 2.6712 & 1.4555 \\ 1.5505 & 0.5708 & -0.9069 & -0.3615 & 1.4543 & 2.7375 & 3.2291 \\ 2.4676 & 2.7771 & 1.4555 & -0.0985 & -0.9381 & -0.2702 & 0.8915 \end{matrix}$$
$$\left.\begin{matrix} -0.3615 & 1.4543 & 2.7375 \\ -0.0985 & -0.9381 & -0.2702 \\ 3.2090 & 1.3042 & -0.4368 \\ 3.0851 & 3.9466 & 2.6712 \end{matrix}\right]\times10^{-2} \tag{4.30}$$

$$\boldsymbol{K}_h = \begin{bmatrix} -6.4051 \\ -6.9423 \\ -6.4051 \\ -6.9423 \end{bmatrix}\times10^{-2} \tag{4.31}$$

$$
\boldsymbol{K}_C = \left[\begin{matrix}
14.0427 & 7.6659 & 8.0974 & 7.8364 & 7.0751 & 6.9674 & 7.5856 \\
15.0907 & 7.8229 & 8.6745 & 8.8328 & 8.0833 & 7.7858 & 8.1696 \\
14.0427 & 6.9674 & 7.5856 & 7.7988 & 7.4837 & 7.6659 & 8.0974 \\
15.0907 & 7.7858 & 8.1696 & 8.0781 & 7.5728 & 7.8229 & 8.6745
\end{matrix}\right.
$$

$$
\begin{matrix}
7.7988 & 7.4837 & 5.7549 & 6.9890 & 6.6659 & 5.1516 & 5.0851 \\
8.0781 & 7.5728 & 5.7310 & 7.4248 & 7.6125 & 5.9913 & 5.8023 \\
7.8364 & 7.0751 & 5.0851 & 6.4267 & 6.6905 & 5.6319 & 5.7549 \\
8.8328 & 8.0833 & 5.8023 & 6.9652 & 6.8531 & 5.5769 & 5.7310
\end{matrix}
$$

$$
\left.\begin{matrix}
6.4267 & 6.6905 & 5.6319 \\
6.9652 & 6.8531 & 5.5769 \\
6.9890 & 6.6659 & 5.1516 \\
7.4248 & 7.6125 & 5.9913
\end{matrix}\right] \times 10^{-3} \tag{4.32}
$$

$$
\boldsymbol{K}_x = \left[\begin{matrix}
-6.8688 & -1.1302 & -1.9942 & -2.0213 & -1.3383 & -1.3331 & -1.9952 \\
-7.3973 & -1.4558 & -2.1455 & -1.9598 & -1.4153 & -1.4642 & -2.1597 \\
-6.8688 & -1.3331 & -1.9952 & -2.0278 & -1.3277 & -1.1302 & -1.9942 \\
-7.3973 & -1.4642 & -2.1597 & -2.1471 & -1.4462 & -1.4558 & -2.1455
\end{matrix}\right.
$$

$$
\begin{matrix}
-2.0278 & -1.3277 & -1.1880 & -1.3670 & -1.4090 & -1.3058 & -1.3009 \\
-2.1471 & -1.4462 & -1.4287 & -1.4971 & -1.3839 & -1.4077 & -1.4420 \\
-2.0213 & -1.3383 & -1.3009 & -1.3943 & -1.4180 & -1.2997 & -1.1880 \\
-1.9598 & -1.4153 & -1.4420 & -1.5168 & -1.5035 & -1.4205 & -1.4287
\end{matrix}
$$

$$
\left.\begin{matrix}
-1.3943 & -1.4180 & -1.2997 \\
-1.5168 & -1.5035 & -1.4205 \\
-1.3670 & -1.4090 & -1.3058 \\
-1.4971 & -1.3839 & -1.4077
\end{matrix}\right] \times 10^{-4} \tag{4.33}
$$

从上述结果可以看出，氙浓度对应的反馈增益较大，出口质量对应的反馈增益较小。此外还可以看出，$\boldsymbol{K}_H$ 矩阵具有对角优势。采用总功率反馈式(3.30)和空间功率反馈式(4.25)及反馈增益式(4.27)，系统总的控制输入式(3.29)可表示为

$$
\boldsymbol{u} = -\boldsymbol{K}_G \boldsymbol{y} - \boldsymbol{K}_H z_H - \boldsymbol{K}_X z_X - \boldsymbol{K}_I z_I - \boldsymbol{K}_h z_h - \boldsymbol{K}_C z_C - \boldsymbol{K}_x \boldsymbol{Z}_x \tag{4.34}
$$

采用式(4.34)控制输入后系统(3.27)的闭环系统模型的特征值如表 4.3 所示。从式(4.34)可看出控制输入包括功率调节棒棒位、焓值、氙浓度、碘浓度和缓发中子先驱核浓度等反馈增益，因此在控制器实施时采用降阶后的控制输入即可满足控制要求[9]。

表 4.3　先进重水反应堆闭环系统模型的特征值

序号	特征值	序号	特征值	序号	特征值
1	-2.8369×10^{-5}	36	-8.0749×10^{-3}	64	-1.6022×10^{-1}
2,3	$(-3.6054\pm j7.7099)\times10^{-5}$	37	-8.1030×10^{-3}	65	-1.6316×10^{-1}
4,5	$(-3.9491\pm j7.5495)\times10^{-5}$	38	-5.7736×10^{-2}	66	-1.6324×10^{-1}
6	-3.7779×10^{-5}	39	-5.7892×10^{-2}	67	-1.6405×10^{-1}
7	-3.7985×10^{-5}	40	-5.9706×10^{-2}	68	-1.7542×10^{-1}

续表

序号	特征值	序号	特征值	序号	特征值
8	-4.1515×10^{-5}	41	-5.9723×10^{-2}	69	-1.8037×10^{-1}
9	-4.1942×10^{-5}	42	-6.0344×10^{-2}	70	-1.8049×10^{-1}
10	-4.0111×10^{-5}	43	-6.0642×10^{-2}	71	-1.8122×10^{-1}
11	-4.4291×10^{-5}	44	-6.1848×10^{-2}	72	-2.8889×10^{-1}
12	-4.7331×10^{-5}	45	-6.1945×10^{-2}	73	-1.0800×10^{-1}
13	-4.9080×10^{-5}	46	-6.2200×10^{-2}	74	-6.9171×10^{0}
14,15	$(-6.5115\pm j5.2628)\times10^{-5}$	47	-6.2384×10^{-2}	75	-3.2844×10^{1}
16,17	$(-6.5926\pm j5.4855)\times10^{-5}$	48	-6.2458×10^{-2}	76	-3.3372×10^{1}
18,19	$(-7.3405\pm j3.9069)\times10^{-5}$	49	-6.2608×10^{-2}	77	-6.6599×10^{1}
20,21	$(-7.7414\pm j2.9910)\times10^{-5}$	50	-6.2865×10^{-2}	78	-6.8323×10^{1}
22,23	$(-8.3203\pm j3.3684)\times10^{-5}$	51	-6.2893×10^{-2}	79	-9.4612×10^{1}
24	-8.4318×10^{-5}	52	-5.0944×10^{-2}	80	-9.3653×10^{1}
25	-9.6873×10^{-5}	53	-5.1151×10^{-2}	81	-1.0868×10^{2}
26	-1.4048×10^{-4}	54	-1.5738×10^{-2}	82	-1.1705×10^{2}
27	-1.4459×10^{-4}	55	-9.6913×10^{-2}	83	-1.6967×10^{2}
28	-1.5742×10^{-4}	56	-1.3225×10^{-1}	84	-1.7568×10^{2}
29	-1.6516×10^{-4}	57	-1.4712×10^{-1}	85	-1.9497×10^{2}
30	-1.6590×10^{-4}	58	-1.4713×10^{-1}	86	-2.1110×10^{2}
31	-1.7323×10^{-4}	59	-1.4809×10^{-1}	87	-2.1904×10^{2}
32	-1.8816×10^{-4}	60	-1.5068×10^{-1}	88	-2.3591×10^{2}
33	-1.8871×10^{-4}	61	-1.5580×10^{-1}	89	-2.7163×10^{2}
34	-2.4746×10^{-4}	62	-1.5585×10^{-1}	90	-2.7626×10^{2}
35	-7.9732×10^{-3}	63	-1.5662×10^{-1}		

4.3.2 瞬态过程仿真

本节所设计的控制器的性能采用先进重水反应堆非线性模型(2.26)~(2.32)进行分析验证,针对空间功率分布扰动进行了瞬态过程仿真。初始时刻,反应堆在满功率稳态条件下稳定运行;RR2 功率调节棒的初始状态是处于自动控制的状态下,在 2 s 之后通过相应的手动操作加入扰动信号,即将 RR2 棒组进行 1% 提棒操作;此后 RR2 功率调节棒处于自动控制状态,响应曲线如图 4.1 所示。其他功率调节棒(RR4、RR6 和 RR8)在控制器的调节下进行插棒操作来补偿 RR2 功率调节棒的扰动动作,使系统的总功率恢复到稳态功率水平。在针对 RR2 手动加入干扰信号后,在控制器的调节作用下所有的功率调节棒都开始进行动作,大约 135 s 后系统的总功率恢复到初始稳态。空间功率分布的变化通过式(2.49)和(2.50)所定义的第一功率斜变和第二功率斜变进行度量,如图 4.2 所示,象限功率变化和总功率变化分别如图 4.3 和图 4.4 所示。

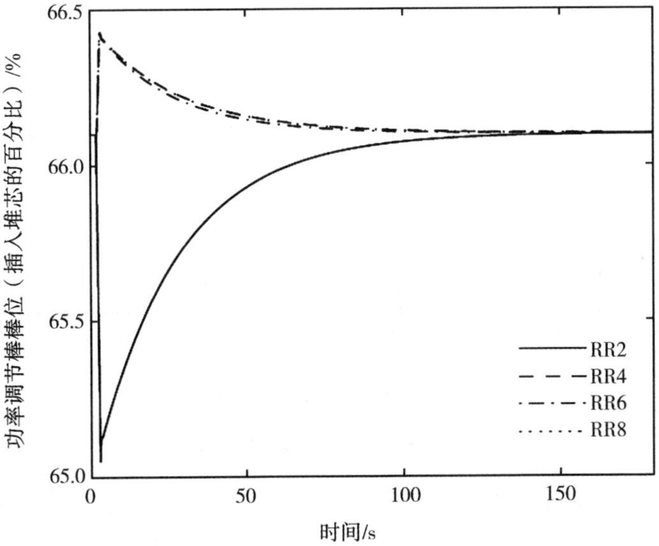

图 4.1　瞬态过程中功率调节棒位置

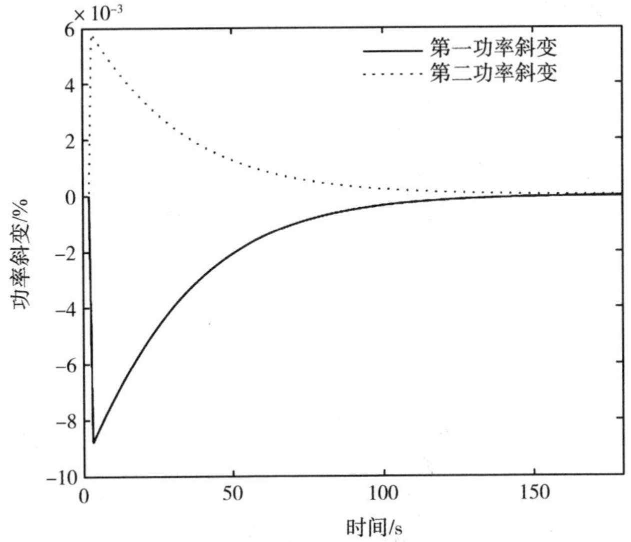

图 4.2　功率调节棒 RR2 扰动引起的功率斜变抑制曲线

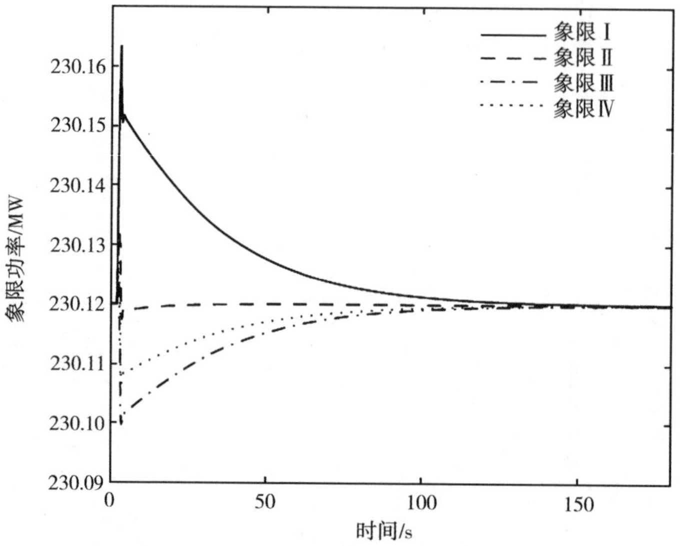

图 4.3　瞬态过程中象限功率的偏差

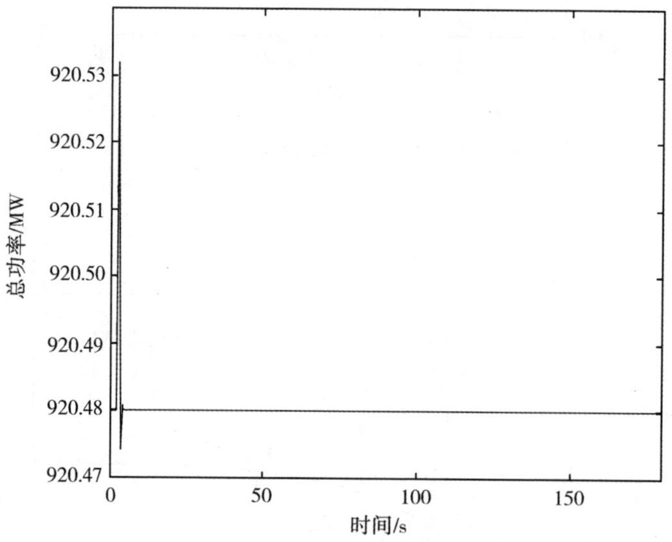

图 4.4　瞬态过程中总功率变化情况

在先进重水反应堆非线性模型中，对给水流量加入 5% 的正阶跃变化来测试所设计的控制器对给水流量变化控制性能的影响。由于加入了该扰动，进入堆芯的冷却剂的焓值降低了约 0.64% 。在控制器的调节下，总功率稳定在新的稳态值，如图 4.5(a)所示。这是通过将功率调节棒提棒来进行补偿的，如图 4.5(b)所示功率调节棒大约提棒 0.9% 。当主给水流量加入脉冲扰动时，反应堆总功率调节回到原始位置并稳定在原始位置，并且所有的功率调节棒也调节回到了稳态位置。

此外还对反应堆功率瞬态变化进行了仿真分析，初始时刻，反应堆处于平衡状态，其运行功率为 920.48 MW，节块功率分布如表 2.5 所示。然后将反应堆的功率在 61 s 内以 1.5 MW/s的速度匀速降低至 828.43 MW，随后保持反应堆功率恒定。整个功率瞬态变化过程如图 4.6 所示，可以观察到反应堆总功率跟踪需求功率的变化，直到 90 s 后达到稳定状态。此外,如图4.7所示,主给水的流量以0.66 kg/s的速度下降[图4.7(a)],下降管段的焓值以每秒0.28 kJ/kg的速度增加[图4.7(b)],它们都在90 s内达到了新的稳定状态。但是,节块氙浓度达到各自新的平衡值大约需要50 h。

此外,本章还将控制器的性能与文献[16]中设计的控制器的性能进行了对比。本章中,在所有的功率调节棒都回到其初始位置后,通过手动信号将RR6功率调节棒进行提棒操作提棒2%,同时对RR4功率调节棒进行插棒操作,插棒操作与提棒操作移动的棒位相同。图4.8所示为在这两种控制器作用下,RR功率调节棒的棒位变化情况。这两种控制器都可以控制功率调节棒回到它们的平衡位置,但是本章所设计的控制器的调节时间明显更少。图4.9展示了在棒位调节过程中象限功率的变化情况。

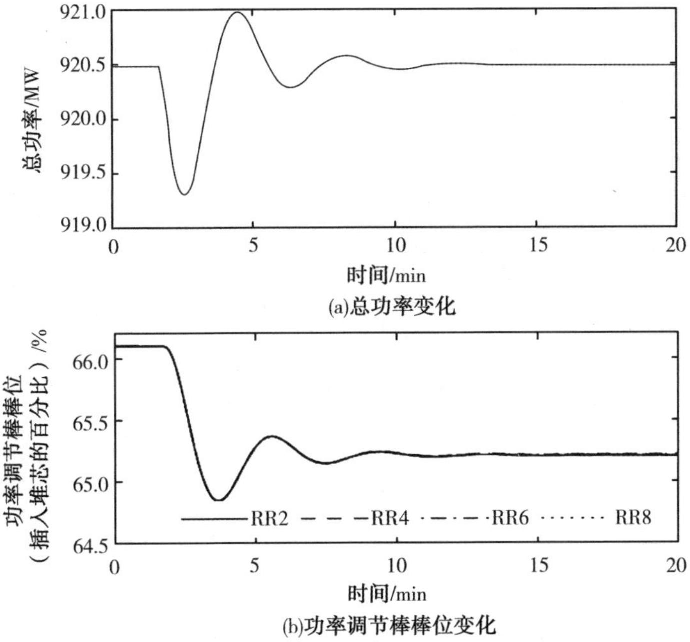

图4.5　5%正给水阶跃变化响应过程

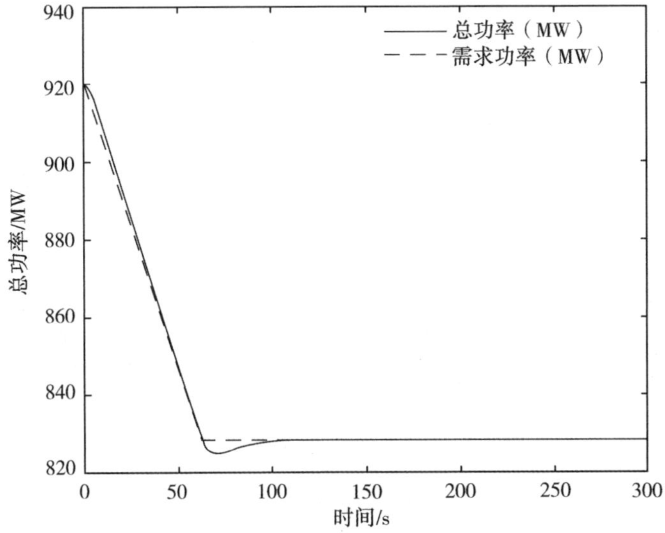

图4.6　功率从920.48 MW调节到828.43 MW过程中总功率的变化过程

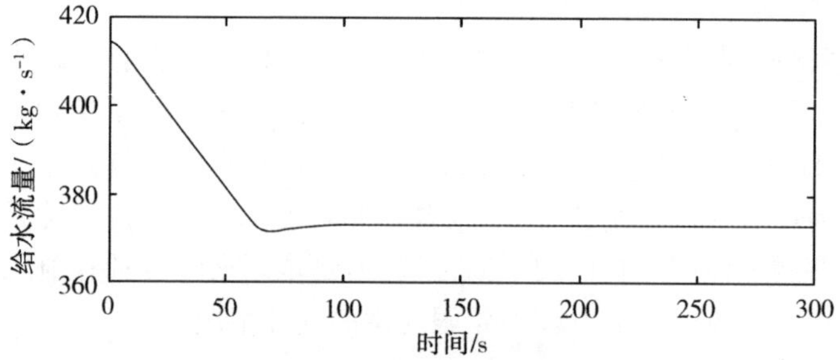

(a)主给水流量变化情况

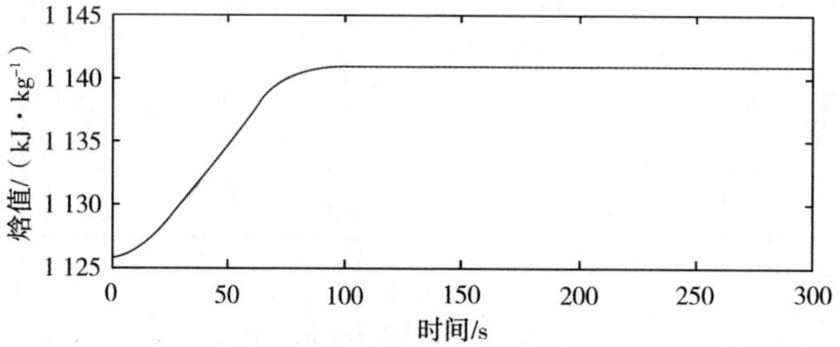

(b)下降管段焓值变化

图 4.7　功率变化影响分析

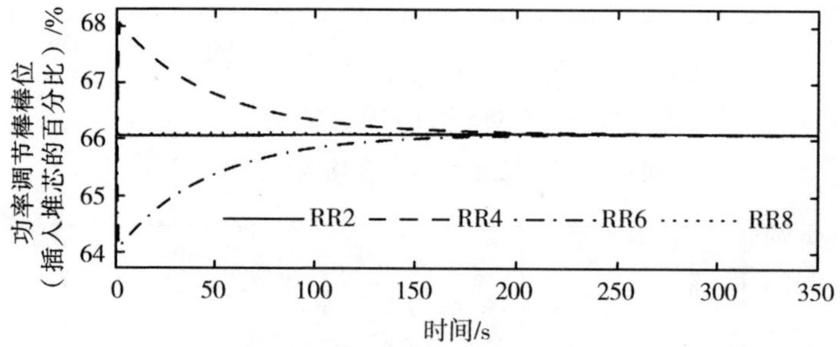

(a)文献［16］所设计的三时间尺度控制器的响应曲线

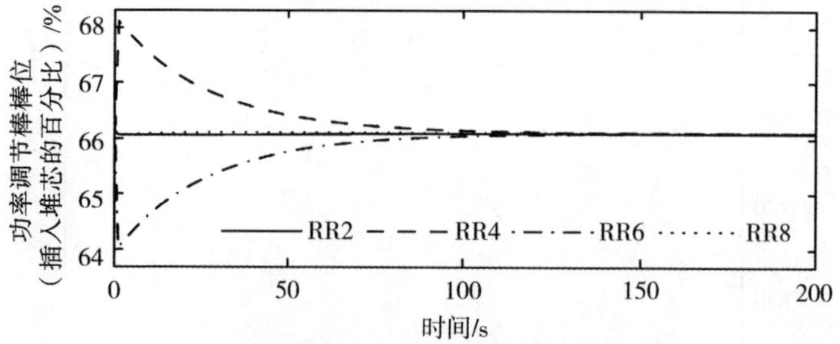

(b)本章设计的双时间尺度控制器的响应曲线

图 4.8　控制器性能比较

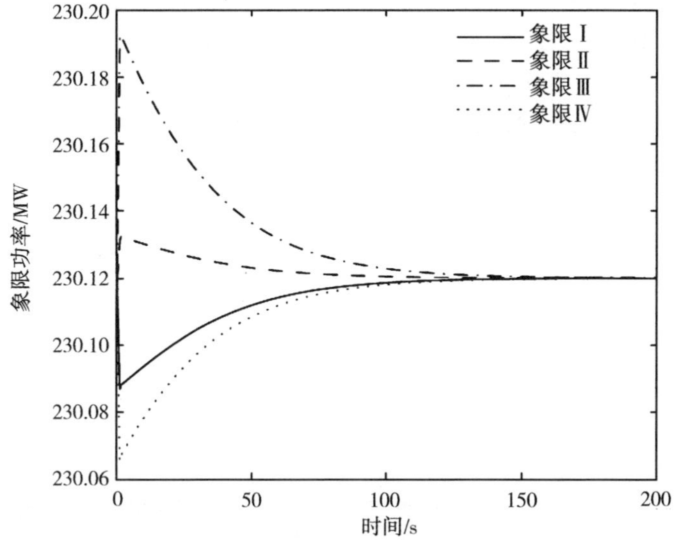

图 4.9　瞬态过程中的象限功率变化过程

4.4 小　　结

本章采用准稳态方法,将数值“病态”的 90 阶先进重水反应堆系统模型解耦为两个低阶子系统,然后分别针对慢变子系统、快变子系统设计了线性二次型调节器,并推导了原系统的复合控制器。在应用复合控制器后,闭环系统具有了渐近稳定性,同时消除了原先进重水反应堆系统的“病态”问题。通过在不同瞬态工况下的仿真分析,验证了本章所设计的控制器的性能。在相同的瞬态工况下,将本章所设计的控制器的性能与三时间尺度复合控制器的性能进行了比较。仿真结果表明,本章所设计的控制器的性能优于三时间尺度复合控制器。

4.5 参 考 文 献

1. Chang, K. W.: Singular perturbations of a general boundary value problem. SIAM J. Math. Anal. 3(3), 520 – 526 (1972)

2. Chang, K. W.: Diagonalization method for a vector boundary problem of singular perturbation type. J. Math. Anal. Appl. 48(3), 652 – 665 (1974)

3. Chow, J. H., Kokotovic, P. V.: A decomposition of near-optimum regulators for systems with slow and fast modes. IEEE Trans. Autom. Control 21(5), 701 – 705 (1976)

4. Gaitsgory, V., Nguyen, M. T.: Averaging of three time scale singularly perturbed control systems. Syst. Control Lett. 42(5), 395 – 403 (2001)

5. Gajic, Z., Lim, M.-T.: Optimal Control of Singularly Perturbed Linear Systems and Applications: High Accuracy Techniques. Marcel Dekker Inc., New York (2001)

6. Kokotovic, P. V., Khalil, H. K., Reilly, J. O.: Singular Perturbation Methods in Control, Analysis and Design. Academic, New York (1986)

7. Kokotovic, P. V., O' Malley, R. E., Sannuti, P.: Singular perturbation and order reduction in control theory-an overview. Automatica 12, 123 - 132 (1976)

8. Ladde, G. S., Rajalakshmi, S. G.: Diagonalization and stability of multi-time-scale singularly perturbed linear systems. Appl. Math. Comput. 16(2), 115 - 140 (1985)

9. Munje, R. K., Patre, B. M.: Spatial power control of singularly perturbed nuclear reactor. Control Eng. Appl. Inform. 18(3), 22 - 29 (2016)

10. Naidu, D. S.: Singular Perturbation Methodology in Control Systems. Peter Peregrinus Ltd., London (1988)

11. Naidu, D. S.: Singular perturbations and time scales in control theory and applications: overview. Dyn. Contin. Discrete Impuls. Syst. 9, 233 - 278 (2002)

12. Phillips, R. G.: A two stage design of linear feedback controls. IEEE Trans. Autom. Control 25, 1220 - 1223 (1980)

13. Saberi, A., Khalil, H.: Stabilization and regulation of nonlinear singularly perturbed systems composite control. IEEE Trans. Autom. Cotrol 30, 739 - 747 (1985)

14. Saksena, V. R., O' Reilly, J., Kokotovic, P. V.: Singular perturbation and time-scale methods in control theory: survey 1976 - 1983. Automatica 20, 273 - 293 (1984)

15. Sannuti, P., Kokotovic, P. V.: Near optimum design of linear systems by a singular perturbation method. IEEE Trans. Autom. Control 14(1), 15 - 22 (1969)

16. Shimjith, S. R., Tiwari, A. P., Bandyopadhyay, B.: A three-time-scale approach for design of linear state regulator for spatial control of advanced heavy water reactor. IEEE Trans. Nucl. Sci. 58(3), 1264 - 1276 (2011)

17. Singh, N. P., Singh, Y. P., Ahson, S. I.: An iterative approach to reduced-order modeling of synchronous machines using singular perturbation. Proc. IEEE 74, 892 - 893 (1986)

18. Suzuki, M.: Composite controls for singularly perturbed systems. Proc. IEEE Int. Conf. Control Appl. 26(2), 123 - 124 (1981)

19. Syrcos, G., Sannuti, P.: Singular perturbation modeling of continuous and discrete physical systems. Int. J. Control 37, 1007 - 1022 (1983)

20. Tiwari, A. P., Bandyopadhyay, B., Werner, H.: Spatial control of a large pressurize heavy water reactor by piecewise constant periodic output feedback. IEEE Trans. Nucl. Sci. 47, 389 - 402 (2000)

21. Yan, Z., Naidu, D. S., Cai, C., Zou, Y.: Singular perturbations and time scales in control theories and applications: an overview 2002—2012. Int. J. Inf. Syst. Sci. 9, 1 - 36 (2012)

第5章 滑模控制

5.1 概 述

滑模控制作为变结构控制(VSC),最早由苏联研究人员 Emelyanov 等于 20 世纪 50 年代初期提出并进行了详细的阐述[6,10]。此后,人们对变结构系统(VSS)和滑模控制产生了极大的兴趣,除了进行相关理论研究,人们还探索其在控制领域的应用。在变结构系统中,控制器可以通过选择备选集中的可能状态连续函数来改变自身的结构,这使得变结构系统可能具有单一控制器所无法实现的新特性。针对变结构系统,可以设计一种控制器将系统控制到预定的流形内,该流形称为滑动流形。一旦系统的动态特性被限定在滑动流形内,那么系统的状态就会逐渐地向原点移动。因此,滑模控制设计方法是两步法:首先是设计系统的稳定流形;其次是设计系统的控制调节器,使系统状态在有限的时间内移动到所定义的滑动流形内;此后系统的状态始终保持在流形上。由此独特的系统设计方法所设计的系统调节器使系统具有出色的系统特性,这些系统特性包括对参数变化不敏感并且可以完全消除干扰信号对系统的影响[6,22]。滑模控制器要求控制器具有快速响应的特性来维持系统的状态稳定在预定的流形上[5]。

系统本身固有的缺陷,例如延迟和磁滞现象等会导致系统的高频振荡,即系统抖动。系统的抖动表现为系统的状态不断穿过滑模面,而不是稳定在滑模面上。在系统设计中,由于此类运动特性常会导致执行性部件的损坏,因此非常不希望系统存在此类动态特性[21]。为了避免系统存在抖动现象,文献[19]对不连续控制动作进行了修改,修改后该控制器不是将系统的状态控制在滑模面上,而是控制系统的状态位于无限接近滑模面的一个任意小的区间边界内。在相关文献中,常称之为伪滑模运动。在这种情况下,控制特性将不具有理想滑模控制相关的完全不变性,不过可以实现无限接近理想滑模控制特性。

由于系统存在慢变、缓变和快变系统动态模式的相互作用,以及控制规律的不连续性,因此多时间尺度(奇异摄动)系统的滑模控制设计通常是很困难的。在过去一段时间里,文献[1,4,9,11 - 14,16 - 17,23]探讨了多种方法将滑模控制技术应用到奇异摄动系统中。文献[9]针对线性时不变系统,通过单个子系统滑模控制方案来推导出整个系统的复合滑模控制的方法。在文献[12 - 13]中,Li 等人也进行了类似的研究,此外他们还研究了奇异摄动系统中摄动参数上限的确定方法。文献[11]探讨了采用具有小摄动参数的奇异摄动方法将闭环全局稳定的系统解耦为低阶子系统。但是上述方法没有考虑外部干扰的影响。文献[23]中 Yue 和 Xu 提出了针对具有外部干扰和参数不确定性的奇异摄动系统的滑模控制方法,但是该方法中一些控制参数的计算很复杂。文献[1]研究了仅基于慢变子系统的状态来设计整个系统的滑模器控制设计方法。文献[16]提出了一种设计方法,该方法先针对慢变子系统或者快变子系统设计状态反馈控制器使其具有稳定性,然后再为剩余的子系统设计滑模控制来保证整个系统具有稳定性和干扰抑制特性。文献[17]针对存在匹配有界的外部干扰的奇异摄动系统进行了滑模控制设计。文献[4]中研究了基于降阶模型的滑模控制方法,该方法先通过直接对角化方法将高阶系统解耦为慢变子系统和快变子系统。此外,该方法还证明了仅针对慢变子系统设计的滑模控制可以控制原始全阶系统趋近滑模运动。以上所讨论的所有滑模控制设计方法中均采用了针对奇异摄动系统的双时间尺度分解方法,即准稳态方法或者直接对角化方法。文献[14]针对三时间尺度系统进行了滑模控制设计。该方法采用准稳态方法将奇异摄动系统分解为慢变子系统,快变子系统 1 和快变子系统 2,然后设计了整个系统的复合控制器,并用于点堆核反应堆动力模型的控制。文献[2-3,7]研究了滑模控制在核反应堆控制中的应用。以上针对核反应堆的滑模控制设计均采用的是点堆动力学模型,该模型是低阶的系统模型。

变结构控制的基本原理是,在某些确定的条件下,控制系统的结构从一个连续控制函数改变为另一个连续控制函数。这些控制函数都是一组容许的备选连续函数集中的成员函数。因此变结构系统可以从不同的控制结构中继承多个有益的控制特性。此外变结构控制还拥有其他单一控制方法所不具有的独特优势[6,20]。本章将探讨滑模控制技术并将其应于先进重水反应堆系统的控制。正如前面章节研究的极点配置技术和线性二次型调节器一样,滑模控制系统的设计也需要系统状态变量反馈。本章采用第 3 章中建立的双时间尺度模型,进行滑模控制设计。

5.2 滑模控制

滑模控制是变结构控制的一种。在滑模控制中,通过滑动面或者流形的设计使系统的轨迹限定在所设计的流形内,从而使系统具有所需要的特性。采用滑模控制的系统通常具有对参数不确定性和外部干扰的鲁棒性[8]。由于大多数的电厂都会存在严重的参数不确定性,并受外部扰动的剧烈影响,这一鲁棒特性在实际应用中是极为重要的。

滑模控制通常是针对降阶后的系统模型进行设计,滑模控制设计包括切换超平面 $\boldsymbol{s}=0$ 的设计,此时超平面表示系统所期望的动态特性;然后再设计相应的滑模控制器。一旦系统状态超出切换超平面,通过控制器的调节作用使系统状态在有限的时间内恢复到切换平面。

针对 n 阶线性时不变的可控且可观的连续时间系统有:

$$\dot{\boldsymbol{z}} = \boldsymbol{A}\boldsymbol{z} + \boldsymbol{B}\boldsymbol{u} \tag{5.1}$$

$$\boldsymbol{y} = \boldsymbol{M}\boldsymbol{z} \tag{5.2}$$

式中 $\boldsymbol{z} \in \mathbf{R}^n$ ——系统的状态变量;

$\boldsymbol{u} \in \mathbf{R}^m$ ——系统的控制输入变量;

$\boldsymbol{y} \in \mathbf{R}^p$ ——系统的输出变量,且满足 $1 \leqslant m \leqslant n$;

$\boldsymbol{A}$、$\boldsymbol{B}$、$\boldsymbol{M}$——常数矩阵。

由于系统(5.1)是完全可控的,因此存在转换矩阵 $\boldsymbol{T}_{\mathrm{r}} \in \mathbf{R}^{n\times n}$,满足

$$\boldsymbol{T}_{\mathrm{r}}\boldsymbol{B} = \begin{bmatrix} \boldsymbol{0} \\ \boldsymbol{B}_0 \end{bmatrix} \tag{5.3}$$

式中，$\boldsymbol{B}_0 \in \mathbf{R}^{m\times m}$ 为可逆矩阵。则式(5.1)可变换为常用的表示形式，即

$$\begin{bmatrix} \dot{\bar{z}}_1 \\ \dot{\bar{z}}_2 \end{bmatrix} = \begin{bmatrix} \bar{\boldsymbol{A}}_{11} & \bar{\boldsymbol{A}}_{12} \\ \bar{\boldsymbol{A}}_{21} & \bar{\boldsymbol{A}}_{22} \end{bmatrix} \begin{bmatrix} \bar{z}_1 \\ \bar{z}_2 \end{bmatrix} + \begin{bmatrix} \boldsymbol{0} \\ \boldsymbol{B}_0 \end{bmatrix} \boldsymbol{u} \tag{5.4}$$

其中，$\bar{z}_1$ 和 $\bar{z}_2$ 的阶数分别为$(n-m)$和 m，且满足

$$\bar{z} = \begin{bmatrix} \bar{z}_1 \\ \bar{z}_2 \end{bmatrix} = \boldsymbol{T}_{\mathrm{r}} \boldsymbol{z} \tag{5.5}$$

5.2.1　滑模面设计

采用文献[6,10]中的滑模切换面形式 $\bar{\boldsymbol{C}}^{\mathrm{T}} \bar{z} = 0$，滑模函数参数满足：

$$\bar{\boldsymbol{C}}^{\mathrm{T}} = [\boldsymbol{K} \quad \boldsymbol{E}_m] \tag{5.6}$$

式(5.4)在滑动平面 $\bar{\boldsymbol{C}}^{\mathrm{T}} \bar{z} = 0$ 的约束下满足如下关系：

$$\bar{z}_2 = -\boldsymbol{K} \bar{z}_1 \tag{5.7}$$

状态变量 $\bar{z}_1$ 的动态特性可表示为

$$\begin{aligned} \dot{\bar{z}}_1 &= \bar{\boldsymbol{A}}_{11}\bar{z}_1 - \bar{\boldsymbol{A}}_{12}\boldsymbol{K}\bar{z}_1 \\ &= (\bar{\boldsymbol{A}}_{11} - \bar{\boldsymbol{A}}_{12}\boldsymbol{K})\bar{z}_1 \end{aligned} \tag{5.8}$$

由式(5.4)可以把 $\bar{z}_2$ 看作式 $\bar{z}_1$ 的控制输入。系统$(\boldsymbol{A},\boldsymbol{B})$的可控性与$(\bar{\boldsymbol{A}}_{11},\bar{\boldsymbol{A}}_{12})$的可控性相同。因此由式(5.8)如果选择合适的 $\boldsymbol{K}$ 将$(\bar{\boldsymbol{A}}_{11}-\bar{\boldsymbol{A}}_{12}\boldsymbol{K})$的极点配置在所期望的位置，那么 $\bar{z}_1$ 在滑模面上是稳定的。因此，根据式(5.7)所确定的代数式，$\bar{z}_2$ 是稳定的并且限定在滑模面运动。因此，滑模面满足稳定性要求，并且可以用原始状态坐标表示为

$$\boldsymbol{s} = \bar{\boldsymbol{C}}^{\mathrm{T}} \bar{z} = \bar{\boldsymbol{C}}^{\mathrm{T}} \boldsymbol{T}_{\mathrm{r}} \boldsymbol{z} = \boldsymbol{C}^{\mathrm{T}} \boldsymbol{z} \tag{5.9}$$

5.2.2　滑模控制器设计

采用式(5.9)所示的滑模面时，必须保证对于所有的初始条件，系统状态都收敛于切换平面。也就是说，当 $\boldsymbol{s} < 0$ 时，$\dot{\boldsymbol{s}} > 0$，当 $\boldsymbol{s} > 0$ 时，$\dot{\boldsymbol{s}} < 0$。以上条件可表示为

$$\dot{\boldsymbol{s}}\boldsymbol{s} < 0 \tag{5.10}$$

该式给出了滑模运动存在的条件。系统在有限时间 t_s 后发生滑模运动，即当 $t \geqslant t_s$ 时，$\boldsymbol{s} = \boldsymbol{C}^{\mathrm{T}}\boldsymbol{z} = 0$ 且 $\dot{\boldsymbol{s}} = \boldsymbol{C}^{\mathrm{T}}\dot{\boldsymbol{z}} = 0$。将式(5.1)中的 $\dot{\boldsymbol{z}}$ 替换，则等效滑模控制[6]表示为

$$\boldsymbol{u}_{\mathrm{eq}} = -(\boldsymbol{C}^{\mathrm{T}}\boldsymbol{B})^{-1}\boldsymbol{C}^{\mathrm{T}}\boldsymbol{A}\boldsymbol{z} \tag{5.11}$$

控制律式(5.11)仅满足滑动存在条件，为了满足到达条件，必须增加一个调节控制函数 $\boldsymbol{u}_{\mathrm{dis}}$（也称不连续控制律）。此时，滑模控制律可表示为

$$\boldsymbol{u} = \boldsymbol{u}_{\mathrm{eq}} + \boldsymbol{u}_{\mathrm{dis}} \tag{5.12}$$

式中，$\boldsymbol{u}_{\mathrm{dis}}$ 可采用 Sigmoid 函数[13]来消除系统的抖动，并可表示为

$$\boldsymbol{u}_{\rm dis} = -(\boldsymbol{C}^{\rm T}\boldsymbol{B})^{-1}\xi{\rm sig}(\boldsymbol{C}^{\rm T}\boldsymbol{z}){\rm sgn}(\boldsymbol{C}^{\rm T}\boldsymbol{z}) \tag{5.13}$$

其中　ξ——正因子；

$$\begin{cases} {\rm sig}(\boldsymbol{C}^{\rm T}\boldsymbol{z}) = \dfrac{1-{\rm e}^{-|\boldsymbol{C}^{\rm T}\boldsymbol{z}|}}{1+{\rm e}^{-|\boldsymbol{C}^{\rm T}\boldsymbol{z}|}} \geqslant 0 \\ {\rm sgn}(\boldsymbol{C}^{\rm T}\boldsymbol{z}) = \begin{cases} 1, \boldsymbol{C}^{\rm T}\boldsymbol{z} > 0 \\ -1, \boldsymbol{C}^{\rm T}\boldsymbol{z} < 0 \end{cases} \end{cases} \tag{5.14}$$

系统(5.1)在滑模面式(5.9)上渐近稳定[13]。

5.3　双时间尺度系统的滑模控制器设计

由于系统的多时间尺度特性和滑模控制中存在控制动作的不连续性，特别是当双时间尺度系统(3.6)存在数值“病态”条件时，滑模控制设计是很复杂也很困难的。因此就像式(3.13)所示，需要将原高阶系统解耦为慢变子系统和快变子系统。假设快变子系统是渐近稳定的，即 $\varphi\left(\dfrac{\boldsymbol{A}_{\rm f}}{\varepsilon}\right) < 0$ 。此时可只针对慢变子系统进行滑模控制设计，由式(3.13)慢变子系统可表示为

$$\boldsymbol{z}_{\rm s} = \boldsymbol{A}_{\rm s}\boldsymbol{z}_{\rm s} + \boldsymbol{B}_{\rm s}\boldsymbol{u} \tag{5.15}$$

式(5.15)所示的慢变子系统的状态变量与式(3.13)系统的状态变量之间的关系可表示为

$$\boldsymbol{z}_{\rm s} = [\boldsymbol{E}_{n_1} \quad \boldsymbol{0}]\begin{bmatrix}\boldsymbol{z}_{\rm s}\\ \boldsymbol{z}_{\rm f}\end{bmatrix} = \boldsymbol{T}_z\boldsymbol{z}_{\rm d} \tag{5.16}$$

式中，$\boldsymbol{T}_z \in \mathbf{R}^{n_1\times n}$ 。慢变子系统式(5.15)的稳定滑模面可表示为 $\boldsymbol{s}_{\rm s} = \boldsymbol{C}^{\rm T}\boldsymbol{z}_{\rm s}$ 。此时，滑模面 $\boldsymbol{s}_{\rm s}$ 附近的运动可以通过令 $\dot{\boldsymbol{s}} = 0$ 来得到。此时，等效滑模控制为

$$\boldsymbol{u}_{\rm eq} = -(\boldsymbol{C}^{\rm T}\boldsymbol{B}_{\rm s})^{-1}\boldsymbol{C}^{\rm T}\boldsymbol{A}_{\rm s}\boldsymbol{z}_{\rm s} \tag{5.17}$$

沿滑模面 $\boldsymbol{s}_{\rm s}$ 的运动可表示为

$$\begin{aligned}\dot{\boldsymbol{z}}_{\rm s} &= \boldsymbol{A}_{\rm s}\boldsymbol{z}_{\rm s} - \boldsymbol{B}_{\rm s}(\boldsymbol{C}^{\rm T}\boldsymbol{B}_{\rm s})^{-1}\boldsymbol{A}_{\rm s}\boldsymbol{z}_{\rm s}\\ &= [\boldsymbol{A}_{\rm s} - \boldsymbol{B}_{\rm s}(\boldsymbol{C}^{\rm T}\boldsymbol{B}_{\rm s})^{-1}\boldsymbol{C}^{\rm T}\boldsymbol{A}_{\rm s}]\boldsymbol{z}_{\rm s}\end{aligned} \tag{5.18}$$

由于系统(5.18)是设计稳定的，那么 $[\boldsymbol{A}_{\rm s} - \boldsymbol{B}_{\rm s}(\boldsymbol{C}^{\rm T}\boldsymbol{B}_{\rm s})^{-1}\boldsymbol{C}^{\rm T}\boldsymbol{A}_{\rm s}]$ 的特征值也是稳定的。

引理 5.1　如果在 $\boldsymbol{s}_{\rm s} = \boldsymbol{C}^{\rm T}\boldsymbol{z}_{\rm s}$ 滑模面附近，系统(5.15)的运动是稳定的，那么系统(3.6)在如下滑模面附近也是稳定的：

$$\boldsymbol{s} = \boldsymbol{C}^{\rm T}\boldsymbol{T}_z\boldsymbol{T}\boldsymbol{z} \tag{5.19}$$

证明　系统(5.15)在滑模面 $\boldsymbol{s}_{\rm s} = \boldsymbol{C}^{\rm T}\boldsymbol{z}_{\rm s}$ 附近是稳定的。由式(5.16)可知，系统(3.13)的滑模面可以表示为

$$\boldsymbol{s}_{\rm d} = \boldsymbol{C}^{\rm T}\boldsymbol{T}_z\boldsymbol{z}_{\rm d} \tag{5.20}$$

系统(3.13)在滑模面 $\boldsymbol{s}_{\rm d}$ 附近的滑模运动可以由 $\dot{\boldsymbol{s}}_{\rm d} = 0$ 来求得。由此，等效控制可以表示为

$$\boldsymbol{u}_{\rm eq} = -(\boldsymbol{C}^{\rm T}\boldsymbol{B}_{\rm s})^{-1}\boldsymbol{C}^{\rm T}[\boldsymbol{A}_{\rm s} \quad \boldsymbol{0}]\boldsymbol{z}_{\rm d} \tag{5.21}$$

此时，切换面 $\boldsymbol{s}_{\rm d}$ 附近的运动可以表示为

$$\dot{z}_{d} = \begin{bmatrix} \boldsymbol{A}_{s} - \boldsymbol{B}_{s}(\boldsymbol{C}^{T}\boldsymbol{B}_{s})^{-1}\boldsymbol{C}^{T}\boldsymbol{A}_{s} & \boldsymbol{0} \\ \dfrac{-\boldsymbol{B}_{f}(\boldsymbol{C}^{T}\boldsymbol{B}_{s})^{-1}\boldsymbol{C}^{T}\boldsymbol{A}_{s}}{\varepsilon} & \dfrac{\boldsymbol{A}_{f}}{\varepsilon} \end{bmatrix} z_{d} \tag{5.22}$$

此时,将式(3.13)中的 $\boldsymbol{u}$ 替换为 $\boldsymbol{u}_{eq}$ 即可证明。由于$(\boldsymbol{A}_{s} - \boldsymbol{B}_{s}(\boldsymbol{C}^{T}\boldsymbol{B}_{s})^{-1}\boldsymbol{C}^{T}\boldsymbol{A}_{s})$是设计稳定的并假设 $\dfrac{\boldsymbol{A}_{f}}{\varepsilon}$ 是稳定的,因此式(3.13)的滑模运动是稳定的。系统(3.13)是系统(3.6)经式(3.14)的线性变换得到的。因此,$\boldsymbol{s} = \boldsymbol{C}^{T}\boldsymbol{T}_{z}\boldsymbol{T}\boldsymbol{z}$ 也是系统(3.6)的稳定滑模面。

令 $\dot{\boldsymbol{s}} = 0$,那么系统(3.6)的等效控制可以由(5.21)表示为

$$\boldsymbol{u}_{eq} = -(\boldsymbol{C}^{T}\boldsymbol{B}_{s})^{-1}\boldsymbol{C}^{T}[\boldsymbol{A}_{s}(\boldsymbol{E}_{n_1} - \varepsilon\boldsymbol{N}\boldsymbol{L}) - \varepsilon\boldsymbol{A}_{s}\boldsymbol{N}]\boldsymbol{z} \tag{5.23}$$

如引理 5.1 证明所示,式(5.23)的控制规律满足系统(3.6)的唯一滑动条件;总控制规律如式(5.12)所示,趋近律为式(5.13)。

引理 5.2　全阶系统(3.6)在滑动面(5.19)上的滑动模态是渐近稳定的。

证明　由式(3.14),式(5.16)和式(5.19)可知全阶系统(3.6)的滑模面可以表示为

$$\boldsymbol{s} = \boldsymbol{C}^{T}[\boldsymbol{E}_{n_1} - \varepsilon\boldsymbol{N}\boldsymbol{L} - \varepsilon\boldsymbol{N}]\boldsymbol{z}$$

李雅普诺夫函数选择为

$$V(s) = \frac{1}{2}\boldsymbol{s}^{T}\boldsymbol{s} \tag{5.24}$$

$$\dot{V}(s) = -(\xi\boldsymbol{s})\operatorname{sig}(\boldsymbol{s})\operatorname{sgn}(\boldsymbol{s}) < 0 \tag{5.25}$$

对所有的 $z \neq 0$,即满足了趋近律。

5.4　滑模控制在先进重水反应堆系统中的应用

5.4.1　先进重水反应堆滑模控制器计算

如 3.4.1 节所述,先进重水反应堆系统的奇异摄动模型可采用 3.3.1 节所述的两阶段分解法将奇异摄动模型解耦为 73 阶的慢变子系统和 17 阶的快变子系统。慢变子系统和快变子系统的特征值如表 3.1 和表 3.2 所示。由于快变子系统是渐近稳定的,那么系统滑模控制律的设计可以只针对慢变子系统来构造。为此,这里针对慢变子系统设计了稳定滑模面并得到了如下的等效控制律:

$$\boldsymbol{u}_{eq} = \boldsymbol{K}_{s,smc}\boldsymbol{z}_{s} \tag{5.26}$$

式中,$\boldsymbol{K}_{s,smc} = -(\boldsymbol{C}^{T}\boldsymbol{B}_{s})^{-1}\boldsymbol{C}^{T}\boldsymbol{A}_{s}$ 为慢变子系统的增益矩阵,其维度为(4×73),其值为

$$\boldsymbol{K}_{s,smc} = \left[\begin{matrix} 0.0119 & 0.0116 & 0.0104 & 0.0116 & 1.0046 & 0.5612 & 0.5873 & 0.5659 & 0.5107 \\ 0.0117 & 0.0133 & 0.0116 & 0.0117 & 1.0701 & 0.5600 & 0.6234 & 0.6389 & 0.5813 \\ 0.0104 & 0.0116 & 0.0119 & 0.0116 & 1.0046 & 0.5030 & 0.5474 & 0.5620 & 0.5416 \\ 0.0116 & 0.0117 & 0.0117 & 0.0133 & 1.0701 & 0.5562 & 0.5841 & 0.5783 & 0.5416 \end{matrix}\right.$$

$$
\begin{array}{ccccccccc}
0.503\,0 & 0.547\,4 & 0.562\,0 & 0.541\,6 & 0.420\,0 & 0.504\,9 & 0.478\,3 & 0.371\,3 & 0.366\,7 \\
0.556\,2 & 0.584\,1 & 0.578\,3 & 0.541\,6 & 0.409\,0 & 0.530\,5 & 0.549\,0 & 0.428\,8 & 0.413\,1 \\
0.561\,2 & 0.587\,3 & 0.565\,9 & 0.510\,7 & 0.366\,7 & 0.460\,9 & 0.479\,0 & 0.406\,9 & 0.420\,0 \\
0.560\,0 & 0.623\,4 & 0.638\,9 & 0.581\,3 & 0.413\,1 & 0.494\,6 & 0.487\,5 & 0.397\,9 & 0.409\,0
\end{array}
$$

$$
\begin{array}{ccccccccc}
0.460\,9 & 0.479\,0 & 0.406\,9 & 0.015\,4 & 0.014\,2 & 0.013\,9 & 0.008\,9 & 0.003\,4 & 0.001\,1 \\
0.494\,6 & 0.487\,5 & 0.397\,9 & 0.016\,5 & 0.008\,3 & 0.014\,2 & 0.016\,5 & 0.013\,2 & 0.008\,0 \\
0.504\,9 & 0.478\,3 & 0.371\,3 & 0.015\,4 & 0.001\,1 & 0.003\,6 & 0.008\,6 & 0.011\,9 & 0.014\,2 \\
0.530\,5 & 0.549\,0 & 0.428\,8 & 0.016\,5 & 0.008\,0 & 0.004\,5 & 0.002\,2 & 0.003\,1 & 0.008\,3
\end{array}
$$

$$
\begin{array}{ccccccccc}
0.003\,6 & 0.008\,6 & 0.011\,9 & 0.011\,6 & 0.012\,0 & 0.006\,2 & 0.000\,5 & -0.000\,8 & 0.001\,3 \\
0.004\,5 & 0.002\,2 & 0.003\,1 & 0.004\,7 & 0.011\,3 & 0.013\,9 & 0.009\,7 & 0.006\,6 & 0.002\,9 \\
0.013\,9 & 0.008\,9 & 0.003\,4 & -0.000\,8 & 0.001\,3 & 0.007\,1 & 0.010\,2 & 0.011\,6 & 0.012\,0 \\
0.014\,2 & 0.016\,5 & 0.013\,2 & 0.006\,6 & 0.002\,9 & 0.000\,3 & 0.001\,6 & 0.004\,7 & 0.011\,3
\end{array}
$$

$$
\begin{array}{ccccccccc}
0.007\,1 & 0.010\,2 & -0.626\,9 & -0.029\,4 & -0.016\,8 & -0.0174 & -0.016\,4 & -0.014\,7 & -0.014\,4 \\
0.000\,3 & 0.001\,6 & -0.651\,5 & -0.031\,5 & -0.016\,5 & -0.018\,5 & -0.019\,0 & -0.017\,5 & -0.016\,4 \\
0.006\,2 & 0.000\,5 & -0.626\,9 & -0.029\,4 & -0.014\,4 & -0.015\,6 & -0.016\,3 & -0.016\,1 & -0.016\,8 \\
0.013\,9 & 0.009\,7 & -0.651\,5 & -0.031\,5 & -0.016\,4 & -0.016\,8 & -0.016\,6 & -0.015\,7 & -0.016\,5
\end{array}
$$

$$
\begin{array}{ccccccccc}
-0.015\,6 & -0.016\,3 & -0.016\,1 & -0.012\,6 & -0.015\,1 & -0.013\,9 & -0.010\,5 & -0.010\,3 & -0.013\,1 \\
-0.016\,8 & -0.016\,6 & -0.015\,7 & -0.011\,9 & -0.015\,8 & -0.016\,7 & -0.012\,7 & -0.012\,0 & -0.014\,3 \\
-0.017\,4 & -0.016\,4 & -0.014\,7 & -0.010\,3 & -0.013\,1 & -0.013\,9 & -0.012\,0 & -0.012\,6 & -0.015\,1 \\
-0.018\,5 & -0.019\,0 & -0.017\,5 & -0.012\,0 & -0.014\,3 & -0.014\,0 & -0.011\,4 & -0.011\,9 & -0.015\,8
\end{array}
$$

$$
\begin{array}{cccccccccc}
-0.013\,9 & -0.012\,0 & 0.011\,3 & 0.030\,7 & 0.016\,9 & 0.012\,5 & 0.012\,4 & 0.011\,3 & 0.010\,5 & 0.011\,8 \\
-0.014\,0 & -0.011\,4 & 0.012\,1 & 0.015\,2 & 0.017\,9 & 0.027\,2 & 0.020\,7 & 0.014\,3 & 0.011\,1 & 0.010\,4 \\
-0.013\,9 & -0.010\,5 & 0.011\,3 & 0.011\,3 & 0.010\,5 & 0.011\,8 & 0.018\,0 & 0.030\,7 & 0.016\,9 & 0.012\,5 \\
-0.016\,7 & -0.012\,7 & 0.012\,1 & 0.014\,3 & 0.011\,1 & 0.010\,4 & 0.012\,7 & 0.015\,2 & 0.017\,9 & 0.027\,2
\end{array}
$$

$$
\left.
\begin{array}{ccccccccc}
0.018\,0 & 0.020\,6 & 0.018\,1 & 0.012\,5 & 0.009\,6 & 0.009\,0 & 0.010\,4 & 0.012\,4 & 0.015\,2 \\
0.012\,7 & 0.011\,7 & 0.017\,4 & 0.024\,5 & 0.015\,4 & 0.012\,0 & 0.011\,3 & 0.010\,5 & 0.010\,3 \\
0.012\,4 & 0.009\,0 & 0.010\,4 & 0.012\,4 & 0.015\,2 & 0.020\,6 & 0.018\,1 & 0.012\,5 & 0.009\,6 \\
0.020\,7 & 0.012\,0 & 0.011\,3 & 0.010\,5 & 0.010\,3 & 0.011\,7 & 0.017\,4 & 0.024\,5 & 0.015\,4
\end{array}
\right] \tag{5.27}
$$

增益矩阵中的最大值是 1.070 1,最小值为 −0.651 5。控制律采用式(5.16)和式(3.14),可采用原始状态坐标进行表示。先进重水反应堆系统的等效控制律可表示为 $\boldsymbol{K}_{\mathrm{smc}}$,趋近律如式(5.13)所示。那么空间控制律可表示为

$$
\boldsymbol{u}_{\mathrm{sp}} = \boldsymbol{K}_{\mathrm{smc}} \begin{bmatrix} z_1 \\ z_2 \end{bmatrix} - (\boldsymbol{C}^{\mathrm{T}} \boldsymbol{B}_{\mathrm{s}})^{-1} \xi \operatorname{sig}(\boldsymbol{s}) \operatorname{sgn}(\boldsymbol{s}) \tag{5.28}
$$

式中 $\boldsymbol{K}_{\mathrm{smc}} = -(\boldsymbol{C}^{\mathrm{T}} \boldsymbol{B}_{\mathrm{s}})^{-1} \boldsymbol{C}^{\mathrm{T}} \boldsymbol{A}_{\mathrm{s}} [\boldsymbol{E}_{n_1} - \varepsilon \boldsymbol{N}\boldsymbol{L} - \varepsilon \boldsymbol{N}]$;

$\boldsymbol{s}$——滑模面,可表示为

$$
\boldsymbol{s} = [\boldsymbol{C}^{\mathrm{T}}(\boldsymbol{E}_{n_1} - \varepsilon \boldsymbol{N}\boldsymbol{L})] z_1 - (\varepsilon\, \boldsymbol{C}^{\mathrm{T}} \boldsymbol{N})\, z_2
$$

在该示例中,滑模控制器仅采用慢变子系统的状态进行设计。在控制器实现时,采用式(5.28)在原始状态坐标系中的状态变量来实现。因此,滑模控制的增益矩阵 $\boldsymbol{K}_{\mathrm{smc}}$ 的维度为(4×90),这意味着在控制器实现过程中需要对所有状态反馈进行计算[15]。

5.4.2　瞬态过程仿真

首先,假设反应堆初始状态处于满功率稳态运行状态。RR6 功率调节棒处于自动控制状态,通过手动控制将棒位提升 2%,同时将 RR4 功率调节棒棒位下插 2%。此后在自动控制器的调节下,所有的功率调节棒将调节到新的棒位。功率调节棒的驱动信号是由式(3.30)和式(5.28)相结合来计算得到的。由式(2.26)~式(2.32)得到的向量化非线性先进重水反应堆的仿真步长是 10 ms,仿真结果如图 5.1 所示。如图 5.1(b)所示,所有的功率调节棒的棒位在控制器的作用下逐步恢复到稳态位置。针对同一瞬态过程,对滑模控制的控制性能与三时间尺度复合控制器[18]的控制性能进行了对比。从图 5.1 所示的结果可以看出,这两个控制器都将功率调节棒的棒位调节到了平衡位置,但是滑模控制器所用的时间相对更少。

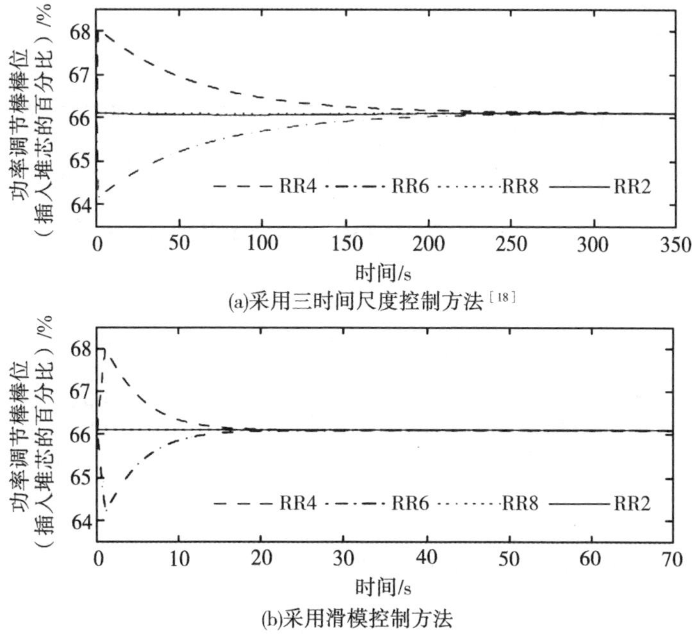

(a)采用三时间尺度控制方法[18]

(b)采用滑模控制方法

图 5.1　功率调节棒棒位变化曲线图

图 5.2 所示为另一瞬态过程的闭环系统响应曲线。在所有功率调节棒经总功率反馈控制,即式(3.30)的调节作用恢复到初始棒位之后,立即进行该瞬态过程仿真:将 RR2 棒组提升 1% 且将 RR4 功率调节棒下插 1%。由于瞬态过程的影响,同时由于该控制是基于总功率反馈的单独控制,功率斜变在初始阶段是变大的。在大约 16 h 40 min 时引入式(5.28)所示的空间功率控制。图 5.2(a)所示为第一和第二功率斜变的变化曲线。图 5.2(b)为图 5.1(a)的局部曲线,突出显示了空间功率控制引入时间点附近的变化曲线,可以注意到,在 50 s内功率斜变被抑制。此外,当图 5.3(a)所示的控制信号被用于功率调节棒控制时,相应的功率调节棒棒位变化如图 5.3(b)所示。该控制动作会导致空间功率分布的扰动,如图 5.4(d)所示的空间功率控制器大约在 70 s 内抑制该扰动。

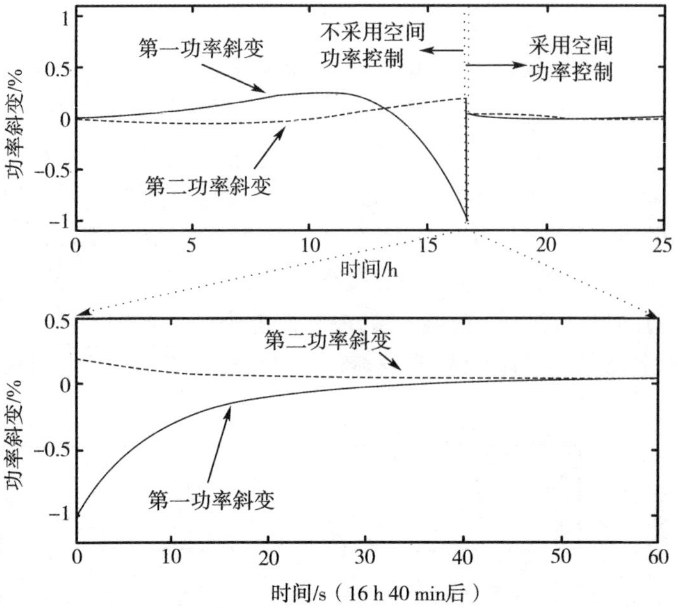

图 5.2　采用空间功率控制后功率斜变抑制曲线

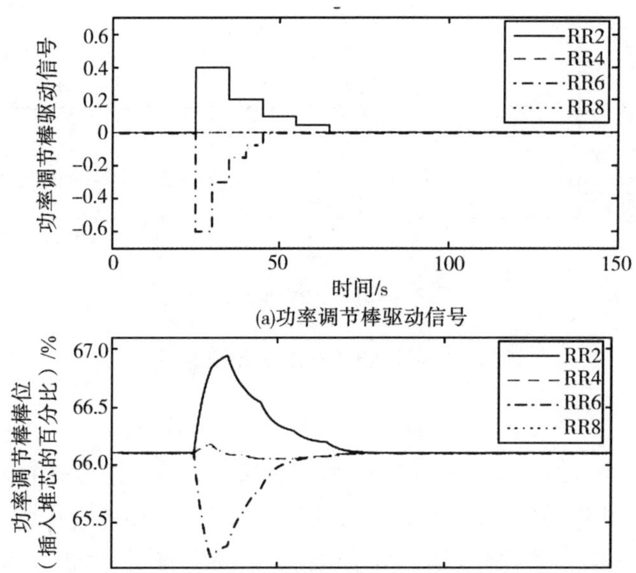

图 5.3　驱动信号变化对功率调节棒棒位的影响曲线

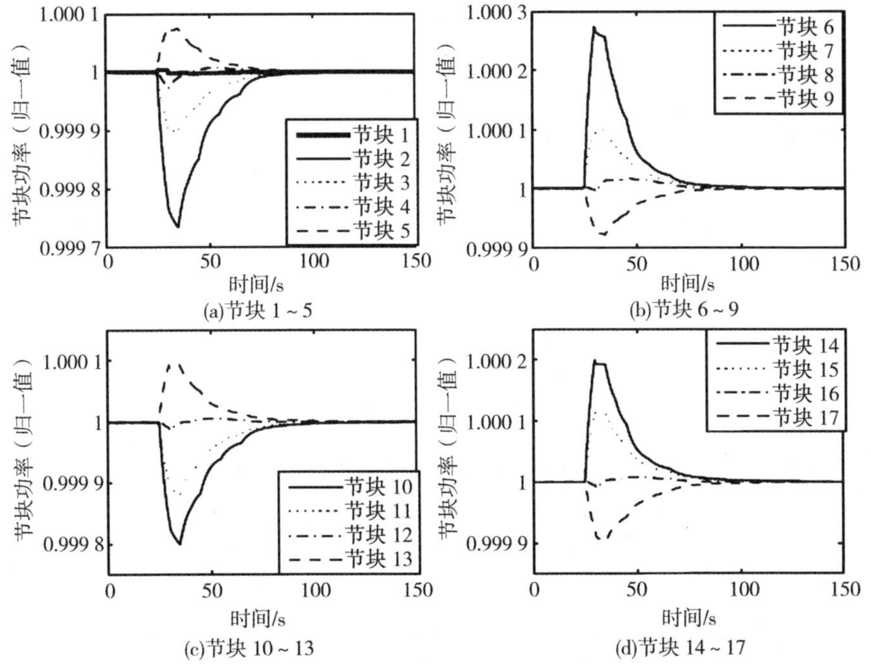

图 5.4　RR2 和 RR6 功率调节棒棒位变化引起的节块功率变化曲线

5.5　小　　结

本章采用两阶段分解法和滑模控制实现先进重水反应堆系统的空间控制。首先将先进重水反应堆系统分解为慢变子系统和快变子系统,并利用慢变子系统的状态进行滑模控制器设计;然后,利用线性变换矩阵构造了全阶系统的滑模控制器。仿真步长为 10 ms,通过在不同瞬态工况下的仿真分析,验证了所设计的滑模控制器的有效性。仿真结果表明,该控制器能迅速稳定空间功率振荡和节块功率变化。

本章的控制技术和前面第 3 章研究的控制技术都是基于两阶段分解法的。在这两种方法中,控制器都是针对慢变子系统设计的,并进行变换表示为原系统状态形式。因此,这两种方法在实现时都是利用了所有状态变量的反馈信息。

5.6　参 考 文 献

1. Ahmed, A. E., Schwartz, H. M., Aitken, V. C.: Sliding mode control for singularly perturbed system. Proc. Asian Control Conf. 3, 1946 – 1950 (2004)

2. Ansarifar, G. R., Rafiei, M.: Second-order sliding-mode control for a pressurized water nuclear reactor considering the xenon concentration feedback. Nucl. Eng. Technol. 47, 94 – 101

(2015)

3. Ansarifar, G. R., Saadatzi, S.: Sliding mode control for pressurized-water nuclear reactors in load following operations with bounded xenon oscillations. Ann. Nucl. Energy 76, 209 - 217 (2015)

4. Bandyopadhyay, B., G'Egziabher, A., Janardhanan, S., Victor, S.: Sliding mode control design via reduced order model approach. Int. J. Autom. Comput. 4(4), 329 - 334 (2007)

5. Decarlo, R., Zak, S. H., Matthews, G. O.: Variable structure control of nonlinear multivariable systems: a tutorial. Proc. IEEE 76(3), 212 - 232 (1988)

6. Edwards, C., Spurgeon, S. K.: Sliding Mode Control: Theory and Applications. Taylor & Francis, London (1998)

7. Eom, M., Chwa, D.: Adaptive integral sliding mode control for nuclear research reactor with system uncertainties and input perturbation. Electr. Lett. 52, 272 - 274 (2016)

8. Furuta, K., Pan, Y.: Variable structure control with sliding sector. Automatica 36, 211 - 228 (2000)

9. Heck, B. S.: Sliding mode for singularly perturbed systems. Int. J. Control 53(4), 985 - 1001 (1991)

10. Hung, J. Y., Gao, W., Hung, J. C.: Variable structure control: a survey. IEEE Trans. Ind. Electron. 40, 2 - 22 (1993)

11. Innocenti, M., Greco, L., Pollini, L.: Sliding mode control for two-time-scale systems: stability issues. Automatica 39(2), 273 - 280 (2003)

12. Li, T.-H. S., Huang, J.-J.: Simplex sliding mode control of singular perturbation systems. Proc. IEEE Ind. Electron. Control Instrum. 2, 742 - 747 (1995)

13. Li, T.-H. S., Lin, J.-L., Kung, F.-C.: Composite sliding mode control of singular perturbation systems. Proc. Am. Control Conf. 3, 2248 - 2249 (1995)

14. Munje, R. K., Musmade, B. B., Parkhe, J. G., Patre, B. M.: Sliding mode control for three-timescale system with matched disturbances. Proc. Ann. IEEE India Conf., pp. 421 - 434 (2012)

15. Munje, R. K., Patre, B. M., Shimjith, S. R., Tiwari, A. P.: Sliding mode control for spatial stabilization of advanced heavy water reactor. IEEE Trans. Nucl. Sci. 60, 3040 - 3050 (2013)

16. Nguyen, T., Su, W-C., Gajic, Z.: Slidingmode control for singularly perturbed linear continuous time systems: composite control approaches. IEEE Int. Symp. Comput.-Aided Control Syst. Des., pp. 1946 - 1950 (2010)

17. Nguyen, T., Su, W.-C., Gajic, Z.: Variable structure control for singularly perturbed linear continuous systems with matched disturbance. IEEE Trans. Autom. Control 57(3), 777 - 783 (2012)

18. Shimjith, S. R., Tiwari, A. P., Bandyopadhyay, B.: A three-time-scale approach for design of linear state regulator for spatial control of advanced heavy water reactor. IEEE Trans. Nucl. Sci. 58(3), 1264 - 1276 (2011)

19. Slotin, J. : Slidingmode control design for nonlinear systems. Int. J. Control 40, 421 - 434 (1984)

20. Utkin, V. I. : Variable structure systems with sliding modes. IEEE Trans. Autom. Control 22, 212 - 222 (1977)

21. Utkin, V. I. , Guldner, J. , Shi, J. : Sliding Mode Control in Electromechanical Systems. Taylor & Francis, Bristol (1999)

22. Young, K. D. , Utkin, V. I. , Ozguner, U. : A control engineers guide to sliding mode control. IEEE Trans. Control Syst. Technol. 7(3), 328 - 342 (1999)

23. Yue, D. , Xu, S. : Sliding mode control of singular perturbation systems. Proc. IEEE Int. Conf. Syst. Man Cybern. 1, 113 - 116 (1996)

第 6 章　快输出采样控制

6.1　概　　述

控制理论中的经典控制理论研究表明,线性时不变控制系统的极点可以通过状态反馈进行任意配置。然而,并不是所有的系统状态都能直接进行反馈,但只要系统是可观测的,通常可以采用动态输出反馈。采用静态输出反馈进行任意极点配置问题仍是控制理论中一个未解决的问题[8]。文献[2]的研究表明,如果系统是可控的而且是可观测的,那么对于几乎所有的输出采样率,只要增益变化次数不小于系统的可控性指标,就可以通过分段恒定输出反馈对离散时间闭环系统进行任意自共轭极点配置。多速率输出反馈是指以不同采样速率对系统的输入和输出进行采样。

近年来,快输出采样控制技术作为仅利用系统输出进行反馈的控制方法,已成为针对采样控制系统的一种很有应用前景的控制技术。在快输出采样控制方法中,控制信号限定为输出信号的多速率观测的线性函数。控制信号在一个采样时间间隔内保持恒定,并且仅在输入采样时间间隔内改变。输出的采样速度比控制输入采样速度快。输出信号采样次数不小于系统的可观测性指标,输入信号由这些输出观测值来构造。文献[10]研究表明,如果一个系统是可控且可观测的,那么对于所有的采样率,只要增益变化次数不小于可观测性指标,都可以通过闭环系统的非动态多速率输出反馈来进行任何自共轭极点配置。由于反馈增益是分段常数,因此该方法不但易于实现,而且提供了一种新的控制系统设计解决方案。与静态输出反馈相比,快输出采样控制技术可以使更多类型的系统实现稳定性控制。文献[6]和文献[9]针对双时间尺度系统进行了快输出采样控制器设计。文献[7]将文献[9]中的控制技术扩展到了三时间尺度系统。该文献中,三时间尺度系统的快输出采样控制增益是先分别求取三个子系统的控制增益,再将这三个子系统控制方案进行组合而形成三时间尺度系统的控制增益。由于是采用三个低阶次子系统控制问题代替一个高阶次系统控制问题求解,这样就完全避免了高阶次系统的数值"病态"问题。

与前几章以连续时间方法为基础的论述不同,本章和后续章节将针对离散时间系统进行研究,采用两阶段分解法,对先进重水反应堆的快速输出采样控制器进行研究。本章通过两阶段分解法,首先将先进重水反应堆系统模型分解为慢变子系统和快变子系统;此后,仅针对慢变子系统进行设计得到慢变子系统的状态反馈增益,并将快变子系统的状态反馈增益取为零;然后推导得出了一种复合控制器,并利用快输出采样反馈增益来实现控制器设计。此外,本章还将所设计的控制器性能与文献[7]中提出的控制器的控制性能进行了比较。

6.2　快输出采样控制

在快输出采样技术中,系统的状态信息由多速率观测得到的系统输出计算而来。如图 6.1 所示,控制输入在整个采样间隔内 τ 内保持恒定[7,10]。当系统(3.1)和(3.2)以 $1/\tau$ 的频率进行采样时,对应的离散系统可表示为

$$z_{k+1} = \boldsymbol{\Phi}_\tau z_k + \boldsymbol{\Gamma}_\tau \boldsymbol{u}_k \tag{6.1}$$

$$\boldsymbol{y}_k = \boldsymbol{M} z_k \tag{6.2}$$

式中,$\boldsymbol{\Phi}_\tau = \mathrm{e}^{A\tau}$,$\boldsymbol{\Gamma}_\tau = \int_0^\tau \mathrm{e}^{As}\boldsymbol{B}\mathrm{d}s$ 。

令

$$z_{k+1} = \boldsymbol{\Phi}_\Delta z_k + \boldsymbol{\Gamma}_\Delta \boldsymbol{u}_k \tag{6.3}$$

同时式(6.3)可表示系统(3.1)离散后的系统模型,采样频率为 $1/\Delta$,其中 $\Delta = \tau/N$ 。用 μ 表示($\boldsymbol{\Phi},\boldsymbol{M}$)的可观测性指数[1],且 $N \geqslant \mu$ 。τ 离散系统矩阵和 Δ 离散系统矩阵之间的关系可表示为

$$\boldsymbol{\Phi}_\tau = \boldsymbol{\Phi}_\Delta^N \text{ , } \boldsymbol{\Gamma}_\tau = \sum_{i=0}^{N-1} \boldsymbol{\Phi}_\Delta^i \boldsymbol{\Gamma}_\Delta$$

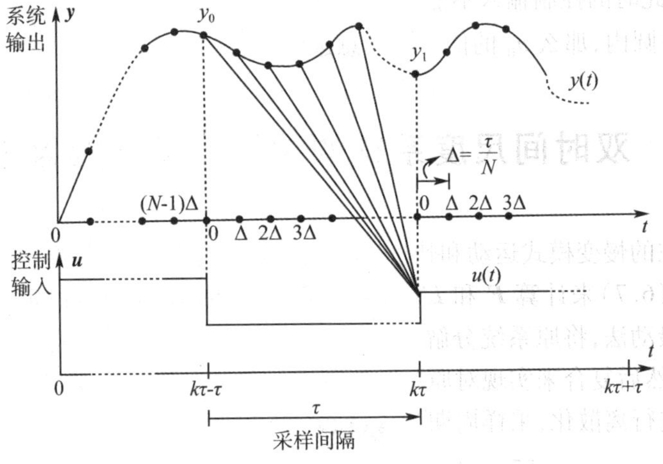

图 6.1　快输出采样反馈示意图

在快输出采样技术中,系统输出的测量是在 t 时刻进行的,$t = l\Delta, l = 0,1,\cdots,N-1$。在时间间隔 $k\tau < t \leqslant (k+1)\tau$ 内控制输入是上一时间间隔 N 个输出观测值的线性组合。令 $\boldsymbol{F}$ 表示原始状态反馈增益,那么闭环系统 ($\boldsymbol{\Phi}_\tau + \boldsymbol{\Gamma}_\tau \boldsymbol{F}$) 不存在位于原点的特征值。在这种情况下,可以将虚拟测量矩阵描述为

$$\overline{\boldsymbol{M}} = (\boldsymbol{M}_0 + \boldsymbol{D}_0 \boldsymbol{F})(\boldsymbol{\Phi}_\tau + \boldsymbol{\Gamma}_\tau \boldsymbol{F})^{-1} \tag{6.4}$$

该矩阵满足虚拟测量方程 $\boldsymbol{y}_k = \overline{\boldsymbol{M}} z_k$,其中 $\boldsymbol{M}_0$ 和 $\boldsymbol{D}_0$ 通过下式得出[9]:

$$M_0 = \begin{bmatrix} M \\ M\Phi_\Delta \\ M\Phi_\Delta^2 \\ \vdots \\ M\Phi_\Delta^{N-1} \end{bmatrix}, \quad D_0 = \begin{bmatrix} 0 \\ M\Gamma_\Delta \\ M\Phi_\Delta\Gamma_\Delta + M\Gamma_\Delta \\ \vdots \\ M\sum_{i=0}^{N-2}\Phi_\Delta^i\Gamma_\Delta \end{bmatrix}$$

系统控制律可表示为

$$u(t) = Ly_k, k\tau < t \leqslant (k+1)\tau \tag{6.5}$$

考虑到 F 对 L 的影响，它们之间的关系必须满足：

$$z_{k+1} = (\Phi_\tau + \Gamma_\tau F)z_k = (\Phi_\tau + \Gamma_\tau L\overline{M})z_k \tag{6.6}$$

即

$$L\overline{M} = F \tag{6.7}$$

当 $N \geqslant \mu$ 时，矩阵 $\overline{M}$ 是满秩的且当 $N = \mu$ 时，L 是唯一的且可由式(6.7)计算得到。另一方面，当 $N > \mu$ 时，L 是不唯一的。无论在什么情况下，由式(6.7)计算得到的 L 可得到状态反馈增益矩阵 F[9]。

在 $t = 0$ 时刻，在 $0 < t \leqslant \tau$ 时间间隔内，控制输入 $u(t) = u_0$。由于 $t < 0$ 时不存在输出测量值，因此此时的控制输入不能由式(6.5)进行计算。如果 $(LD_0 - F\Gamma_\tau)$ 的特征值位于 z 平面的单位圆内，那么 u_0 的值可以任意选取，而且由此引入的误差会逐渐消失[7,9]。

6.3 双时间尺度系统的快输出采样控制器设计

系统中存在的慢变模式运动和快变模式运动使得系统中存在着“病态”条件。对此类系统，难以由式(6.7)来计算 F 和 L。然而，利用奇异摄动方法可以很容易地解决这一问题。利用奇异摄动法，将原系统分解为慢变和快变两个子系统，通过分别对两个子系统进行控制器设计，然后复合来实现对原系统控制器的设计。为了确定式(3.6)对应的参数 L，需要对原系统进行离散化，采样周期为 τ。系统离散化后，可表示为

$$\begin{bmatrix} z_{1,k+1} \\ z_{2,k+1} \end{bmatrix} = \begin{bmatrix} \Phi_{11} & \Phi_{12} \\ \Phi_{21} & \Phi_{22} \end{bmatrix}\begin{bmatrix} z_{1,k} \\ z_{2,k} \end{bmatrix} + \begin{bmatrix} \Gamma_1 \\ \Gamma_2 \end{bmatrix}u_k \tag{6.8}$$

$$y_k = [M_1 \quad M_2][z_{1,k}^{\mathrm{T}} \quad z_{2,k}^{\mathrm{T}}]^{\mathrm{T}} \tag{6.9}$$

式中

$$\begin{bmatrix} \Phi_{11} & \Phi_{12} \\ \Phi_{21} & \Phi_{22} \end{bmatrix} = e^{A\tau}, \quad \begin{bmatrix} \Gamma_1 \\ \Gamma_2 \end{bmatrix} = \int_0^\tau e^{As}B\,ds$$

且

$$A = \begin{bmatrix} A_{11} & A_{12} \\ \dfrac{A_{21}}{\varepsilon} & \dfrac{A_{22}}{\varepsilon} \end{bmatrix}, B = \begin{bmatrix} B_1 \\ \dfrac{B_2}{\varepsilon} \end{bmatrix}$$

系统(6.8)和(6.9)可以分解为慢变和快变子系统[4-5]，并表示为

$$\begin{bmatrix} z_{s,k+1} \\ z_{f,k+1} \end{bmatrix} = \begin{bmatrix} \boldsymbol{\Phi}_{\tau s} & \boldsymbol{0} \\ \boldsymbol{0} & \boldsymbol{\Phi}_{\tau f} \end{bmatrix} \begin{bmatrix} z_{s,k} \\ z_{f,k} \end{bmatrix} + \begin{bmatrix} \boldsymbol{\Gamma}_{\tau s} \\ \boldsymbol{\Gamma}_{\tau f} \end{bmatrix} \boldsymbol{u}_k \tag{6.10}$$

$$\boldsymbol{y}_k = [\boldsymbol{M}_s \quad \boldsymbol{M}_f][\boldsymbol{z}_{s,k}^T \quad \boldsymbol{z}_{f,k}^T]^T \tag{6.11}$$

式中，$z_s \in \mathbf{R}^{n_1}$ 和 $z_f \in \mathbf{R}^{n_2}$ 分别表示慢变子系统和快变子系统的状态变量。连续系统的解耦问题已经在3.3.1节中进行了讨论。状态变量 $z_{s,k}$ 和 $z_{f,k}$ 是由 $z_{1,k}$ 和 $z_{2,k}$ 经变换矩阵 $\boldsymbol{T} \in \mathbf{R}^{n\times n}$ 变换而来的，该变换可表示为

$$[\boldsymbol{z}_{s,k}^T \quad \boldsymbol{z}_{f,k}^T]^T = \boldsymbol{T}[\boldsymbol{z}_{1,k}^T \quad \boldsymbol{z}_{2,k}^T]^T \tag{6.12}$$

同样，采样间隔 Δ 内离散时间系统模型可以块对角化表示为

$$\begin{bmatrix} z_{s,k+1} \\ z_{f,k+1} \end{bmatrix} = \begin{bmatrix} \boldsymbol{\Phi}_{\Delta s} & \boldsymbol{0} \\ \boldsymbol{0} & \boldsymbol{\Phi}_{\Delta f} \end{bmatrix} \begin{bmatrix} z_{s,k} \\ z_{f,k} \end{bmatrix} + \begin{bmatrix} \boldsymbol{\Gamma}_{\Delta s} \\ \boldsymbol{\Gamma}_{\Delta f} \end{bmatrix} \boldsymbol{u}_k \tag{6.13}$$

系统(6.10)的复合状态反馈增益可以由附录A描述的方法来进行计算：

$$\boldsymbol{F} = [\boldsymbol{F}_1 \quad \boldsymbol{F}_2] = [\boldsymbol{F}_s \quad \boldsymbol{F}_f]\boldsymbol{T}_3 \tag{6.14}$$

式中　$\boldsymbol{F}_s$、$\boldsymbol{F}_f$——慢变子系统和快变子系统的状态反馈增益；

$\boldsymbol{T}_3$——变换矩阵(详细描述参考附录A)。

由式(6.13)可得到 $\boldsymbol{M}_0$，$\boldsymbol{D}_0$ 的方程，且 $(\boldsymbol{M}_0 + \boldsymbol{D}_0\boldsymbol{F})$ 和 $\boldsymbol{L}$ 可以表示为

$$\boldsymbol{M}_0 + \boldsymbol{D}_0\boldsymbol{F} = \begin{bmatrix} \boldsymbol{M}_{s1} & \boldsymbol{M}_{f1} \\ \boldsymbol{M}_{s2} & \boldsymbol{M}_{f2} \end{bmatrix}, \boldsymbol{L} = [\boldsymbol{L}_f \quad \boldsymbol{L}_s] \tag{6.15}$$

式中　$\boldsymbol{M}_{s1}$、$\boldsymbol{M}_{s2}$、$\boldsymbol{M}_{f1}$、$\boldsymbol{M}_{f2}$——$(\mu_f p \times n_1)$，$[(N-\mu_f)p \times n_1]$，$(\mu_f p \times n_2)$ 和 $[(N-\mu_f)p \times n_1]$ 维的子矩阵；

$\boldsymbol{L}_f$、$\boldsymbol{L}_s$——$(m \times \mu_f p)$ 和 $[m \times (N-\mu_f)p]$ 维子矩阵；

μ_s、μ_f——慢变子系统和快变子系统的可观测性指标。

由式(6.4)和式(6.7)可以得到

$$\boldsymbol{L}(\boldsymbol{M}_0 + \boldsymbol{D}_0\boldsymbol{F}) = \boldsymbol{F}(\boldsymbol{\Phi}_\tau + \boldsymbol{\Gamma}_\tau\boldsymbol{F}) \tag{6.16}$$

联合式(6.10)、式(6.14)和式(6.15)可以得到下列慢变子系统和快变子系统的快输出采样反馈增益矩阵：

$$\boldsymbol{L}_s = (\widetilde{\boldsymbol{F}}_1 - \widetilde{\boldsymbol{F}}_2\boldsymbol{M}_{f1}^{-1}\boldsymbol{M}_{s1})(\boldsymbol{M}_{s2} - \boldsymbol{M}_{f2}\boldsymbol{M}_{f1}^{-1}\boldsymbol{M}_{s1})^{-1} \tag{6.17}$$

$$\boldsymbol{L}_f = (\widetilde{\boldsymbol{F}}_2 - \boldsymbol{L}_s\boldsymbol{M}_{f2})\boldsymbol{M}_{f1}^{-1} \tag{6.18}$$

式中

$$\widetilde{\boldsymbol{F}}_1 = \boldsymbol{F}_1(\boldsymbol{\Phi}_{\tau s} + \boldsymbol{\Gamma}_{\tau s}\boldsymbol{F}_1) + \boldsymbol{F}_2\boldsymbol{\Gamma}_{\tau f}\boldsymbol{F}_1 \tag{6.19}$$

$$\widetilde{\boldsymbol{F}}_2 = \boldsymbol{F}_2(\boldsymbol{\Phi}_{\tau f} + \boldsymbol{\Gamma}_{\tau f}\boldsymbol{F}_2) + \boldsymbol{F}_1\boldsymbol{\Gamma}_{\tau s}\boldsymbol{F}_2 \tag{6.20}$$

$\boldsymbol{L}$ 是式(6.7)的解，控制输入(6.5)对系统(6.6)的控制与状态反馈增益 $\boldsymbol{F}$ 具有相同的控制性能[9]。当 $t<0$ 时，系统输出是不可测量的；当满足如下条件时，u_0 可任意选取：

$$|\boldsymbol{\varphi}(\boldsymbol{L}\boldsymbol{D}_0 - \boldsymbol{F}_1\boldsymbol{\Gamma}_{\tau s} - \boldsymbol{F}_2\boldsymbol{\Gamma}_{\tau f})| < 1 \tag{6.21}$$

此后由于未知的初始条件而引入的控制误差会逐步消失[9]。

注意6.1　由于 $\boldsymbol{\Phi}_{\Delta f}$ 的特征值是非常小的，那么 $\boldsymbol{\Phi}_{\Delta f}$，$\boldsymbol{\Phi}^2_{\Delta f}$，… 的特征值也将非常小。因此，$\boldsymbol{M}_{f2}$ 可认为是 $\boldsymbol{0}$。此外，如果快变子系统是稳定的，那么式(6.15)中的快输出采样增益可表示为 $\overline{\boldsymbol{L}} = [\boldsymbol{0} \quad \overline{\boldsymbol{L}}_s]$，其中 $\overline{\boldsymbol{L}}_s$ 可表示为

$$\overline{L}_s = F_s(\Phi_{\tau s} + \Gamma_{\tau s} F_s) M_{s2}^{-1} \tag{6.22}$$

令 $F_f = 0$，可得到 $F_2 = 0$。同时，$\overline{L}$ 必须满足式(6.21)且 $F_2 = 0$，这样才能使控制输入引入的误差慢慢消失。

6.4 快输出采样控制技术在先进重水反应堆系统中的应用

6.4.1 先进重水反应堆快输出采样反馈控制器计算

将先进重水反应堆的模型式(3.31)离散化可得到

$$z_{k+1} = \Phi_\tau z_k + \Gamma_\tau u_k + \Gamma_{\tau \mathrm{fw}} \delta q_{\mathrm{fw}k} \tag{6.23}$$

式中，$\Phi_\tau = e^{\hat{A}\tau}$，$\Gamma_\tau = \int_0^\tau e^{\hat{A}s} B \mathrm{d}s$ 和 $\Gamma_{\tau \mathrm{fw}} = \int_0^\tau e^{\hat{A}s} B_{\mathrm{fw}} \mathrm{d}s$。离散系统(6.23)在采样周期大于等于9 s时会表现出双时间尺度特性。因此输出采样周期 Δ 设置为9 s，并且等效的离散模型分解为具有73阶的慢变子系统和具有17阶的快变子系统。慢变子系统和快变子系统的可观测输入采样性指标分别为 $\mu_s = 5$ 和 $\mu_f = 1$，原系统的可观测性指标为6。因此 N 的值选择为6且采样时间 τ 的值为54 s。针对系统(3.31)，采用 τ 采样间隔对系统进行离散，并将所得系统分解为慢变子系统和快变子系统。快变子系统的特征值位于原点处；慢变子系统的特征值如表6.1所示，在表中对不稳定的特征值进行了突出显示（斜体）。采用附录A中描述的计算流程，对系统(6.10)的复合状态反馈增益矩阵进行了计算，以便将慢变子系统特征值配置在指定位置。由于快变子系统的特征值已经在原点，所以状态反馈不需要针对快变子系统进行设计。快输出采样反馈增益矩阵 L_f 和 L_s 的维度分别为(4×17)和(4×73)。该增益矩阵采用系统(6.3)的子系统增益矩阵和子系统矩阵进行计算。经计算 L_f 和 L_s 结果如下：

$$L_f = \begin{bmatrix} 0 & \cdots & 0 \\ 0 & \cdots & 0 \\ 0 & \cdots & 0 \\ 0 & \cdots & 0 \end{bmatrix} \tag{6.24}$$

$$L_s = \left[\begin{matrix} 9.0179 & -1.7628 & 1.0299 & 2.8958 & -2.4612 & -0.5893 & 0.6912 & 2.9414 \\ 9.4174 & -0.8632 & 1.2608 & 1.8747 & -2.4210 & -0.8257 & 0.7085 & 3.2260 \\ 9.0179 & -0.5893 & 0.6912 & 2.9414 & -2.3920 & -1.7628 & 1.0299 & 2.8958 \\ 9.4174 & -0.8257 & 0.7085 & 3.2260 & -2.5613 & -0.8632 & 1.2608 & 1.8747 \end{matrix}\right.$$

$$\begin{matrix} -2.3920 & 2.2120 & 0.3186 & -0.6533 & 1.4550 & 1.0898 & 0.0469 & -0.6340 \\ -2.5613 & 1.0569 & 0.1501 & 0.6421 & 1.8876 & 1.0715 & 0.0208 & -0.6362 \\ -2.4612 & 1.0898 & 0.0469 & -0.6340 & 1.6954 & 2.2120 & 0.3186 & -0.6533 \\ -2.4210 & 1.0715 & 0.0208 & -0.6362 & 1.4935 & 1.0569 & 0.1501 & 0.6421 \end{matrix}$$

$$
\begin{array}{cccccccc}
1.6954 & -31.7079 & -0.6961 & -6.2013 & -17.4552 & 4.9850 & -7.4895 & -4.3938 \\
1.4935 & -33.0719 & -6.2783 & -7.5908 & -11.1347 & 3.5526 & -6.4262 & -4.5134 \\
1.4550 & -31.7079 & -7.4895 & -4.3938 & -17.6005 & 3.9773 & -0.6961 & -6.2013 \\
1.8876 & -33.0719 & -6.4262 & -4.5134 & -19.4147 & 5.2192 & -6.2783 & -7.5908
\end{array}
$$

$$
\begin{array}{cccccccc}
-17.6005 & 3.9773 & -10.0946 & -4.0485 & 1.7283 & -6.5549 & -4.0465 & -2.3089 \\
-19.4147 & 5.2192 & -3.7503 & -3.0667 & -6.1627 & -8.4800 & -3.8488 & -2.2204 \\
-17.4552 & 4.9850 & -4.0465 & -2.3089 & 1.6079 & -7.6143 & -10.0946 & -4.0485 \\
-11.1347 & 3.5526 & -3.8488 & -2.2204 & 1.5439 & -6.6996 & -3.7503 & -3.0667
\end{array}
$$

$$
\begin{array}{cccccccc}
1.6079 & -7.6143 & 27.1815 & 13.8733 & 13.4419 & 25.5601 & 6.9274 & 21.3629 \\
1.5439 & -6.6996 & 28.2744 & 20.4578 & 15.2662 & 18.9042 & 9.3666 & 20.6132 \\
1.7283 & -6.5549 & 27.1815 & 21.3629 & 11.8021 & 25.6739 & 8.2620 & 13.8733 \\
-6.1627 & -8.4800 & 28.2744 & 20.6132 & 12.1440 & 27.9029 & 7.0790 & 20.4578
\end{array}
$$

$$
\begin{array}{cccccccc}
11.8021 & 25.6739 & 8.2620 & 15.8863 & 12.4952 & 6.2797 & 12.8215 & 10.1640 \\
12.1440 & 27.9029 & 7.0790 & 9.9636 & 11.7936 & 15.0631 & 14.6993 & 10.1063 \\
13.4419 & 25.5601 & 6.9274 & 10.1640 & 10.7741 & 6.4258 & 13.5747 & 15.8863 \\
15.2662 & 18.9042 & 9.3666 & 10.1063 & 10.9242 & 6.7574 & 13.1198 & 9.9636
\end{array}
$$

$$
\begin{array}{cccccccc}
10.7741 & 6.4258 & 13.5747 & 7.0087 & -15.5062 & -13.6269 & -2.1135 & -21.4116 \\
10.9242 & 6.7574 & 13.1198 & 7.3767 & -11.0564 & -13.1705 & -9.4905 & -20.4774 \\
12.4952 & 6.2797 & 12.8215 & 7.0087 & -9.4751 & -15.6926 & -2.0954 & -20.1321 \\
11.7936 & 15.0631 & 14.6993 & 7.3767 & -11.0461 & -16.1665 & -0.8352 & -22.1016
\end{array}
$$

$$
\begin{array}{cccccccc}
-9.4751 & -15.6926 & -2.0954 & -20.1321 & -10.5580 & -15.3444 & -20.8889 & -13.8505 \\
-11.0461 & -16.1665 & -0.8352 & -22.1016 & -18.0174 & -17.2686 & -13.9233 & -12.8942 \\
-15.5062 & -13.6269 & -2.1135 & -21.4116 & -17.1904 & -17.4828 & -20.8310 & -12.6845 \\
-11.0564 & -13.1705 & -9.4905 & -20.4774 & -18.0499 & -18.1411 & -21.3344 & -14.2694
\end{array}
$$

$$
\begin{array}{cccccccc}
-17.1904 & -17.4828 & -20.8310 & -12.6845 & -11.4877 & 4.0984 & 5.3639 & -8.8781 \\
-18.0499 & -18.1411 & -21.3344 & -14.2694 & -11.9842 & -2.2508 & 4.2417 & -0.1469 \\
-10.5580 & -15.3444 & -20.8889 & -13.8505 & -11.4877 & -3.8004 & 7.6001 & -8.9101 \\
-18.0174 & -17.2686 & -13.9233 & -12.8942 & -11.9842 & -2.3061 & 7.8344 & -10.8701
\end{array}
$$

$$
\begin{array}{cccccccc}
11.9675 & -3.8004 & 7.6001 & -8.9101 & 10.2923 & 2.5595 & 6.5862 & 13.5410 \\
9.9866 & -2.3061 & 7.8344 & -10.8701 & 12.3717 & 10.7526 & 8.3986 & 4.3875 \\
10.2923 & 4.0984 & 5.3639 & -8.8781 & 11.9675 & 9.9885 & 8.9778 & 13.4383 \\
12.3717 & -2.2508 & 4.2417 & -0.1469 & 9.9866 & 10.7264 & 9.4237 & 13.6761
\end{array}
$$

$$
\left.\begin{array}{ccccc}
6.1347 & 9.9885 & 8.9778 & 13.4383 & 5.0343 \\
4.7928 & 10.7264 & 9.4237 & 13.6761 & 6.3615 \\
5.0343 & 2.5595 & 6.5862 & 13.5410 & 6.1347 \\
6.3615 & 10.7526 & 8.3986 & 4.3875 & 4.7928
\end{array}\right] \tag{6.25}
$$

由(6.24)和(6.25)的结果可观察到,快变子系统的增益全部为0,慢变子系统的最大增益值为28,这表明系统是可以实现的。如表6.2所示,为全阶闭环系统的特征值。这些特征值与状态反馈闭环系统的特征值完全相同,而且可以观察到这些特征值都是稳定的,并且可以确定系统(6.21)的特征值在 z 平面的单位圆内[3]。控制方案如图6.2所示。

表 6.1 慢变子系统的特征值 ($\Phi_{\tau s}$)

序号	特征值	序号	特征值	序号	特征值
1	6.0957×10^{-5}	25	3.5484×10^{-2}	50	9.9845×10^{-1}
2	6.1378×10^{-5}	26	3.7925×10^{-2}	51	9.9845×10^{-1}
3	6.1527×10^{-5}	27	3.8557×10^{-2}	52	9.9845×10^{-1}
4	6.1548×10^{-5}	28	3.9904×10^{-2}	53	9.9845×10^{-1}
5	1.5702×10^{-4}	29	4.0008×10^{-2}	54	9.9887×10^{-1}
6	1.5775×10^{-4}	30	4.4194×10^{-2}	55	9.9887×10^{-1}
7	1.5811×10^{-4}	31	4.4615×10^{-2}	56	9.9887×10^{-1}
8	1.5815×10^{-4}	32	6.4933×10^{-2}	57	9.9887×10^{-1}
9	2.2811×10^{-4}	33	6.5723×10^{-2}	58	9.9887×10^{-1}
10	2.2943×10^{-4}	34	4.2577×10^{-1}	59	9.9887×10^{-1}
11	2.3017×10^{-4}	35,36	$(6.5415\pm j6.3142)\times10^{-1}$	60	9.9887×10^{-1}
12	2.3021×10^{-4}	37	9.9845×10^{-1}	61	9.9887×10^{-1}
13	3.6970×10^{-4}	38	9.9845×10^{-1}	62	9.9887×10^{-1}
14	3.7071×10^{-4}	39	9.9845×10^{-1}	63	9.9887×10^{-1}
15	3.7197×10^{-4}	40	9.9845×10^{-1}	64	9.9887×10^{-1}
16	3.7200×10^{-4}	41	9.9845×10^{-1}	65	9.9887×10^{-1}
17	1.9509×10^{-3}	42	9.9845×10^{-1}	66	9.9887×10^{-1}
18	3.3515×10^{-2}	43	9.9845×10^{-1}	67	9.9887×10^{-1}
19	3.3567×10^{-2}	44	9.9845×10^{-1}	68	9.9887×10^{-1}
20	3.4040×10^{-2}	45	9.9845×10^{-1}	*69*	$1.0010\pm j4.7915\times10^{-4}$
21	3.4320×10^{-2}	46	9.9845×10^{-1}	*70*	$1.0011\pm j2.6259\times10^{-4}$
22	3.4468×10^{-2}	47	9.9845×10^{-1}	*71*	*1.0000*
23	3.4809×10^{-2}	48	9.9845×10^{-1}	*72*	*1.0000*
24	3.5305×10^{-2}	49	9.9845×10^{-1}	*73*	*1.0000*

表 6.2 闭环系统 ($\Phi_{\tau s}+\Gamma_s F$) 的特征值

序号	特征值	序号	特征值	序号	特征值
1	6.1464×10^{-5}	26	3.4467×10^{-2}	52	9.9845×10^{-1}
2	6.1563×10^{-5}	27	3.4808×10^{-2}	53	9.9845×10^{-1}
3	6.1605×10^{-5}	28	3.5307×10^{-2}	54	9.9845×10^{-1}
4	6.3025×10^{-5}	29	3.5482×10^{-2}	55	9.9845×10^{-1}

续表

序号	特征值	序号	特征值	序号	特征值
5	$1.580\,6\times10^{-4}$	30	$3.792\,1\times10^{-2}$	56	$9.984\,5\times10^{-1}$
6	$1.581\,9\times10^{-4}$	31	$3.855\,1\times10^{-2}$	57	$9.984\,5\times10^{-1}$
7	$1.582\,4\times10^{-4}$	32	$3.989\,9\times10^{-2}$	58	$9.988\,7\times10^{-1}$
8	$1.623\,6\times10^{-4}$	33	$4.000\,5\times10^{-2}$	59	$9.988\,7\times10^{-1}$
9	$2.300\,5\times10^{-4}$	34	$4.417\,2\times10^{-2}$	60	$9.988\,7\times10^{-1}$
10	$2.302\,9\times10^{-4}$	35,36	$9.984\,3\times10^{-1}\pm j1.208\,8\times10^{-4}$	61	$9.988\,7\times10^{-1}$
11	$2.306\,6\times10^{-4}$	37	$4.461\,3\times10^{-2}$	62	$9.988\,7\times10^{-1}$
12	$2.393\,6\times10^{-4}$	38	$6.479\,7\times10^{-2}$	63	$9.988\,7\times10^{-1}$
13	$3.719\,0\times10^{-4}$	39	$6.556\,0\times10^{-2}$	64	$9.988\,7\times10^{-1}$
14	$3.721\,1\times10^{-4}$	40	$4.228\,1\times10^{-1}$	65	$9.988\,7\times10^{-1}$
15	$3.727\,0\times10^{-4}$	41	$7.051\,0\times10^{-1}$	66	$9.988\,7\times10^{-1}$
16	$4.010\,2\times10^{-4}$	42	$9.984\,5\times10^{-1}$	67	$9.988\,7\times10^{-1}$
17	$5.432\,5\times10^{-4}$	43	$9.984\,5\times10^{-1}$	68	$9.988\,7\times10^{-1}$
18	$5.437\,1\times10^{-4}$	44	$9.984\,5\times10^{-1}$	69	$9.988\,7\times10^{-1}$
19	$5.455\,8\times10^{-4}$	45	$9.984\,5\times10^{-1}$	70	$9.988\,7\times10^{-1}$
20	$5.690\,3\times10^{-4}$	46	$9.984\,5\times10^{-1}$	71	$9.988\,7\times10^{-1}$
21	$1.946\,2\times10^{-3}$	47	$9.984\,5\times10^{-1}$	72	$9.988\,7\times10^{-1}$
22	$3.351\,3\times10^{-2}$	48	$9.984\,5\times10^{-1}$	73	$9.988\,7\times10^{-1}$
23	$3.356\,5\times10^{-2}$	49	$9.984\,5\times10^{-1}$	74～90	0
24	$3.403\,8\times10^{-2}$	50	$9.984\,5\times10^{-1}$		
25	$3.431\,8\times10^{-2}$	51	$9.984\,5\times10^{-1}$		

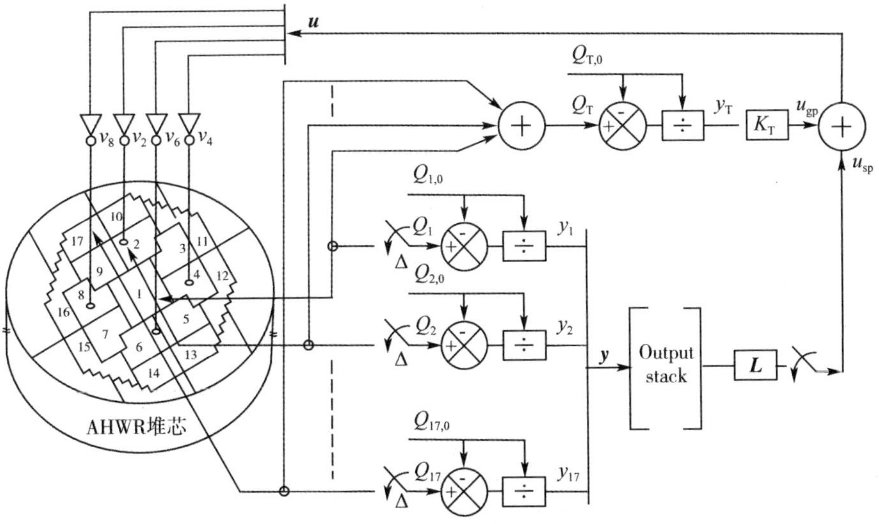

图 6.2　先进重水反应堆系统的快输出采样反馈控制方案

6.4.2 瞬态过程仿真

为了评估所设计的控制器的控制性能,在不同的瞬态工况下采用先进重水反应堆的非线性模型进行了瞬态过程仿真分析。为了控制总功率的快速瞬变过程,在每个时间步长采用式(3.30)的控制输入,即基于连续时间的模型进行总功率反馈控制。然后,为了控制空间功率分布,控制输入信号是采用快输出采样技术来计算的。这样,节块功率的采样周期为 $\Delta = 9$ s 并对输出矩阵 $\boldsymbol{y}$ 进行计算。此后,每个时间间隔 $\tau = 54$ s 产生一个新的控制信号,并与式(3.30)的计算结果一起进行功率调节棒的调节。当 $t = 0$ 时,控制信号 $u(t) = u_0$,当 $0 < t \leqslant \tau$ 时,控制信号可任意选择,分析过程选择为零。

首先,对系统状态调节进行了仿真分析。反应堆在初始时刻运行于满功率稳态运行条件下。功率调节棒 RR2 初始时刻运行在自动调节模式下,然后手动提棒 1%,此后 RR2 功率调节棒进入自动控制调节模式。功率调节棒动作的结果是对总功率和空间功率分布产生了扰动。如图 6.3 所示,该扰动可以由快输出采样有效控制。从图 6.3(a)可以看出反应堆总功率从 920.48 MW 上升到了 920.68 MW,此后在大约 70 s 内稳定在初始稳态值 920.48 MW。空间功率变化由第一和第二功率斜变进行计算,如图 6.3(b)所示,大约在 200 s内得到有效控制。图 6.4(a)所示为控制器得到功率调节棒控制输入信号,对应的功率调节棒的棒位变化曲线如图 6.4(b)所示。由该仿真结果可以看出,功率调节棒大约在 200 s 内达到稳定状态。图 6.5 所示为在相同的瞬态情况下,文献[7]中提出的三时间尺度控制器的响应曲线。对比仿真结果可以看出,两种技术设计的控制器都能将功率调节棒控制到稳态位置,基于快输出采样技术的控制器所需的时间更少。

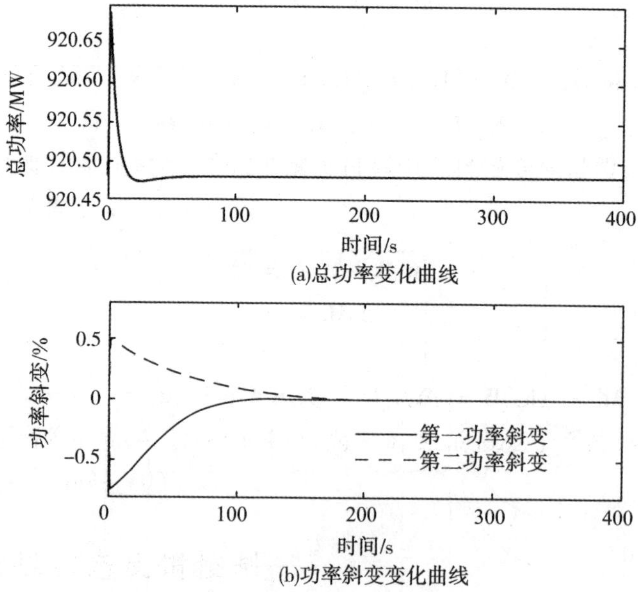

图 6.3 功率调节棒扰动的响应曲线

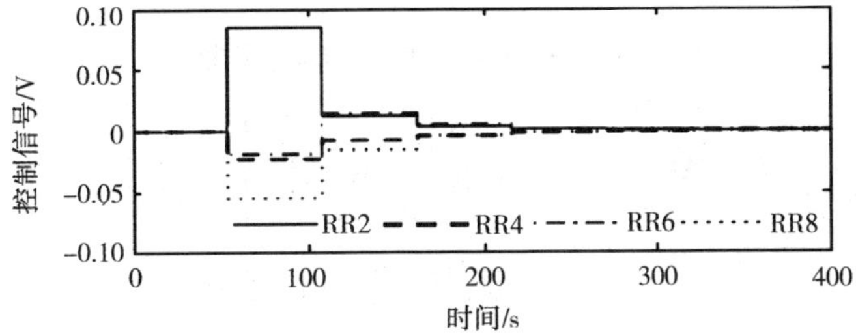

(a)功率调节棒驱动信号变化曲线

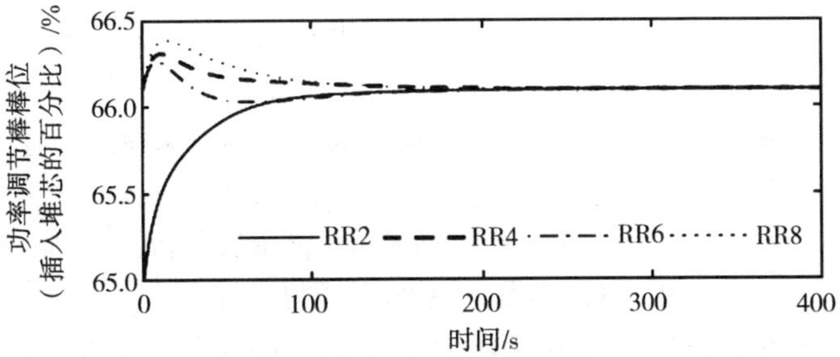

(b)功率调节棒棒位变化曲线

图 6.4　功率调节棒扰动响应曲线

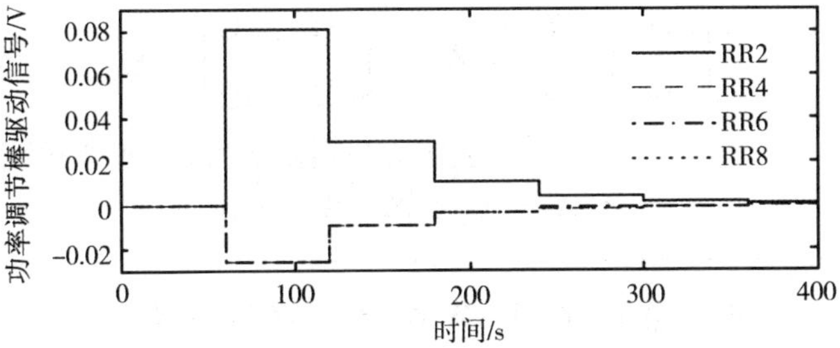

(a)功率调节棒驱动信号变化曲线

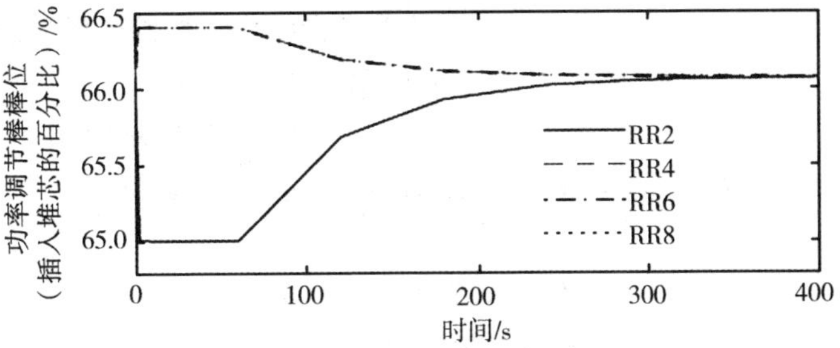

(b)功率调节棒棒位变化曲线

图 6.5　采用文献[7]中的控制器时的功率调节棒扰动响应曲线

在另一个瞬态过程中，对控制器的跟踪性能进行了测试。在该瞬态过程中，假设反应堆在 920.48 MW 的稳态满功率下工作，节块功率分布如表 2.5 所示。在每个节块中，碘浓度、氙浓度和缓发中子先驱核的浓度都处于平衡状态。此后，将反应堆需求功率以

1.5 MW/s的速度在61 s内均匀下降到828.43 MW,之后保持恒定不变。在该瞬态过程中,节块功率和氙浓度变化曲线分别如图6.6和图6.7所示。图6.8所示为功率从920.48 MW变化到828.43 MW过程中前300 s的总功率变化曲线和功率调节棒驱动信号变化曲线。从仿真结果可以看出,反应堆总功率在66 s时下降到822 MW,此后在100 s内稳定在828.43 MW。同时,从图6.8(a)的仿真结果中也可以看出在整个瞬态过程中,反应堆总功率始终在跟踪需求功率的变化。节块功率在100 s内稳定在新的平衡值,氙浓度大约在50 h内稳定在新的平衡状态。

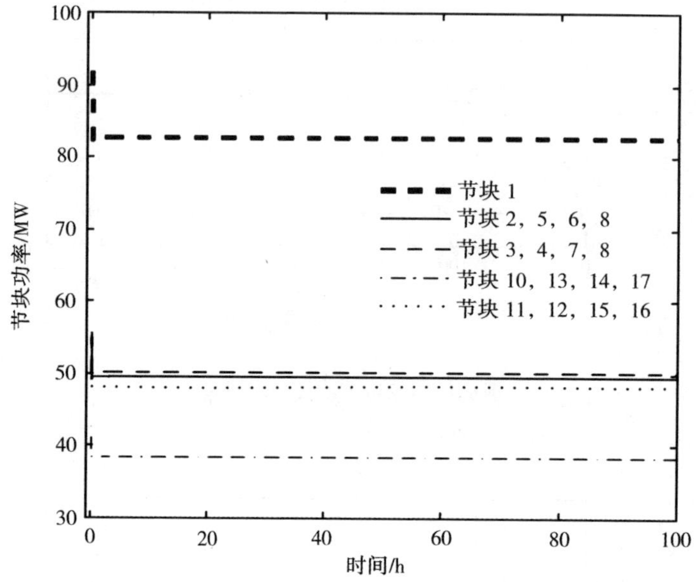

图6.6 节块功率变化曲线

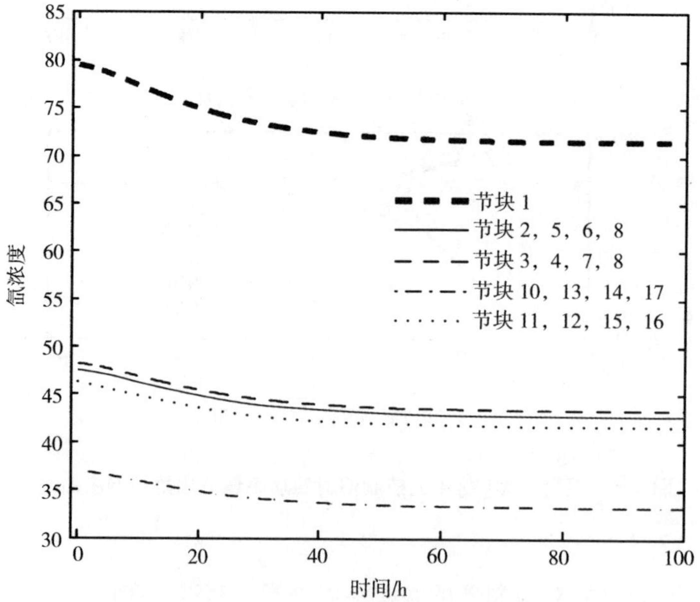

图6.7 氙浓度变化曲线

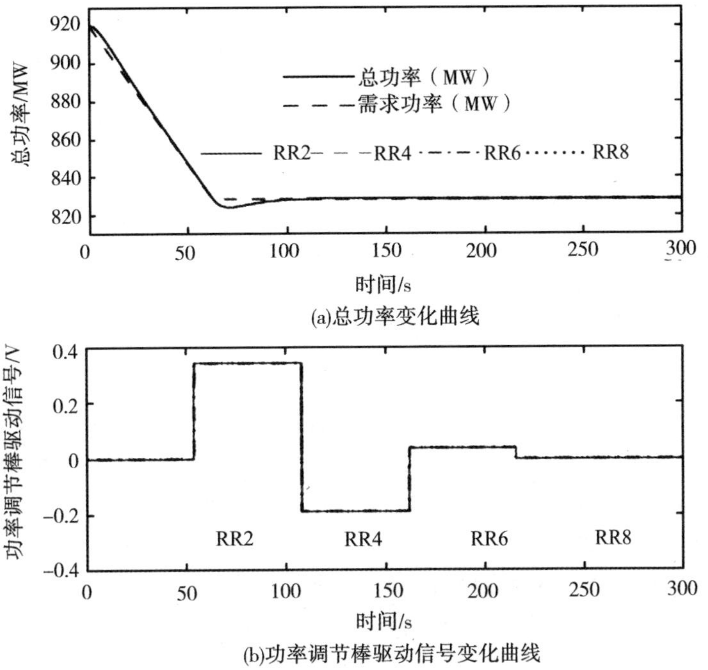

图 6.8　功率从 920.48 MW 调节到 828.43 MW 过程中前 300 s 的变化曲线

6.5　小　　结

本章针对双时间尺度系统研究了快速输出采样控制技术，首先将奇异摄动离散系统解耦为两个低阶子系统，即慢变子系统和快变子系统，然后分别对两个子系统进行状态反馈控制设计，进而得到复合状态反馈控制器。本章的状态反馈是通过快输出采样反馈增益实现的。将该方法应用于先进重水反应堆的空间功率控制问题。在对先进重水反应堆系统进行应用时，首先将先进重水反应堆离散系统进行块对角化，使其分解为独立的慢变子系统和快变子系统。由于快变子系统是设计稳定的，因此状态反馈控制只针对慢变子系统进行设计。此后，将快输出采样反馈增益进行复合，得到原系统的状态反馈控制器。通过对非线性先进重水反应堆系统的仿真分析验证了本章所设计的控制器的有效性。由仿真分析结果可知，所设计的控制器总体性能令人满意。

6.6　参考文献

1. Chen, C.-T.: Linear System Theory and Design. Oxford University Press, New York (1999)

2. Chammas, A. B., Leondes, C. T.: Pole assignment by piecewise constant output

feedback. Int. J. Control 29(1), 31 - 38 (1979)

3. Munje, R. K., Londhe, P. S., Parkhe, J. G., Patre, B. M., Tiwari, A. P.: Spatial control of advanced heavy water reactor by fast output sampling technique. Proc. IEEE Int. Conf. Control Appl., 1212 - 1217 (2013)

4. Naidu, D. S.: Singular Perturbation Methodology in Control Systems. Peter Peregrinus Ltd., London (1988)

5. Phillips, R. G.: Reduced order modeling and control of two-time-scale discrete systems. Int. J. Control 31, 765 - 780 (1980)

6. Sharma, G. L., Bandyopadhyay, B., Tiwari, A. P.: Spatial control of a large pressurized heavy water reactor by fast output sampling technique. IEEE Trans. Nucl. Sci. 50, 1740 - 1751 (2003)

7. Shimjith, S. R., Tiwari, A. P., Bandyopadhyay, B.: Design of fast output sampling controller for three-time-scale systems: application to spatial control of advanced heavy water reactor. IEEE Trans. Nucl. Sci. 58(6), 3305 - 3316 (2011)

8. Syrmos, V. L., Abdallah, C. T., Dorato, P., Grigoriadis, K.: Static output feedback-a survey. Automatica 33, 125 - 137 (1997)

9. Tiwari, A. P., Reddy, G. D., Bandyopadhyay, B.: Design of periodic output feedback and fast output sampling based controllers for systems with slowand fastmodes. Asian J. Control 14(1), 271 - 277 (2012)

10. Werner, H., Furuta, K.: Simultaneous stabilization based on output measurement. Kybernetica 31, 395 - 414 (1995)

第 7 章　周期输出反馈控制

7.1　概　　述

周期输出反馈是多速率输出反馈技术的一种,该技术中系统输出的采样速率比输入的采样速率慢[16]。在周期输出反馈技术中,某一时刻的控制输入是由其前一时刻的输出值推导构造得出的。文献[2]的研究表明,可控且可观测对象是可通过周期性变化分段恒定输出反馈进行离散极点配置的。该文献中提出的控制器仅由增益元件组成,不包括任何动态元件,如观测器。该方法只要求在输出采样间隔内已知输入变化次数,并且输入变化的次数要求大于或等于可控性指标。后来,文献[4]研究表明,输入变化次数大于可控性指标不是必要条件。该研究结果表明,在周期输出反馈控制的作用下,闭环系统在输出采样瞬间的行为满足期望的指标,但当输入发生变化时,系统的状态在瞬间发生强烈的振荡。文献[16]对这一问题进行了研究,并提出了一种确定最优增益的方法。通过该方法,闭环系统在输入采样变化瞬间的行为特性也得到改善。经文献调研,周期输出反馈技术广泛应用于对不同系统的控制[1, 5, 8, 15]。文献[9 - 11, 13 - 14]中对双时间尺度系统的周期输出反馈方程进行了研究和推导。文献[14]分别针对慢变子系统和快变子系统各自进行设计,然后将慢变子系统问题和快变子系统问题的解决方案相结合,可以很容易地得到双时间尺度系统的周期输出反馈控制器。这样就完全避免了系统存在的"病态"条件,而且需要解决的问题从一个高阶系统的控制问题转化为两个低阶系统的控制问题。

在前一章节中,重点研究了采用快输出采样技术对 920.48 MW 先进重水反应堆系统的控制。在快输出采样控制中,控制输入信号是由在前一个输入信号时间间隔内采集的多个输出信号的线性组合而成的,即输入采样时间间隔比输出采样时间间隔大。本章研究了采用周期输出反馈控制技术来实现先进重水反应堆系统的空间功率控制。由于在周期输出反馈控制中,输入信号的采样频率要比输出信号的采样频率高,因此周期输出反馈控制器设计与快输出采样控制器设计是不同的。本章首先简单介绍了周期输出反馈控制技术,然后针对三时间尺度系统的周期输出反馈控制器设计进行了研究,最后将周期输出反馈控制技术应用于先进重水反应堆系统的空间功率控制问题,进行了仿真分析,并给出了仿真结果。

7.2　周期输出反馈

周期输出反馈控制技术,采用周期性变化分段恒定输出反馈增益来任意配置可控且可观测离散系统的极点。某一特定时刻(主要是在采样时刻)开始的控制输入取决于在该时刻前一段时间间隔内的输出值[16]。线性时不变可控且可观测的连续时间系统模型可表

示为

$$\dot{z} = Az + Bu \tag{7.1}$$

$$y = Mz \tag{7.2}$$

式中 $z \in \mathbf{R}^n$, $u \in \mathbf{R}^m$, $y \in \mathbf{R}^p$;

A、B、M——常数矩阵。

以 $1/\tau$ 的频率对系统进行采样,则可得到离散系统模型为

$$z_{k+1} = \Phi_\tau z_k + \Gamma_\tau u_k \tag{7.3}$$

$$y_k = M z_k \tag{7.4}$$

式中, $\Phi_\tau = \mathrm{e}^{A\tau}$, $\Gamma_\tau = \int_0^\tau \mathrm{e}^{As} B \mathrm{d}s$

令

$$z_{k+1} = \Phi_\Delta z_k + \Gamma_\Delta u_k \tag{7.5}$$

为连续系统(7.1)的离散系统模型,其采样频率为 $1/\Delta$,其中 $\Delta = \tau/N$ 且 $N \geqslant v$,v 为系统($\Phi_\tau \quad \Gamma_\tau$) 的可控性指标[3]。使用采样装置和保持装置在 $t = k\tau, k = 0,1,\cdots$ 时刻进行输出信号测量。输出采样间隔 τ 划分为 N 段子时间长度间隔 $\Delta = \tau/N$ 。在每段子时间长度间隔内,输出保持装置输出一个常数。如图 7.1 所示为该控制律的图形说明,该控制律的数学方程可以表示为

$$\begin{cases} u(t) = K_l y_k, k\tau + l\Delta \leqslant t < k\tau + (l+1)\Delta \\ K_{l+N} = K_l, l = 0,1,2,\cdots,(N-1) \end{cases} \tag{7.6}$$

式(7.6)中的 N 个增益矩阵序列 $\{K_0, K_1, \cdots, K_{N-1}\}$,在 $0 \leqslant t < \tau$ 时间间隔内为时变分段恒定输出反馈增益 $K(t)$ 。

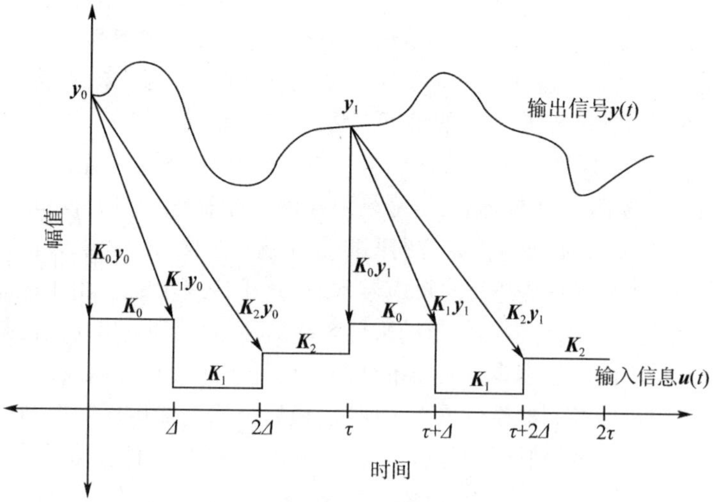

图 7.1　周期输出反馈控制方案

定义

$$K = [K_0^{\mathrm{T}} \quad K_1^{\mathrm{T}} \quad \cdots \quad K_{N-1}^{\mathrm{T}}]^{\mathrm{T}} \tag{7.7}$$

且

$$\boldsymbol{u}(k\tau) = \boldsymbol{K}\boldsymbol{y}(k\tau) = \begin{bmatrix} u(k\tau) \\ u(k\tau+\Delta) \\ \vdots \\ u(k\tau+\tau-\Delta) \end{bmatrix} \tag{7.8}$$

则可得到系统(7.3)的离散状态空间表示形式：

$$\boldsymbol{z}_{k+1} = \boldsymbol{\Phi}_{\Delta}^{N}\boldsymbol{z}_k + \boldsymbol{\Gamma}\boldsymbol{u}_k \tag{7.9}$$

式中

$$\boldsymbol{\Gamma} = [\boldsymbol{\Phi}_{\Delta}^{N-1}\boldsymbol{\Gamma}_{\Delta} \quad \boldsymbol{\Phi}_{\Delta}^{N-2}\boldsymbol{\Gamma}_{\Delta} \quad \cdots \quad \boldsymbol{\Gamma}_{\Delta}] \tag{7.10}$$

且存在

$$\boldsymbol{\Phi}_{\tau} = \boldsymbol{\Phi}_{\Delta}^{N}$$

将式(7.8)代入式(7.9)，则闭环系统可表示为

$$\boldsymbol{z}_{k+1} = (\boldsymbol{\Phi}_{\tau} + \boldsymbol{\Gamma}\boldsymbol{K}\boldsymbol{M})\boldsymbol{z}_k \tag{7.11}$$

设 $\boldsymbol{G}$ 为使系统(7.3)稳定的输出注入增益，则使得特征值的绝对值处于谱半径 $\varphi(\cdot)$ 内，即

$$\varphi(\boldsymbol{\Phi}_{\tau} + \boldsymbol{G}\boldsymbol{M}) < 1 \tag{7.12}$$

由式(7.11)和式(7.12)可知，当且仅当满足如下条件时，$\boldsymbol{G}$ 通过 $\boldsymbol{K}$ 是可实现的：

$$\boldsymbol{\Gamma}\boldsymbol{K} = \boldsymbol{G} \tag{7.13}$$

系统(7.3)的可控性和可观测性说明系统(7.5)的也是可控的和可观测的。因此，当增益变化的次数大于或等于可控性指标时即当 $N \geqslant v$ 时，$\boldsymbol{K}$ 是确定存在的。

7.3　三时间尺度系统的周期输出反馈控制

由于三时间尺度系统具有高阶“病态”奇异摄动特性，因此确定式(7.12)中的稳定输出注入增益矩阵 $\boldsymbol{G}$ 和式(7.13)中的周期输出反馈增益矩阵 $\boldsymbol{K}$ 将是一项烦琐的任务。为了解决这一问题，可以将原高阶系统分解成独立的降阶子系统。这样针对原高阶系统的周期输出反馈控制问题转化为这些独立的降价子系统的周期输出反馈控制器的设计问题。在文献[14]中推导了针对双时间尺度系统的周期输出反馈控制器的方程。本书中，将该文献提出的输出反馈控制器的设计方法推广到了具有三时间尺度特性的系统。假设系统(7.3)是线性时不变的离散时间系统，具有三时间尺度结构，系统模型可表示为

$$\begin{bmatrix} z_{1,k+1} \\ z_{2,k+1} \\ z_{3,k+1} \end{bmatrix} = \begin{bmatrix} \boldsymbol{\Phi}_{11} & \boldsymbol{\Phi}_{12} & \boldsymbol{\Phi}_{13} \\ \boldsymbol{\Phi}_{21} & \boldsymbol{\Phi}_{22} & \boldsymbol{\Phi}_{23} \\ \boldsymbol{\Phi}_{31} & \boldsymbol{\Phi}_{32} & \boldsymbol{\Phi}_{33} \end{bmatrix} \begin{bmatrix} z_{1,k} \\ z_{2,k} \\ z_{3,k} \end{bmatrix} + \begin{bmatrix} \boldsymbol{\Gamma}_1 \\ \boldsymbol{\Gamma}_2 \\ \boldsymbol{\Gamma}_3 \end{bmatrix} \boldsymbol{u}_k \tag{7.14}$$

$$\boldsymbol{y}_k = [\boldsymbol{M}_1 \quad \boldsymbol{M}_2 \quad \boldsymbol{M}_3][\boldsymbol{z}_{1,k}^{\mathrm{T}} \quad z_{2,k}^{\mathrm{T}} \quad z_{3,k}^{\mathrm{T}}]^{\mathrm{T}} \tag{7.15}$$

式中，$\boldsymbol{z}_{1,k} \in \mathbf{R}^{n_1}$，$z_{2,k} \in \mathbf{R}^{n_2}$，$z_{3,k} \in \mathbf{R}^{n_3}$ 为系统状态变量且满足 $n_1 + n_2 + n_3 = n$。矩阵 $\boldsymbol{\Phi}_{ij}$，$\boldsymbol{\Gamma}_i$ 和 $\boldsymbol{M}_i$ 分别为具有对应维度的系数矩阵。设 $\varphi(\boldsymbol{\Phi}_{\tau})$ 为矩阵 $\boldsymbol{\Phi}_{\tau}$ 的特征值，且按特征值绝对值递减顺序进行排列，则可以表示为

$$\varphi(\boldsymbol{\Phi}_{\tau}) = \{\varphi_1, \cdots, \varphi_{n_1}, \varphi_{n_1+1}, \cdots, \varphi_{n_1+n_2}, \varphi_{n_1+n_2+1}, \cdots, \varphi_n\}$$

其中

$$|\varphi_1| > \cdots > |\varphi_{n_1}| \gg |\varphi_{n_1+1}| > \cdots > |\varphi_{n_1+n_2}| \gg |\varphi_{n_1+n_2+1}| > \cdots |\varphi_n| \geqslant 0$$

因此,系统中存在着属于三个不同群组的特征值,其中 n_1 个特征值组成第一群组,位于单位圆附近; n_2 个特征值组成第二群组,位于稍远于单位圆处; n_3 个特征值组成第三群组,位于原点附近。或者可以表述为,系统(7.14)具有 n_1 个慢变模式、n_2 个缓变模式和 n_3 个快变模式。采用文献[7, 12]提出的三阶段系统解耦技术(详见附录 B),系统(7.14)和(7.15)可以解耦为三个子系统,分别命名为慢变子系统、快变子系统 1 和快变子系统 2,系统模型的块三角形式可以表示为:

$$\begin{bmatrix} z_{s,k+1} \\ z_{f1,k+1} \\ z_{f2,k+1} \end{bmatrix} = \begin{bmatrix} \boldsymbol{\Phi}_{\tau s} & \mathbf{0} & \mathbf{0} \\ \mathbf{0} & \boldsymbol{\Phi}_{\tau f1} & \mathbf{0} \\ \mathbf{0} & \mathbf{0} & \boldsymbol{\Phi}_{\tau f2} \end{bmatrix} \begin{bmatrix} z_{s,k} \\ z_{f1,k} \\ z_{f2,k} \end{bmatrix} + \begin{bmatrix} \boldsymbol{\Gamma}_{\tau s} \\ \boldsymbol{\Gamma}_{\tau f1} \\ \boldsymbol{\Gamma}_{\tau f2} \end{bmatrix} \boldsymbol{u}_k \tag{7.16}$$

$$\boldsymbol{y}_k = [\boldsymbol{M}_s \quad \boldsymbol{M}_{f1} \quad \boldsymbol{M}_{f2}] [z_{s,k}^{T} \quad z_{f1,k}^{T} \quad z_{f2,k}^{T}]^{T} \tag{7.17}$$

式中, $z_{s,k} \in \mathbf{R}^{n_1}$, $z_{f1,k} \in \mathbf{R}^{n_2}$, $z_{f2,k} \in \mathbf{R}^{n_3}$ 分别表示慢变子系统,快变子系统 1 和快变子系统 2 的状态变量,且满足 $n_1 + n_2 + n_3 = n$ 。原系统(7.14)状态变量和解耦后系统(7.16)的状态变量之间的关系可表示为

$$[z_{s,k}^{T} \quad z_{f1,k}^{T} \quad z_{f2,k}^{T}]^{T} = \boldsymbol{T}[z_{1,k}^{T} \quad z_{2,k}^{T} \quad z_{3,k}^{T}]^{T}$$

即

$$z_{d,k} = \boldsymbol{T} z_k \tag{7.18}$$

式中, $z_k = [z_{1,k}^{T} \quad z_{2,k}^{T} \quad z_{3,k}^{T}]^{T}$, $z_{d,k} = [z_{s,k}^{T} \quad z_{f1,k}^{T} \quad z_{f2,k}^{T}]^{T}$ 和转换矩阵 $\boldsymbol{T} \in \mathbf{R}^{n \times n}$ (详见附录 B)。系统(7.14)和(7.15)解耦为式(7.16)和(7.17)所示的三个子系统,分别为慢变子系统 $(\boldsymbol{\Phi}_{\tau s}, \boldsymbol{\Gamma}_{\tau s}, \boldsymbol{M}_s)$ 、快变子系统 1 $(\boldsymbol{\Phi}_{\tau f1}, \boldsymbol{\Gamma}_{\tau f1}, \boldsymbol{M}_{f1})$ 和快变子系统 2 $(\boldsymbol{\Phi}_{\tau f2}, \boldsymbol{\Gamma}_{\tau f2}, \boldsymbol{M}_{f2})$,并且系统的阶次分别为 n_1、n_2、n_3。系统(7.16)和(7.17)是由系统(7.14)和(7.15)经式(7.18)线性变换得到的,因此三个子系统 $(\boldsymbol{\Phi}_{\tau s}, \boldsymbol{\Gamma}_{\tau s}, \boldsymbol{M}_s)$ 、$(\boldsymbol{\Phi}_{\tau f1}, \boldsymbol{\Gamma}_{\tau f1}, \boldsymbol{M}_{f1})$ 和 $(\boldsymbol{\Phi}_{\tau f2}, \boldsymbol{\Gamma}_{\tau f2}, \boldsymbol{M}_{f2})$ 也是可控且可观测的。采用类似的方法,采样间隔为 Δ 的离散时间等价系统(7.5)也可以解耦为

$$\begin{bmatrix} z_{s,k+1} \\ z_{f1,k+1} \\ z_{f2,k+1} \end{bmatrix} = \begin{bmatrix} \boldsymbol{\Phi}_{\Delta s} & \mathbf{0} & \mathbf{0} \\ \mathbf{0} & \boldsymbol{\Phi}_{\Delta f1} & \mathbf{0} \\ \mathbf{0} & \mathbf{0} & \boldsymbol{\Phi}_{\Delta f2} \end{bmatrix} \begin{bmatrix} z_{s,k} \\ z_{f1,k} \\ z_{f2,k} \end{bmatrix} + \begin{bmatrix} \boldsymbol{\Gamma}_{\Delta s} \\ \boldsymbol{\Gamma}_{\Delta f1} \\ \boldsymbol{\Gamma}_{\Delta f2} \end{bmatrix} \boldsymbol{u}_k \tag{7.19}$$

三时间尺度系统(7.16)稳定输出注入增益的设计采用附录 C 所述的方法进行设计。输出注入增益表达式可表示为

$$\begin{aligned} \boldsymbol{G}^{T} &= [\boldsymbol{G}_s^{T} \quad \mathbf{0} \quad \mathbf{0}] + [\mathbf{0} \quad \boldsymbol{G}_{f1}^{T} \quad \mathbf{0}] \boldsymbol{T}_{d1} + [\mathbf{0} \quad \mathbf{0} \quad \boldsymbol{G}_{f2}^{T}] \boldsymbol{T}_{d2} \boldsymbol{T}_{d1} \\ &= [\boldsymbol{G}_1^{T} \quad \boldsymbol{G}_2^{T} \quad \boldsymbol{G}_3^{T}] \end{aligned} \tag{7.20}$$

式中 $\boldsymbol{G}_s^{T}$ 、$\boldsymbol{G}_{f1}^{T}$ 、$\boldsymbol{G}_{f2}^{T}$ ——慢变子系统的稳定输出注入增益,快变子系统 1 的稳定输出注入增益和快变子系统 2 的稳定输出注入增益;

$\boldsymbol{T}_{d1}$ 和 $\boldsymbol{T}_{d2}$ ——转换矩阵。

系统(7.16)中的 $\boldsymbol{\Gamma}$ 可表示为

$$\boldsymbol{\Gamma} = \begin{bmatrix} \boldsymbol{\Gamma}_{s_1} & \boldsymbol{\Gamma}_{s_2} & \boldsymbol{\Gamma}_{s3} \\ \boldsymbol{\Gamma}_{f1_1} & \boldsymbol{\Gamma}_{f1_2} & \boldsymbol{\Gamma}_{f1_3} \\ \boldsymbol{\Gamma}_{f2_1} & \boldsymbol{\Gamma}_{f2_2} & \boldsymbol{\Gamma}_{f2_3} \end{bmatrix} \tag{7.21}$$

式中, $\boldsymbol{\Gamma}_{s_1} \in \mathbf{R}^{n_1 \times (N - v_{f2} - v_{f1})m}$, $\boldsymbol{\Gamma}_{s_2} \in \mathbf{R}^{n_1 \times v_{f1} m}$, $\boldsymbol{\Gamma}_{s_3} \in \mathbf{R}^{n_1 \times v_{f2} m}$, $\boldsymbol{\Gamma}_{f1_1} \in \mathbf{R}^{n_2 \times (N - v_{f2} - v_{f1})m}$, $\boldsymbol{\Gamma}_{f1_2} \in$

$\mathbf{R}^{n_2\times v_{f1}m}$，$\boldsymbol{\Gamma}_{f1_3}\in\mathbf{R}^{n_2\times v_{f2}m}$，$\boldsymbol{\Gamma}_{f2_1}\in\mathbf{R}^{n_3\times(N-v_{f2}-v_{f1})m}$，$\boldsymbol{\Gamma}_{f2_2}\in\mathbf{R}^{n_1\times v_{f1}m}$ 和 $\boldsymbol{\Gamma}_{f2_3}\in\mathbf{R}^{n_1\times v_{f2}m}$ 可分别表示为

$$\boldsymbol{\Gamma}_{s_1}=[\boldsymbol{\Phi}_{\Delta s}^{N-1}\boldsymbol{\Gamma}_{\Delta s}\quad\cdots\quad\boldsymbol{\Phi}_{\Delta s}^{N-v_s}\boldsymbol{\Gamma}_{\Delta s}]\tag{7.22}$$

$$\boldsymbol{\Gamma}_{s_2}=[\boldsymbol{\Phi}_{\Delta s}^{N-v_s-1}\boldsymbol{\Gamma}_{\Delta s}\quad\cdots\quad\boldsymbol{\Phi}_{\Delta s}^{N-v_s-v_{f1}}\boldsymbol{\Gamma}_{\Delta s}]\tag{7.23}$$

$$\boldsymbol{\Gamma}_{s_3}=[\boldsymbol{\Phi}_{\Delta s}^{N-v_s-v_{f1}-1}\boldsymbol{\Gamma}_{\Delta s}\quad\cdots\quad\boldsymbol{\Gamma}_{\Delta s}]\tag{7.24}$$

$$\boldsymbol{\Gamma}_{f1_1}=[\boldsymbol{\Phi}_{\Delta f1}^{N-1}\boldsymbol{\Gamma}_{\Delta f1}\quad\cdots\quad\boldsymbol{\Phi}_{\Delta f1}^{N-v_s}\boldsymbol{\Gamma}_{\Delta f1}]\tag{7.25}$$

$$\boldsymbol{\Gamma}_{f1_2}=[\boldsymbol{\Phi}_{\Delta f1}^{N-v_s-1}\boldsymbol{\Gamma}_{\Delta f1}\quad\cdots\quad\boldsymbol{\Phi}_{\Delta f1}^{N-v_s-v_{f1}}\boldsymbol{\Gamma}_{\Delta f1}]\tag{7.26}$$

$$\boldsymbol{\Gamma}_{f1_3}=[\boldsymbol{\Phi}_{\Delta f1}^{N-v_s-v_{f1}-1}\boldsymbol{\Gamma}_{\Delta f1}\quad\cdots\quad\boldsymbol{\Gamma}_{\Delta f1}]\tag{7.27}$$

$$\boldsymbol{\Gamma}_{f2_1}=[\boldsymbol{\Phi}_{\Delta f2}^{N-1}\boldsymbol{\Gamma}_{\Delta f2}\quad\cdots\quad\boldsymbol{\Phi}_{\Delta f2}^{N-v_s}\boldsymbol{\Gamma}_{\Delta f2}]\tag{7.28}$$

$$\boldsymbol{\Gamma}_{f2_2}=[\boldsymbol{\Phi}_{\Delta f2}^{N-v_s-1}\boldsymbol{\Gamma}_{\Delta f2}\quad\cdots\quad\boldsymbol{\Phi}_{\Delta f2}^{N-v_s-v_{f1}}\boldsymbol{\Gamma}_{\Delta f2}]\tag{7.29}$$

$$\boldsymbol{\Gamma}_{f2_3}=[\boldsymbol{\Phi}_{\Delta f2}^{N-v_s-v_{f1}-1}\boldsymbol{\Gamma}_{\Delta f2}\quad\cdots\quad\boldsymbol{\Gamma}_{\Delta f2}]\tag{7.30}$$

其中，v_s、v_{f1} 和 v_{f2} 分别为慢变子系统可控性指标，快变子系统 1 的可控性指标和快变子系统 2 的可控性指标。假设式(7.13)中的 $\boldsymbol{K}$ 表示为

$$\boldsymbol{K}=[\boldsymbol{K}_s^{\mathrm{T}}\quad\boldsymbol{K}_{f1}^{\mathrm{T}}\quad\boldsymbol{K}_{f2}^{\mathrm{T}}]\tag{7.31}$$

式中，子矩阵 $\boldsymbol{K}_s$，$\boldsymbol{K}_{f1}$ 和 $\boldsymbol{K}_{f2}$ 的维度分别为 $[(N-v_{f2}-v_{f1})m\times p]$，$(v_{f1}m\times p)$ 和 $(v_{f2}m\times p)$。由式(7.13)，式(7.20)，式(7.21)和式(7.31)，$\boldsymbol{K}_s$，$\boldsymbol{K}_{f1}$ 和 $\boldsymbol{K}_{f2}$ 可分别表示为

$$\begin{aligned}\boldsymbol{K}_s=&[(\boldsymbol{\Gamma}_{s_1}-\boldsymbol{\Gamma}_{s_3}\boldsymbol{\Gamma}_{f2_3}^{-1}\boldsymbol{\Gamma}_{f1_2})-(\boldsymbol{\Gamma}_{s_2}-\boldsymbol{\Gamma}_{s_3}\boldsymbol{\Gamma}_{f2_3}^{-1}\boldsymbol{\Gamma}_{f2_2})\\&(\boldsymbol{\Gamma}_{f1_2}-\boldsymbol{\Gamma}_{f1_3}\boldsymbol{\Gamma}_{f2_3}^{-1}\boldsymbol{\Gamma}_{f2_2})^{-1}(\boldsymbol{\Gamma}_{f1_1}-\boldsymbol{\Gamma}_{f1_3}\boldsymbol{\Gamma}_{f2_3}^{-1}\boldsymbol{\Gamma}_{f2_1})]^{-1}\\&[(\boldsymbol{G}_1^{\mathrm{T}}-\boldsymbol{\Gamma}_{s_3}\boldsymbol{\Gamma}_{f2_3}^{-1}\boldsymbol{G}_3^{\mathrm{T}})-(\boldsymbol{\Gamma}_{s_2}-\boldsymbol{\Gamma}_{s_3}\boldsymbol{\Gamma}_{f2_3}^{-1}\boldsymbol{\Gamma}_{f2_2})\\&(\boldsymbol{\Gamma}_{f1_2}-\boldsymbol{\Gamma}_{f1_3}\boldsymbol{\Gamma}_{f2_3}^{-1}\boldsymbol{\Gamma}_{f2_2})^{-1}(\boldsymbol{G}_2^{\mathrm{T}}-\boldsymbol{\Gamma}_{f1_3}\boldsymbol{\Gamma}_{f2_3}^{-1}\boldsymbol{G}_3^{\mathrm{T}})]\end{aligned}\tag{7.32}$$

$$\begin{aligned}\boldsymbol{K}_{f1}=&(\boldsymbol{\Gamma}_{f1_2}-\boldsymbol{\Gamma}_{f1_3}\boldsymbol{\Gamma}_{f2_3}^{-1}\boldsymbol{\Gamma}_{f2_2})^{-1}[(\boldsymbol{G}_2^{\mathrm{T}}-\boldsymbol{\Gamma}_{f1_3}\boldsymbol{\Gamma}_{f2_3}^{-1}\boldsymbol{G}_3^{\mathrm{T}})-\\&(\boldsymbol{\Gamma}_{f1_1}-\boldsymbol{\Gamma}_{f1_3}\boldsymbol{\Gamma}_{f2_3}^{-1}\boldsymbol{\Gamma}_{f2_1})\boldsymbol{K}_s]\end{aligned}\tag{7.33}$$

$$\boldsymbol{K}_{f2}=\boldsymbol{\Gamma}_{f2_3}^{-1}(\boldsymbol{G}_3^{\mathrm{T}}-\boldsymbol{\Gamma}_{f2_1}\boldsymbol{K}_s-\boldsymbol{\Gamma}_{f2_2}\boldsymbol{K}_{f1})\tag{7.34}$$

由于 $\boldsymbol{G}$ 可以使系统 $(\boldsymbol{\Phi}_\tau+\boldsymbol{GM})$ 稳定而且 $\boldsymbol{K}$ 是式(7.13)的精确解，因此闭环系统(7.11)也是稳定的。

引理 7.1　如果快变子系统 1 和快变子系统 2 是稳定的，且系统(7.16)的输出注入增益采用 $\boldsymbol{G}^{\mathrm{T}}=[\boldsymbol{G}_s^{\mathrm{T}}\quad\boldsymbol{0}\quad\boldsymbol{0}]$，那么闭环系统 $(\boldsymbol{\Phi}_\tau+\boldsymbol{GM})$ 是稳定的。

证明　由于式(7.16)是由(7.14)经式(7.18)线性变换得到的，因此它们有相同的特征值。如果 $\boldsymbol{G}^{\mathrm{T}}=[\boldsymbol{G}_s^{\mathrm{T}}\quad\boldsymbol{0}\quad\boldsymbol{0}]$ 是系统(7.16)的输出注入增益矩阵，那么闭环系统可表示为

$$z_{d,k+1}=\begin{bmatrix}\boldsymbol{\Phi}_{\tau s}+\boldsymbol{G}_s\boldsymbol{M}_s&\boldsymbol{0}&\boldsymbol{0}\\\boldsymbol{G}_s\boldsymbol{M}_{f1}&\boldsymbol{\Phi}_{\tau f1}&\boldsymbol{0}\\\boldsymbol{G}_s\boldsymbol{M}_{f2}&\boldsymbol{0}&\boldsymbol{\Phi}_{\tau f2}\end{bmatrix}z_{d,k}\tag{7.35}$$

由于系统 $(\boldsymbol{\Phi}_{\tau s}+\boldsymbol{G}_s\boldsymbol{M}_s)$ 是设计稳定的，而且 $\boldsymbol{\Phi}_{\tau f1}$ 和 $\boldsymbol{\Phi}_{\tau f2}$ 也都是假设稳定的。因此系统(7.35)也是稳定的。由式(7.18)，系统(7.35)可以变换回原系统，因此原系统也是稳定的。系统(7.14)是系统(6.1)的三时间尺度表示形式，因此，闭环系统 $(\boldsymbol{\Phi}_\tau+\boldsymbol{GM})$ 是稳定的。

注意 7.1　对于具有快变模式 1 和快变模式 2 的系统，令 $\boldsymbol{G}_{f1}=\boldsymbol{G}_{f2}=\boldsymbol{0}$，此时 $\boldsymbol{G}_1=\boldsymbol{G}_s$，而且三时间尺度系统的增益可以近似为 $\hat{\boldsymbol{K}}$，$\hat{\boldsymbol{K}}=[\hat{\boldsymbol{K}}_s\quad\hat{\boldsymbol{K}}_{f1}\quad\hat{\boldsymbol{K}}_{f2}]$，每个子矩阵可以近似表示为

$$\hat{\boldsymbol{K}}_{\mathrm{s}} = [(\boldsymbol{\Gamma}_{\mathrm{s}_1} - \boldsymbol{\Gamma}_{\mathrm{s}_3}\boldsymbol{\Gamma}_{\mathrm{f2}_3}^{-1}\boldsymbol{\Gamma}_{\mathrm{f2}_1}) - (\boldsymbol{\Gamma}_{\mathrm{s}_2} - \boldsymbol{\Gamma}_{\mathrm{s}_3}\boldsymbol{\Gamma}_{\mathrm{f2}_3}^{-1}\boldsymbol{\Gamma}_{\mathrm{f2}_2})(\boldsymbol{\Gamma}_{\mathrm{f1}_2} - \boldsymbol{\Gamma}_{\mathrm{f1}_3}\boldsymbol{\Gamma}_{\mathrm{f2}_3}^{-1}\boldsymbol{\Gamma}_{\mathrm{f2}_2})^{-1}(\boldsymbol{\Gamma}_{\mathrm{f1}_1} - \boldsymbol{\Gamma}_{\mathrm{f1}_3}\boldsymbol{\Gamma}_{\mathrm{f2}_3}^{-1}\boldsymbol{\Gamma}_{\mathrm{f2}_1})]^{-1}\boldsymbol{G}_{\mathrm{s}}^{\mathrm{T}} \tag{7.36}$$

$$\hat{\boldsymbol{K}}_{\mathrm{f1}} = -(\boldsymbol{\Gamma}_{\mathrm{f1}_2} - \boldsymbol{\Gamma}_{\mathrm{f1}_3}\boldsymbol{\Gamma}_{\mathrm{f2}_3}^{-1}\boldsymbol{\Gamma}_{\mathrm{f2}_2})^{-1}(\boldsymbol{\Gamma}_{\mathrm{f1}_1} - \boldsymbol{\Gamma}_{\mathrm{f1}_3}\boldsymbol{\Gamma}_{\mathrm{f2}_3}^{-1}\boldsymbol{\Gamma}_{\mathrm{f2}_1})\boldsymbol{K}_{\mathrm{s}} \tag{7.37}$$

$$\hat{\boldsymbol{K}}_{\mathrm{f2}} = \boldsymbol{\Gamma}_{\mathrm{f2}_3}^{-1}(-\boldsymbol{\Gamma}_{\mathrm{f2}_1}\boldsymbol{K}_{\mathrm{s}} - \boldsymbol{\Gamma}_{\mathrm{f2}_2}\boldsymbol{K}_{\mathrm{f1}}) \tag{7.38}$$

注意7.2 对于采样周期 Δ，$\boldsymbol{\Phi}_{\Delta\mathrm{f2}}$ 的特征值很小。因此 $\boldsymbol{\Phi}_{\tau\mathrm{f2}}$，$\boldsymbol{\Phi}_{\tau\mathrm{f2}}^2$，…会更小。那么在式(7.36)～式(7.38)中相对于 $\boldsymbol{\Gamma}_{\mathrm{f2}_3}$，$\boldsymbol{\Gamma}_{\mathrm{f2}_1}$ 和 $\boldsymbol{\Gamma}_{\mathrm{f2}_2}$ 是可以忽略不计的。此时 $\hat{\boldsymbol{K}}$ 可以近似为 $\overline{\boldsymbol{K}} = [\overline{\boldsymbol{K}}_{\mathrm{s}} \quad \overline{\boldsymbol{K}}_{\mathrm{f1}} \quad \overline{\boldsymbol{K}}_{\mathrm{f2}}]$，其中

$$\overline{\boldsymbol{K}}_{\mathrm{s}} = (\boldsymbol{\Gamma}_{\mathrm{s}_1} - \boldsymbol{\Gamma}_{\mathrm{s}_2}\boldsymbol{\Gamma}_{\mathrm{f1}_2}^{-1}\boldsymbol{\Gamma}_{\mathrm{f1}_1})^{-1}\boldsymbol{G}_{\mathrm{s}}^{\mathrm{T}} \tag{7.39}$$

$$\overline{\boldsymbol{K}}_{\mathrm{f1}} = -\boldsymbol{\Gamma}_{\mathrm{f1}_2}^{-1}\boldsymbol{\Gamma}_{\mathrm{f1}_1}\boldsymbol{K}_{\mathrm{s}} \tag{7.40}$$

$$\overline{\boldsymbol{K}}_{\mathrm{f2}} = \boldsymbol{0} \tag{7.41}$$

注意7.3 更进一步来说，如果相对于 $\boldsymbol{\Gamma}_{\mathrm{f1}_2}$ 和 $\boldsymbol{\Gamma}_{\mathrm{f1}_3}$，$\boldsymbol{\Gamma}_{\mathrm{f1}_1}$ 是可以忽略的，那么 $\overline{\boldsymbol{K}}$ 可进一步近似为 $\widetilde{\boldsymbol{K}} = [\widetilde{\boldsymbol{K}}_{\mathrm{s}} \quad \widetilde{\boldsymbol{K}}_{\mathrm{f1}} \quad \widetilde{\boldsymbol{K}}_{\mathrm{f2}}]$，其中 $\widetilde{\boldsymbol{K}}_{\mathrm{s}} = \boldsymbol{\Gamma}_{\mathrm{s}_1}^{-1}\boldsymbol{G}_{\mathrm{s}}^{\mathrm{T}}$ 而且 $\widetilde{\boldsymbol{K}}_{\mathrm{f1}} = \widetilde{\boldsymbol{K}}_{\mathrm{f2}} = \boldsymbol{0}$。

7.4 周期输出反馈在先进重水反应堆系统中的应用

由模型(3.31)建立的先进重水反应堆系统的总功率反馈线性可控且可观测模型可以重写为

$$\dot{\boldsymbol{z}} = \hat{\boldsymbol{A}}\boldsymbol{z} + \boldsymbol{B}\boldsymbol{u}_{\mathrm{sp}} + \boldsymbol{B}_{\mathrm{fw}}\delta q_{\mathrm{fw}} \tag{7.42}$$

式中，$\hat{\boldsymbol{A}} = \boldsymbol{A} - \boldsymbol{B}\boldsymbol{K}_G\boldsymbol{M}$，它的特征值落在三个不同的簇中。第一簇具有38个特征值，特征值的范围从 6.2899×10^{-3} 到 $(8.8268\pm \mathrm{j}1.8656)\times10^{-5}$；第二簇具有35个特征值，特征值的范围从 -1.8396×10^{-1} 到 -1.1779×10^{-2}；第三簇具有17个特征值，特征值的范围从 -2.7626×10^{2} 到 -7.2513。系统在离散化的时候，需要选择合适的采样时间。如果连续时间系统具有三时间尺度结构，则离散时间系统也将具有三时间尺度结构[14]。对于先进重水反应堆系统，采样时间是由缓发中子先驱核的时间常数决定的。连续系统(7.42)的最大不稳定的特征值为 6.2899×10^{-3}，该特征值决定了系统的采样时间，即 $\tau < 1/(6.2889\times10^{-3})$ s 或者 $\tau < 159$ s。由于反应堆空间功率在很小的时间内会发生很大的变化，因此从实时实现的角度出发，为了不损失系统的三时间尺度特性，系统在离散时需要采用较小的采样时间。因此 τ 的值选择为12 s，则系统(7.42)离散化后得到

$$\boldsymbol{z}_{k+1} = \boldsymbol{\Phi}\boldsymbol{z}_k + \boldsymbol{\Gamma}\boldsymbol{u}_k + \boldsymbol{\Gamma}_{\mathrm{fw}}\delta q_{\mathrm{fw}k} \tag{7.43}$$

$$\boldsymbol{y}_k = \boldsymbol{M}\boldsymbol{z}_k \tag{7.44}$$

系统(7.43)的状态方程可对角化为慢变子系统，快变子系统1和快变子系统2，每个子系统的阶次分别为38，35和17。采用式(2.17)的状态向量，可表示为

$$\boldsymbol{z}_{1,k} = [\boldsymbol{z}_H^{\mathrm{T}} \quad \boldsymbol{z}_{\mathrm{X}}^{\mathrm{T}} \quad \boldsymbol{z}_{\mathrm{I}}^{\mathrm{T}}]^{\mathrm{T}}, \boldsymbol{z}_{2,k} = [\delta h_{\mathrm{d}} \quad \boldsymbol{z}_C^{\mathrm{T}} \quad \boldsymbol{z}_x^{\mathrm{T}}]^{\mathrm{T}}, \boldsymbol{z}_{3,k} = \boldsymbol{z}_Q \tag{7.45}$$

慢变子系统的特征值对应原系统中的38个最大的特征值，快变子系统1的特征值对应

原系统中的中间 35 个特征值，快变子系统 2 的特征值对应原系统中的 17 个最小的特征值。系统离散化的采样时间为 τ 。慢变子系统的特征值和快变子系统 1 的特征值如表 7.1 和表 7.2 所示。快变子系统 2 的特征值在原点附近。表 7.1 中突出显示了慢变子系统中的不稳定模式的特征值（斜体）。

表 7.1　慢变子系统（$\boldsymbol{\Phi}_{\tau s}$）的特征值

序号	特征值	序号	特征值
1	*1.000 0*	20	$9.994\,7\times10^{-1}$
2	*1.000 0*	21	$9.994\,3\times10^{-1}$
3	*1.000 0*	22	$9.994\,1\times10^{-1}$
4,5	$1.001\,1\pm j2.625\,9\times10^{-4}$	23,24	$9.992\,2\times10^{-1}\pm j6.368\,1\times10^{-4}$
6,7	$1.001\,0\pm j4.791\,5\times10^{-4}$	25,26	$9.992\,1\times10^{-1}\pm j6.560\,6\times10^{-4}$
8	$9.999\,6\times10^{-1}$	27,28	$9.991\,2\times10^{-1}\pm j4.714\,1\times10^{-4}$
9	$9.998\,2\times10^{-1}$	29,30	$9.990\,7\times10^{-1}\pm j3.588\,1\times10^{-4}$
10	$9.997\,7\times10^{-1}$	31	$9.983\,1\times10^{-1}$
11,12	$9.995\,8\times10^{-1}\pm j9.290\,4\times10^{-4}$	32	$9.982\,5\times10^{-1}$
13	$9.995\,5\times10^{-1}$	33	$9.981\,2\times10^{-1}$
14,15	$9.995\,5\times10^{-1}\pm j9.172\,8\times10^{-4}$	34	$9.980\,2\times10^{-1}$
16	$9.995\,4\times10^{-1}$	35	$9.980\,0\times10^{-1}$
17	$9.995\,2\times10^{-1}$	36	$9.979\,3\times10^{-1}$
18	$9.995\,0\times10^{-1}$	37	$9.977\,5\times10^{-1}$
19	$9.994\,9\times10^{-1}$	38	$9.977\,4\times10^{-1}$

表 7.2　快变子系统 1（$\boldsymbol{\Phi}_{\tau f1}$）的特征值

序号	特征值	序号	特征值	序号	特征值
1	$8.700\,9\times10^{-1}$	13	$4.755\,4\times10^{-1}$	25	$1.541\,0\times10^{-1}$
2	$8.248\,8\times10^{-1}$	14	$4.730\,5\times10^{-1}$	26	$1.526\,7\times10^{-1}$
3	$5.425\,6\times10^{-1}$	15	$4.726\,1\times10^{-1}$	27	$1.509\,0\times10^{-1}$
4	$5.412\,3\times10^{-1}$	16	$4.717\,6\times10^{-1}$	28	$1.411\,4\times10^{-1}$
5	$4.992\,2\times10^{-1}$	17	$4.703\,0\times10^{-1}$	29	$1.410\,1\times10^{-1}$
6	$5.001\,9\times10^{-1}$	18	$4.701\,4\times10^{-1}$	30	$1.396\,5\times10^{-1}$
7	$4.884\,7\times10^{-1}$	19	$2.452\,0\times10^{-1}$	31	$1.368\,1\times10^{-1}$
8	$4.883\,7\times10^{-1}$	20	$1.711\,2\times10^{-1}$	32	$1.148\,1\times10^{-1}$
9	$4.847\,5\times10^{-1}$	21	$1.710\,8\times10^{-1}$	33	$1.146\,5\times10^{-1}$
10	$4.830\,2\times10^{-1}$	22	$1.691\,4\times10^{-1}$	34	$1.136\,5\times10^{-1}$
11	$4.760\,8\times10^{-1}$	23	$1.683\,2\times10^{-1}$	35	$1.099\,7\times10^{-1}$
12	$4.740\,7\times10^{-1}$	24	$1.541\,9\times10^{-1}$		

经验证，三个子系统都是可控的，同时也是可观测的。此外，快变子系统 1 和快变子系统 2 的特征值都在 z 平面的单位圆内。因此，仅需对慢变子系统进行输出注入矩阵的设计来配置慢变子系统位于 $9.9012\times10^{-1}\sim9.9992\times10^{-1}$ 位置的特征值。然后采用附录 C 的方法来设计系统的复合输出注入增益矩阵。慢变子系统的可控性指标为 $v_{\mathrm{s}}=3$，快变子系统 1 的可控性指标为 $v_{\mathrm{f1}}=2$，快变子系统 2 的可控性指标为 $v_{\mathrm{f2}}=1$。原系统的可控性指标为 6，因此可以选择 $N=6$，$\Delta=2\ \mathrm{s}$。系统（7.42）以采样时间 Δ 来进行离散化，采用式（7.22）～（7.30）来块对角化构造 $\boldsymbol{\Gamma}$。根据注意 7.2，相对于 $\boldsymbol{\Gamma}_{\mathrm{f2}_3}$、$\boldsymbol{\Gamma}_{\mathrm{f2}_1}$ 和 $\boldsymbol{\Gamma}_{\mathrm{f2}_2}$，可以近似估计周期输出反馈增益矩阵 $\bar{\boldsymbol{K}}$。$\bar{\boldsymbol{K}}_{\mathrm{f2}}$ 为（4×17）的空矩阵，$\bar{\boldsymbol{K}}_{\mathrm{f1}}$ 的维度为（8×17），$\bar{\boldsymbol{K}}_{\mathrm{s}}$ 的维度为（12×17）：

$$
\bar{\boldsymbol{K}}_{\mathrm{f1}}=\left[\begin{matrix}
-0.1025 & 0.2941 & -0.1128 & 0.0001 & -0.1202 & 0.0401 & 0.0503 & -0.0026 & 0.0372\\
-0.0582 & 0.3178 & -0.1710 & 0.2989 & -0.1051 & 0.1927 & 0.1667 & -0.0274 & -0.2082\\
0.0153 & 0.0948 & -0.1092 & 0.2239 & -0.0353 & 0.1111 & 0.0681 & -0.0388 & -0.1573\\
-0.0082 & -0.0579 & -0.0581 & -0.1396 & -0.0337 & -0.0903 & -0.1052 & -0.0095 & 0.1342\\
-0.2040 & 0.3840 & -0.1964 & -0.0543 & -0.3433 & 0.2840 & 0.0987 & -0.0788 & 0.1799\\
-0.1054 & 0.7822 & -0.3537 & 0.4893 & -0.1812 & 0.3713 & 0.4253 & 0.0598 & -0.5504\\
0.0435 & 0.4325 & -0.3052 & 0.4625 & -0.0230 & 0.0739 & 0.1926 & 0.0098 & -0.4636\\
-0.0161 & -0.1725 & -0.2117 & -0.1878 & -0.1580 & -0.0950 & -0.2526 & -0.2788 & 0.4088
\end{matrix}\right.
$$

$$
\left.\begin{matrix}
-0.0696 & -0.1285 & 0.1544 & 0.0755 & -0.1816 & 0.0011 & -0.0488 & -0.1197\\
-0.2172 & -0.0111 & -0.1664 & -0.0462 & -0.1195 & -0.1946 & -0.0120 & 0.1005\\
-0.1357 & 0.0474 & -0.1759 & -0.1011 & 0.0015 & -0.1658 & 0.0148 & 0.0948\\
0.1193 & -0.0433 & 0.1805 & -0.0208 & 0.0367 & 0.0421 & -0.0306 & -0.1612\\
-0.0650 & -0.3073 & 0.4307 & 0.1771 & -0.5318 & -0.0252 & -0.1016 & -0.3197\\
-0.5479 & -0.0490 & -0.3295 & -0.1270 & -0.2925 & -0.4847 & -0.0969 & 0.2432\\
-0.4043 & 0.0925 & -0.4046 & -0.2704 & 0.0500 & -0.4080 & -0.0110 & 0.2265\\
0.3189 & -0.1173 & 0.4169 & -0.0746 & 0.0508 & 0.0827 & 0.0212 & -0.4400
\end{matrix}\right]
\tag{7.46}
$$

$$
\bar{\boldsymbol{K}}_{\mathrm{s}}=\left[\begin{matrix}
0.1997 & 0.0337 & 0.1460 & 0.1571 & 0.5575 & -0.7050 & -0.0911 & 0.2363 & -0.3959\\
0.0820 & -1.0859 & 0.3867 & -0.2677 & 0.1248 & -0.3397 & -0.6068 & -0.2895 & 0.8196\\
-0.0689 & -0.9399 & 0.4938 & -0.4954 & -0.0701 & 0.2310 & -0.3041 & -0.1840 & 0.7652\\
0.0161 & 0.2762 & 0.4204 & -0.0140 & 0.3495 & -0.0867 & 0.3390 & 0.8194 & -0.6939\\
0.0979 & 0.1205 & 0.0569 & 0.1052 & 0.3269 & -0.4509 & -0.0439 & 0.1538 & -0.2488\\
0.0348 & -0.6095 & 0.1964 & -0.0769 & 0.0467 & -0.1602 & -0.3456 & -0.2009 & 0.4720\\
-0.0405 & -0.5864 & 0.2873 & -0.2516 & -0.0589 & 0.1892 & -0.1784 & -0.1351 & 0.4528\\
0.0078 & 0.1653 & 0.2555 & -0.0532 & 0.2181 & -0.0860 & 0.1887 & 0.5357 & -0.4134\\
-0.0023 & 0.2068 & -0.0289 & 0.0530 & 0.1022 & -0.2037 & 0.0030 & 0.0745 & -0.1050\\
-0.0117 & -0.1439 & 0.0114 & 0.1111 & -0.0296 & 0.0164 & -0.0890 & -0.1140 & 0.1310\\
-0.0126 & -0.2432 & 0.0873 & -0.0130 & -0.0473 & 0.1493 & -0.0549 & -0.0869 & 0.1467\\
-0.0003 & 0.0543 & 0.0968 & -0.0949 & 0.0910 & -0.0873 & 0.0413 & 0.2607 & -0.1386
\end{matrix}\right.
$$

$$\left.\begin{matrix}
-0.0858 & 0.4106 & -0.6761 & -0.2227 & 0.8756 & 0.0858 & 0.1080 & 0.4885 \\
0.7792 & 0.1073 & 0.3192 & 0.2031 & 0.4016 & 0.6800 & 0.2458 & -0.3198 \\
0.6772 & -0.0831 & 0.5088 & 0.4137 & -0.1443 & 0.5647 & 0.0942 & -0.2927 \\
-0.4765 & 0.1829 & -0.5257 & 0.1480 & -0.0008 & -0.0740 & -0.1920 & 0.6845 \\
-0.0801 & 0.2279 & -0.3952 & -0.1231 & 0.5171 & 0.0560 & 0.0553 & 0.2815 \\
0.4416 & 0.0664 & 0.1558 & 0.1176 & 0.2250 & 0.3835 & 0.1581 & -0.1791 \\
0.4011 & -0.0399 & 0.2777 & 0.2385 & -0.0952 & 0.3170 & 0.0670 & -0.1631 \\
-0.2758 & 0.1056 & -0.2875 & 0.0896 & 0.0109 & -0.0360 & -0.1365 & 0.3970 \\
-0.0747 & 0.0490 & -0.1196 & -0.0242 & 0.1664 & 0.0280 & 0.0032 & 0.0798 \\
0.1111 & 0.0271 & -0.0053 & 0.0349 & 0.0522 & 0.0934 & 0.0726 & -0.0397 \\
0.1314 & 0.0034 & 0.0504 & 0.0677 & -0.0467 & 0.0747 & 0.0406 & -0.0345 \\
-0.0781 & 0.0306 & -0.0532 & 0.0336 & 0.0234 & 0.0026 & -0.0830 & 0.1165
\end{matrix}\right] \tag{7.47}$$

采用以上增益矩阵可以看出，闭环系统的特征值在 z 平面的单位圆内，表 7.3 列出了这些特征值。

为了针对双时间尺度系统研究周期输出反馈控制技术，将系统的状态分为了两组，分别对应慢变子系统和快变子系统，表示为

$$z_{A,k} = [z_{1,k}] \tag{7.48}$$

$$z_{B,k} = [z_{2,k} \quad z_{3,k}] \tag{7.49}$$

表 7.3　闭环系统特征值

慢变子系统		快变子系统 1				快变子系统 2	
序号	特征值	序号	特征值	序号	特征值	序号	特征值
1	9.999×10^{-1}	26	9.941×10^{-1}	51	4.741×10^{-1}	74	0
2	9.998×10^{-1}	27	9.940×10^{-1}	52	4.730×10^{-1}	75	0
3	9.993×10^{-1}	28	9.938×10^{-1}	53	4.726×10^{-1}	76	0
4	9.992×10^{-1}	29	9.933×10^{-1}	54	4.718×10^{-1}	77	0
5	9.990×10^{-1}	30	9.932×10^{-1}	55	4.703×10^{-1}	78	0
6	9.989×10^{-1}	31	9.929×10^{-1}	56	4.701×10^{-1}	79	0
7	9.986×10^{-1}	32	9.928×10^{-1}	57	2.452×10^{-1}	80	0
8	9.985×10^{-1}	33	9.924×10^{-1}	58	1.711×10^{-1}	81	0
9	9.985×10^{-1}	34	9.921×10^{-1}	59	1.711×10^{-1}	82	0
10	9.984×10^{-1}	35	9.920×10^{-1}	60	1.691×10^{-1}	83	0
11	9.983×10^{-1}	36	9.918×10^{-1}	61	1.683×10^{-1}	84	0
12	9.982×10^{-1}	37	9.912×10^{-1}	62	1.542×10^{-1}	85	0
13	9.974×10^{-1}	38	9.907×10^{-1}	63	1.541×10^{-1}	86	0
14	9.972×10^{-1}	39	8.707×10^{-1}	64	1.527×10^{-1}	87	0
15	9.972×10^{-1}	40	8.249×10^{-1}	65	1.509×10^{-1}	88	0
16	9.971×10^{-1}	41	5.426×10^{-1}	66	1.411×10^{-1}	89	0
17	9.969×10^{-1}	42	5.412×10^{-1}	67	1.410×10^{-1}	90	

续表

慢变子系统		快变子系统 1				快变子系统 2	
序号	特征值	序号	特征值	序号	特征值	序号	特征值
18	9.968×10^{-1}	43	5.002×10^{-1}	68	1.396×10^{-1}		
19	9.967×10^{-1}	44	4.992×10^{-1}	69	1.368×10^{-1}		
20	9.962×10^{-1}	45	4.885×10^{-1}	70	1.148×10^{-1}		
21	9.957×10^{-1}	46	4.884×10^{-1}	71	1.146×10^{-1}		
22	9.952×10^{-1}	47	4.847×10^{-1}	72	1.137×10^{-1}		
23	9.949×10^{-1}	48	4.830×10^{-1}	73	1.100×10^{-1}		
24	9.948×10^{-1}	49	4.761×10^{-1}				
25	9.944×10^{-1}	50	4.755×10^{-1}				

需要指出的是快变子系统状态变量是由式(7.45)给出的三时间尺度系统中的快变子系统 1 和快变子系统 2 的状态变量组合而成的,因此,图 3.19(b)、(c)中对应的缓变和快变模式归为了一组,形成了具有 52 阶的快变子系统。图 3.1(a)对应的慢变模式归为一个具有 38 阶的慢变子系统。然而,如果变换等效系统的矩阵有可能与原系统一样都存在“病态”性,那么此时这种处理方法是不能采用的。变换为双时间尺度系统后,系统的状态可表示为

$$z_{a,k} = [z_{1,k} \quad z_{2,k}] \tag{7.50}$$

$$z_{b,k} = [z_{3,k}] \tag{7.51}$$

另外,还可将三时间尺度系统(7.45)的慢变子系统的状态和快变子系统 1 的状态相结合来得到双时间尺度系统的慢变子系统。确切地说,将图 3.1(a)、(b)中的慢变模式和缓变模式组合成 73 维的慢变子系统,图 3.1(c)对应的快变模式作为双时间尺度系统中的 17 维的快变子系统。在这种类型的重组模式中,计算量的减少是很少的。但是,该重组方案可以有效地避免原系统存在的“病态”问题,而且可以采用文献[14]提出的方法来对双时间尺度系统设计周期输出反馈增益。后续在 7.4.2 章节中,将通过仿真分析对三时间尺度系统的周期反馈控制策略与双时间尺度周期反馈控制策略及采用式(7.50)和(7.51)状态重组方案后的双时间尺度快输出采样控制策略进行对比[6]。

7.4.1 控制器实现

基于周期输出反馈技术的先进重水反应堆控制器实现方案如图 7.2 所示。该方案中,17 个节块的功率由各自的堆芯探测器进行测量。然后,以采样间隔 τ 周期性地对所测量的信号进行采样,并与它们各自的平衡值进行比较,以得到归一化偏差。根据所得到的偏差,构造出输出向量 $\boldsymbol{y}$。构造出输出向量后再计算 $\boldsymbol{K}_0\boldsymbol{y}$, $\boldsymbol{K}_1\boldsymbol{y}$,…, $\boldsymbol{K}_5\boldsymbol{y}$,通过选择合适的 $\boldsymbol{K}_l\boldsymbol{y}$ ($l=0,1,\cdots,5$)的值得到空间功率控制的控制输入 $\boldsymbol{u}_{\mathrm{sp}}$ 。同时计算了总功率与其平衡功率 920.48 MW 的偏差,并基于连续的总功率偏差得到总功率控制输入 $\boldsymbol{u}_{\mathrm{gp}}$ 。在得到 $\boldsymbol{u}_{\mathrm{gp}}$ 和 $\boldsymbol{u}_{\mathrm{sp}}$ 后,将其相叠加得到 v_2 , v_4 , v_6 和 v_8 信号。这些控制信号将驱动各自的功率调节棒。这种基于周期输出反馈的控制方法在结构上与基于直接输出反馈的方法极为相似,只是在基于周期输出反馈的控制方法中,控制输入在输出采样间隔内可更改为不同的值。

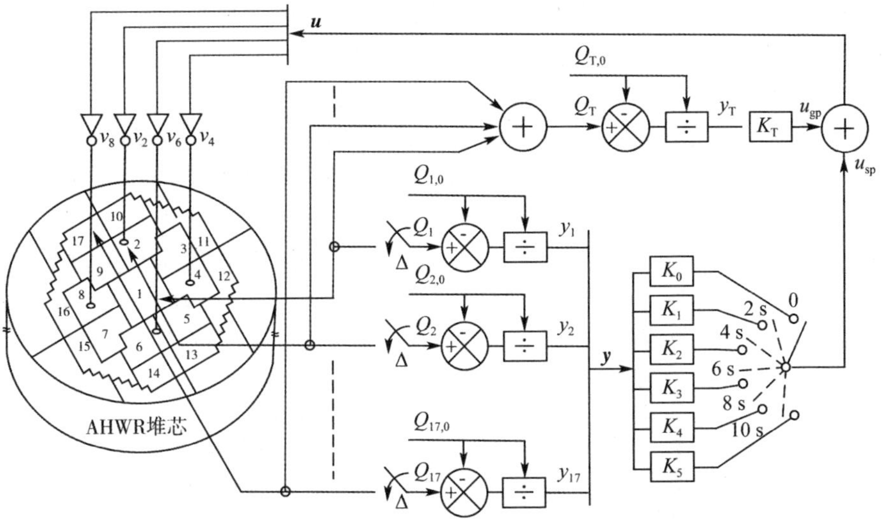

图 7.2　基于周期输出反馈技术的先进重水反应堆控制器实现方案

7.4.2　瞬态过程仿真

基于周期输出反馈控制的先进重水反应堆系统的闭环控制性能,可采用第 2 章的非线性模型在不同的瞬态工况条件下的性能进行评估。如第 7.4.1 节所述,总功率反馈控制输入 $\boldsymbol{u}_{gp}$ 是连续性的,即在总功率控制中针对快速瞬变工况可采用更加精细的时间步长进行采样控制。对空间功率分布稳定的控制,控制输入信号 $\boldsymbol{u}_k$ 叠加在总功率反馈控制器的信号来驱动功率调节棒。因此对于 $\boldsymbol{u}_k$，τ 和 Δ 的采样周期分别为 12 s 和 2 s。

首先,考虑与空间功率扰动相关的瞬态工况。该瞬态工况,系统初始状态处于稳态,并且所有功率调节棒都处于平衡位置。功率调节棒 RR2 原本处于自动控制状态下,通过适当的手动控制信号,使得功率调节棒 RR2 提棒约 1%,此后功率调节棒仍处于自动控制状态下。该干扰会引起反应堆空间功率分布的扰动。空间功率控制器产生的控制信号和对应的调节功率调节棒的棒位分别如图 7.3 和图 7.4 所示。该瞬态工况下,总功率变化曲线如图 7.5 所示,从图中可以看出,总功率从 920.2 MW 升高到了 920.8 MW,并在约 120 s 内稳定在 920.48 MW 的稳定值。空间功率变化采用第一和第二功率斜变来度量,其 400 s 内的变化曲线如图 7.6 所示。在更长时间的仿真曲线中,稳定后未观察到偏差。

为了进一步评估系统对给水扰动的响应性能,对另一瞬态过程进行了仿真分析。初始时刻,反应堆在稳态满功率下运行,然后给水流量中引入 5% 正阶跃变化。在此,将基于周期输出反馈控制器的性能与基于快速输出采样技术的控制器性能进行了比较。这两种技术均采用双时间尺度方法设计,系统状态由式(7.50)和式(7.51)进行了重新分组。由于给水扰动的存在,进入堆芯的冷却剂焓值降低了约 0.64%,总功率出现了如图 7.7 所示的变化曲线。结果表明,在这三种控制器的调节作用下,在扰动引入后总功率都能恢复到稳态值。但是在不同的控制器作用下,系统达到稳定所需的时间是不同的。在基于快输出采样技术(双时间尺度)的控制器调节下和在基于周期输出反馈技术(三时间尺度)的调节器作用下,总功率约在 100 s 内达到稳定;而在基于周期输出反馈技术(双时间尺度)的调节器作用下,系统在 650 s 之后才达到稳定状态。此外,基于周期输出反馈技术(双时间尺度)的控制器的超调量也最大。为了平衡给水流量的阶跃变化扰动,在周期输出反馈(三时间尺度)

控制、快输出采样控制和周期输出反馈（双时间尺度）控制下，功率所有的功率调节棒分别插棒 1.02%、0.95% 和 1%，其变化曲线如图 7.8 所示。同时也可以看出，在基于周期输出反馈（双时间尺度）控制下，功率调节棒的调节时间明显长很多。

在另一个瞬态工况中，反应堆初始时刻也处于稳态运行，并假设反应堆的运行功率为 920.48 MW，而且节块功率分布如表 2.5 所示。此后，将反应堆的需求功率以 1.5 MW/s 的速度均匀降功率，大约在 61 s 后功率降到 828.43 MW，此后保持该功率。该瞬态过程响应曲线如图 7.9 所示，可以看出在整个瞬态过程中，总功率可以跟踪需求功率的变化。将设计结果与基于周期输出反馈技术（双时间尺度）的控制响应进行了比较，发现本章提出的三时间尺度周期输出反馈控制器的性能优于双时间尺度的周期输出反馈控制器的性能。可看出，氙浓度在大约 50 h 内稳定到各自新的稳态值，节块功率在 100 s 内达到稳态值。

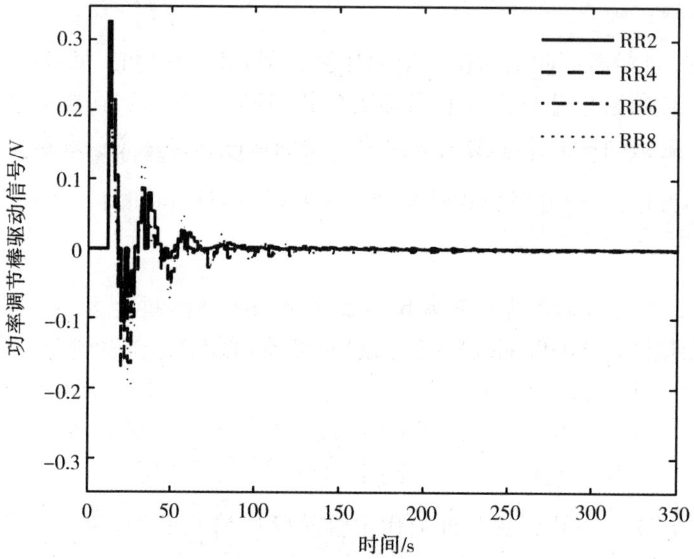

图 7.3　功率调节棒驱动信号

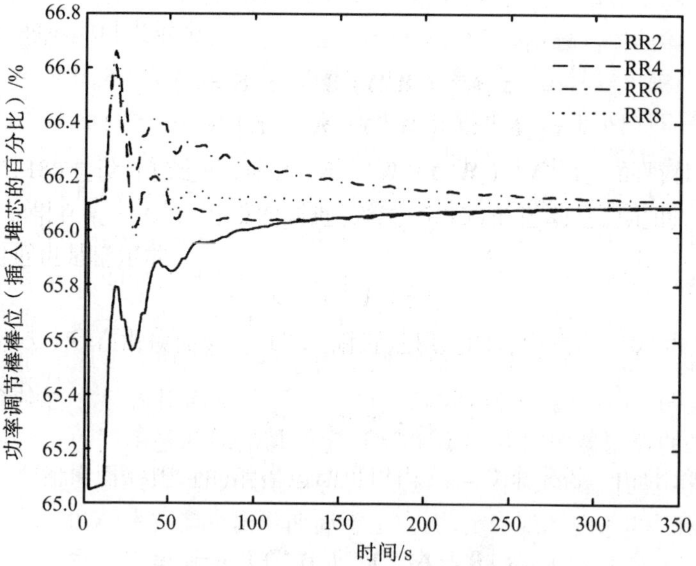

图 7.4　功率调节棒棒位变化曲线

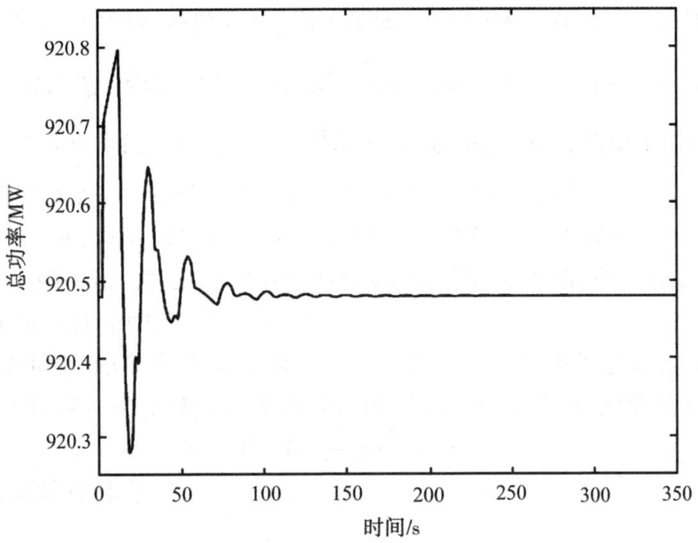

图 7.5　RR2 功率调节棒扰动后总功率变化曲线

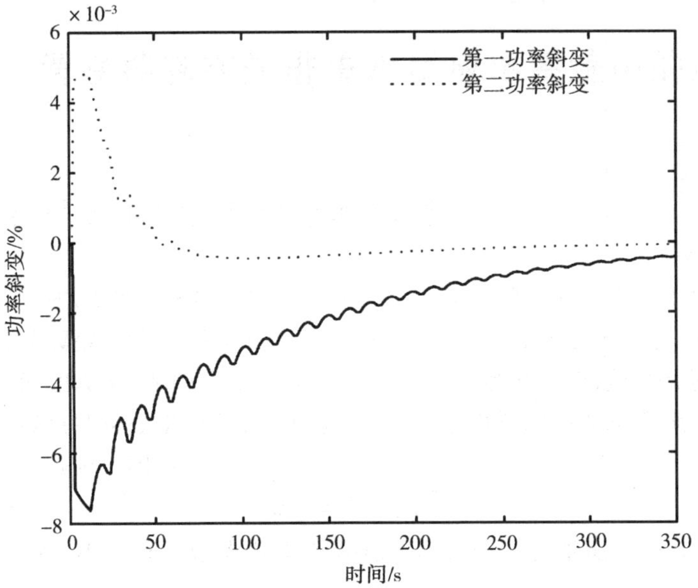

图 7.6　功率斜变变化曲线

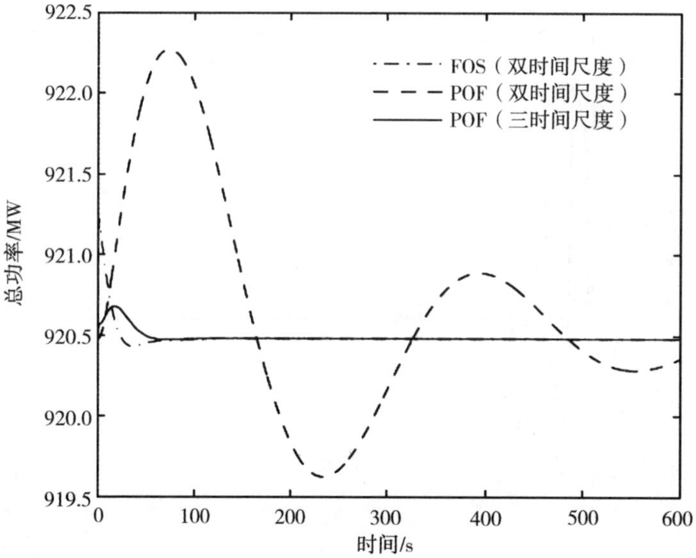

图 7.7　给水流量变化后总功率变化曲线

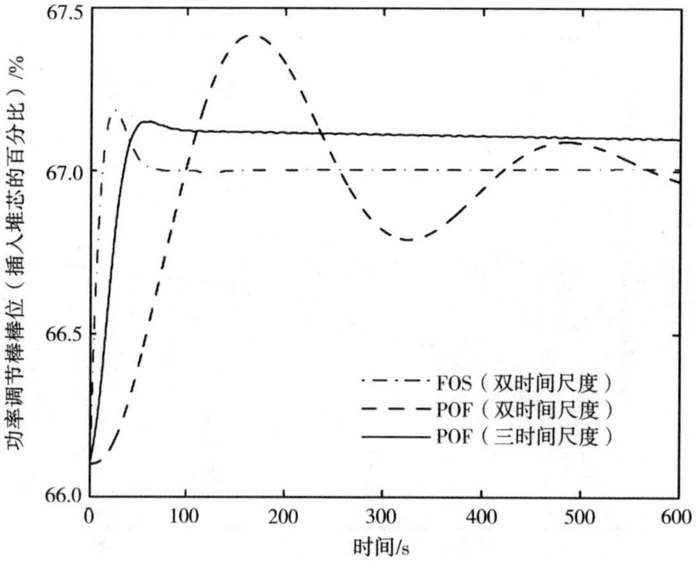

图 7.8　给水流量变化后功率调节棒棒位变化曲线

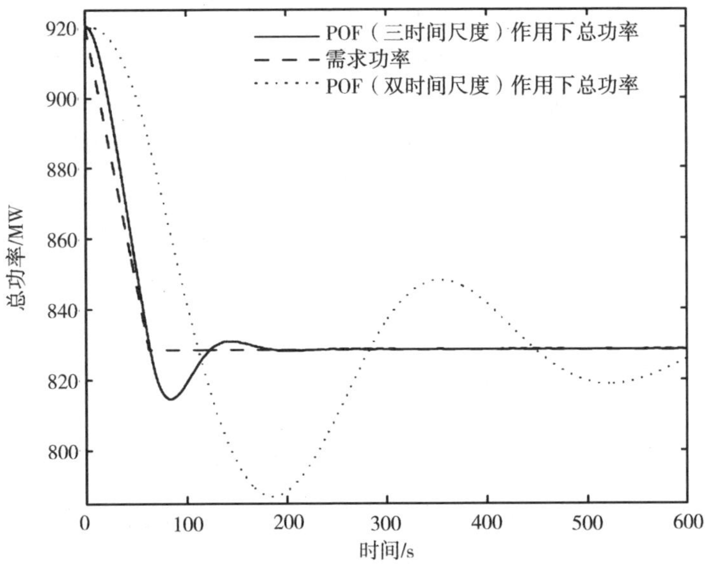

图 7.9　需求功率从 920.48 MM 变化到 828.43 MW 过程中的总功率跟踪需求功率变化曲线

7.5　小　　结

本章介绍了用于先进重水反应堆空间控制的基于周期输出反馈技术的三阶段控制器设计方法。采用三阶段分解法将先进重水反应堆数值病态模型分解为慢变子系统、快变子系统 1 和快变子系统 2。在系统分解后，先分别计算各个子系统的周期输出反馈增益，然后再将各个子系统的增益进行组合得到原系统的周期输出反馈增益。观察可知快变子系统 1 和快变子系统 2 都是稳定的，因此这两个子系统的输出注入增益选择为零。仅将由慢变子系统计算得到的周期输出反馈增益用于系统的控制，并在多个瞬态工况下进行了动态仿真分析。由于本章设计的控制器仅利用了输出反馈，因此不需要状态观测器。此外，还将本章设计的控制器的性能与快输出采样控制器进行了比较，发现其性能优于快输出采样控制器。控制器的总体性能是可以接受的，因此可用于先进重水反应堆的控制。

7.6　参 考 文 献

1. Bandyopadhyay, B., Lal Priya, P. S.: Discrete-time sliding mode control using infrequent output measurements. Int. Conf. Adv. Mechatron. Syst., 491 – 496 (2011)

2. Chammas, A. B., Leondes, C. T.: Pole assignment by piecewise constant output feedback. Int. J. Control 29(1), 31 – 38 (1979)

3. Chen, C.-T.: Linear System Theory and Design. Oxford University Press, New York (1999)

4. Hagiwara, T. , Araki, M. : On the necessary condition for discrete-time pole assignability by piecewise constant output feedback. Int. J. Control 43(2), 1905 – 1909 (1986)

5. Lal Priya, P. S. , Bandyopadhyay, B. : Periodic output feedback based discrete-time sliding mode control for multivariable systems. Proc. IEEE Int. Conf. Ind. Technol. , 893 – 898 (2012)

6. Munje, R. K. , Patre, B. M. , Tiwari, A. P. : Periodic output feedback for spatial control of AHWR: a three-time-scale approach. IEEE Trans. Nucl. Sci. 61(4), 2373 – 2382 (2014)

7. Naidu, D. S. : Singular Perturbation Methodology in Control Systems. Peter Peregrinus Ltd. , London (1988)

8. Nair, J. M. , Lazar, A. , Bandyopadhyay, B. : Robust control for uncertain singular perturbed systems using periodic output feedback. Proc. Am. Control Conf. , 4326 – 4331 (2006)

9. Patre, B. M. , Bandyopadhyay, B. : Periodic output feedback control for two-time-scale discrete systems. Proc. IEEE Int. Conf. Global Connectivity Energy, Computer, Commun. Control 1, 174 – 177 (1998)

10. Patre, B. M. , Bandyopadhyay, B. , Werner, H. : Control of discrete two-time-scale system by using piecewise constant periodic output feedback. Syst. Sci. 23, 23 – 37 (1997)

11. Patre, B. M. , Bandyopadhyay, B. , Werner, H. : Periodic output feedback control for singularly perturbed discrete model of steam power system. Proc. IEE Control Theory Appl. 146 (3), 247 – 252 (1999)

12. Shimjith, S. R. , Tiwari, A. P. , Bandyopadhyay, B. : Design of fast output sampling controller for three-time-scale systems: application to spatial control of advanced heavy water reactor. IEEE Trans. Nucl. Sci. 58(6), 3305 – 3316 (2011)

13. Tiwari, A. P. , Bandyopadhyay, B. , Werner, H. : Spatial control of a large pressurize heavy water reactor by piecewise constant periodic output feedback. IEEE Trans. Nucl. Sci. 47, 389 – 402 (2000)

14. Tiwari, A. P. , Reddy, G. D. , Bandyopadhyay, B. : Design of periodic output feedback and fast output sampling based controllers for systems with slow and fast modes. Asian J. Control 14(1), 271 – 277 (2012)

15. Werner, H. : Robust multivariable control of a turbo-generator by periodic output feedback. Proc. Am. Control Conf. 3, 1979 – 1983 (1997)

16. Werner, H. , Furuta, K. : Simultaneous stabilization based on output measurement. Kybernetica 31, 395 – 414 (1995)

第8章 离散滑模控制

8.1 概　　述

数字计算机和数字采样器的出现拓宽了离散时间系统的研究和离散滑模控制的设计与实施。离散滑模控制(DSMC)理论由来已久。由于采样间隔内的控制是恒定的,控制输出的切换频率是不能小于系统采样频率的。因此,由于不连续控制会存在样本采样和控制输出保持,导致采用离散控制会出现有限振幅振荡[2]。在离散滑模控制中,这种现象称为抖动。如果系统状态的运动被限定在有限时间内可到达的状态空间中的流形上,则称系统表现出滑动行为特性[20]。因此,在分段常值控制系统中可能出现离散时间滑模运动。文献[9]在研究过程中注意到,与连续滑模控制不同,离散滑模控制必须有上下界,才能使系统的运动轨迹滑向切换面。离散滑模控制有可能会导致系统形成锯齿运动。文献[21]给出了消除锯齿运动同时保留离散滑模控制的条件。文献[6]通过进一步研究,提出了一种基于新的趋近律的状态反馈离散滑模控制方法。

文献[11－12,15,17]利用显式可逆线性变换,研究了离散双时间尺度系统控制器的分析与设计。当满足与子系统矩阵范数有关的不等式时,原离散模型可近似分解为两个在不同时间尺度上运行的低阶模型。其中一个低阶子系统称为慢变子系统,该子系统的特征值的绝对值较大,特征值都位于 z 平面上的单位圆附近;另一个低阶子系统称为快变子系统,该子系统的特征值的绝对值较小,都位于 z 平面上原点附近。这种用于分离慢变子系统和快变子系统的显式可逆变换技术,称为块对角化技术。文献[15,19]还提出了离散时间尺度系统的块对角化技术,通过块对角化技术原高阶系统被解耦为三个子系统,即慢变子系统、快变子系统1和快变子系统2。

滑模控制除了它所具有的优点外,任何一个系统的滑模控制器的复杂性都与该系统中存在的状态个数成正比。因此,对于高阶"病态"系统,滑模控制器的设计也更为复杂。文献[1,10,16,18]研究了采用离散滑模控制对奇异摄动双时间尺度系统进行控制。文献[10]将原高阶系统分解为慢变子系统和快变子系统两个子系统,然后分别针对慢变子系统和快变子系统设计了离散滑模控制器,最后得到原系统的复合离散滑模控制器。该文献还采用Lyapunov方法对系统的稳定性进行了评估。文献[1]假设快变子系统是稳定的,因此仅针对慢变子系统采用常速率加比例速率趋近律(CPPRRL)设计了系统的离散滑模控制器,然后转换为用原始系统状态表示,并应用于全阶系统的控制。由于系统中并不是所有状态都是可测量的,因此文献[18]提出了一种基于无抖振多速率输出反馈的双时间尺度离散滑模控制方法。文献[16]中还研究了具有扰动的奇异摄动系统的输出反馈离散滑模控制。

本章简要介绍了离散滑模控制的背景,包括常速率加比例速率趋近律技术和幂次趋近律(PRRL)技术。本章的滑模控制与第5章的滑模控制技术的不同之处主要体现在三个方面:第一,本章的滑模控制是离散的;第二,第5章的滑模控制只基于常速趋近律;第三,第5章中的滑模控制实现是基于两阶段分解法,而本章中的公式将基于三阶段分解法推导的。本章基于常速率加比例速率趋近律和幂次趋近律这两种趋近律,针对具有慢变子系统,缓变子系统和快变子系统的原系统,提出了一种新的离散滑模控制算法;然后研究了该离散滑模控制在先进重水堆空间控制中的应用;最后,本章比较了这两种控制方式在相同瞬态工况下的仿真结果。

8.2 离散滑模控制

文献[3]首先提出了离散滑模控制的概念。根据该文献所提出的概念,当系统的运动限制在有限时间内能到达的流形时,系统表现出滑动行为。当采用分段常数控制时,系统可以产生离散滑模特性。离散滑模控制的控制结构类似于连续滑模控制结构。文献[6,8]采用趋近律方法对离散变结构系统进行鲁棒控制,具有以下特点:

1. 从任何初始点开始,系统轨迹将单调地向切换平面移动,并在有限时间内穿过切换平面;

2. 一旦系统轨迹第一次穿过切换面,它将持续穿过切换面,从而产生锯齿形运动;

3. 每一个连续的锯齿形运动步长的大小是不增加的,而且系统轨迹保持在规定的限值范围内。

针对一个线性时不变、可控的连续时间系统:

$$\dot{\boldsymbol{z}} = \boldsymbol{A}\boldsymbol{z} + \boldsymbol{B}\boldsymbol{u} \tag{8.1}$$

$$\boldsymbol{y} = \boldsymbol{M}\boldsymbol{z} \tag{8.2}$$

式中 $\boldsymbol{z} \in \mathbf{R}^n$ ——系统的状态;

$\boldsymbol{u} \in \mathbf{R}^m$ ——控制输入;

$\boldsymbol{y} \in \mathbf{R}^p$ ——系统输出,且 $1 \leqslant m \leqslant n$;

$\boldsymbol{A}$、$\boldsymbol{B}$、$\boldsymbol{M}$——常数矩阵。

对连续系统(8.1)和(8.2)以时间周期 τ 进行采样可以得到离散系统的模型:

$$\boldsymbol{z}_{k+1} = \boldsymbol{\Phi}\boldsymbol{z}_k + \boldsymbol{\Gamma}\boldsymbol{u}_k \tag{8.3}$$

$$\boldsymbol{y}_k = \boldsymbol{M}\boldsymbol{z}_k \tag{8.4}$$

由于系统(8.1)是可控的,因此系统(8.3)也是可控的。此外,假设输入矩阵 $\boldsymbol{\Gamma}$ 是满秩的,那么对于系统(8.3)存在一个正交变换矩阵 $\boldsymbol{T}_r \in \mathbf{R}^{n\times n}$ 满足 $\boldsymbol{T}_r\boldsymbol{\Gamma} = [\boldsymbol{0} \quad \bar{\boldsymbol{\Gamma}}_2^{\mathrm{T}}]^{\mathrm{T}}$,其中 $\bar{\boldsymbol{\Gamma}}_2 \in \mathbf{R}^{m\times m}$ 为非奇异矩阵。这与第5.2节讨论的滑模控制的连续时间项是类似的。采用该变换后,系统(8.3)可以转换为正则形式[4],表示为

$$\begin{bmatrix} \bar{z}_{1,k+1} \\ \bar{z}_{2,k+1} \end{bmatrix} = \begin{bmatrix} \bar{\boldsymbol{\Phi}}_{11} & \bar{\boldsymbol{\Phi}}_{12} \\ \bar{\boldsymbol{\Phi}}_{21} & \bar{\boldsymbol{\Phi}}_{22} \end{bmatrix} \begin{bmatrix} \bar{z}_{1,k} \\ \bar{z}_{2,k} \end{bmatrix} + \begin{bmatrix} \boldsymbol{0} \\ \bar{\boldsymbol{\Gamma}}_2 \end{bmatrix} \boldsymbol{u}_k \tag{8.5}$$

$$\begin{bmatrix} \bar{z}_{1,k} \\ \bar{z}_{2,k} \end{bmatrix} = \bar{z}_k = \boldsymbol{T}_r \boldsymbol{z}_k \tag{8.6}$$

其中，$\bar{z}_{1,k} \in \mathbf{R}^{n-m}$，$\bar{z}_{2,k} \in \mathbf{R}^{m}$。

8.2.1　滑模面设计

系统(8.5)的滑模函数的形式[4]可以定义为 $\boldsymbol{s}_k = \bar{\boldsymbol{C}}^{\mathrm{T}} \bar{z}_k$，其中滑模函数中的参数可以表示为

$$\bar{\boldsymbol{C}}^{T} = [\boldsymbol{K} \quad \boldsymbol{E}_m] \tag{8.7}$$

式中　$\boldsymbol{K}$——$[m \times (n-m)]$ 维矩阵；

$\boldsymbol{E}_m$——m 阶的单位矩阵。

系统在滑模控制作用下具有滑模面的特性。此时，滑模面可以表示为

$$\boldsymbol{s}_k = \bar{\boldsymbol{C}}^{\mathrm{T}} \bar{z}_k = 0 \tag{8.8}$$

因此根据式(8.7)和(8.8)可以很容易得到如下的关系式：

$$\bar{z}_{2,k} = -\boldsymbol{K} \bar{z}_{1,k} \tag{8.9}$$

式中，$\bar{z}_{2,k}$ 表示 $\bar{z}_k$ 的最后 m 个状态，而 $\bar{z}_{1,k}$ 的滑模动态形式可以表示为

$$\begin{aligned} \bar{z}_{1,k+1} &= \bar{\boldsymbol{\Phi}}_{11} \bar{z}_{1,k} - \bar{\boldsymbol{\Phi}}_{12}\boldsymbol{K} \bar{z}_{1,k} \\ &= (\bar{\boldsymbol{\Phi}}_{11} - \bar{\boldsymbol{\Phi}}_{12}\boldsymbol{K}) \bar{z}_{1,k} \end{aligned} \tag{8.10}$$

如果式(8.10)中矩阵 $\boldsymbol{K}$ 满足矩阵 $(\bar{\boldsymbol{\Phi}}_{11} - \bar{\boldsymbol{\Phi}}_{12}\boldsymbol{K})$ 的特征值都在单位圆内，那么在滑模控制下 $\bar{z}_{1,k}$ 是稳定的。由于系统(8.3)是可控的，那么 $(\bar{\boldsymbol{\Phi}}_{11}, \bar{\boldsymbol{\Phi}}_{12})$ 也是可控的。因此，滑模面设计问题就转化为系统 $(\bar{\boldsymbol{\Phi}}_{11}, \bar{\boldsymbol{\Phi}}_{12})$ 的极点配置问题。根据式(8.9)可知，$\bar{z}_{2,k}$ 不但是稳定的而且限制在滑模面内，此时满足了滑模面的稳定性要求。则原系统(8.3)的滑模面可以用原系统变量表示为

$$\boldsymbol{s}_k = \bar{\boldsymbol{C}}^{\mathrm{T}} \bar{z}_k = \bar{\boldsymbol{C}}^{\mathrm{T}} T_r \boldsymbol{z}_k = \boldsymbol{C}^{\mathrm{T}} \boldsymbol{z}_k \tag{8.11}$$

8.2.2　离散滑模控制器设计

一旦设计得到式(8.11)所示的滑模面，那么离散滑模控制器设计可以采用基于趋近律方法来设计得到。趋近律是一个微分方程，它确定了切换函数的动态特性。以下将研究两种形式的趋近律，并由此进行滑模控制器设计。

1. 常速率加比例速率趋近律

由文献[6]，趋近律可表示为

$$\boldsymbol{s}_{k+1} - \boldsymbol{s}_k = -q\tau \boldsymbol{s}_k - \eta\tau \mathrm{sgn}(\boldsymbol{s}_k) \tag{8.12}$$

式中，$\tau > 0$ 表示采样间隔，$\eta > 0$，$q > 0$，$(1 - q\tau) > 0$。对系统(8.3)在采用式(8.11)所示的滑模面时，由式(8.12)得到的离散控制器可表示为

$$\boldsymbol{u}_k = \boldsymbol{F}_1 \boldsymbol{z}_k + \boldsymbol{p}_1 \mathrm{sgn}(\boldsymbol{s}_k) \tag{8.13}$$

$$\boldsymbol{F}_1 = -(\boldsymbol{C}^{\mathrm{T}}\boldsymbol{\Gamma})^{-1} \boldsymbol{C}^{\mathrm{T}}(\boldsymbol{\Phi} - \boldsymbol{E}_n + q\tau) \tag{8.14}$$

$$\boldsymbol{p}_1 = -(\boldsymbol{C}^{\mathrm{T}}\boldsymbol{\Gamma})^{-1}\eta\tau \tag{8.15}$$

式中　sgn(·)——符号函数；

$\boldsymbol{E}_n$ ——单位矩阵。

为保证闭环系统趋近阶段的稳定性,必须满足不等式 $(1-q\tau)>0$,且必须满足 $\tau>0$,此外,式中符号函数保证了一旦系统轨迹第一次穿过切换面,它将在此后每个连续的采样周期中再次穿过切换面。此时,系统的运动是切换面附近的锯齿形运动而且与切换面的距离是不会增大的。系统的运动轨迹保持在一个称为准滑动模态带的指定范围内。系统状态保持稳定的准滑动模态带 δ 的宽度可由下式给出[7]:

$$2\delta \leqslant \frac{2\eta\tau}{2-q\tau} \tag{8.16}$$

2. 幂次趋近律

离散幂次趋近律可由连续幂次趋近律来得到,如文献[5]所述,可表示为

$$\boldsymbol{s}_{k+1}-\boldsymbol{s}_k=-q\tau\left|\boldsymbol{s}_k\right|^a \operatorname{sgn}(\boldsymbol{s}_k) \tag{8.17}$$

式中,$0<q\tau<1$ 且 $0<a\leqslant 1$ 。基于式(8.17)的趋近律采用式(8.11)的滑模面,则系统(8.3)的离散滑模控制器可表示为

$$\boldsymbol{u}_k=\boldsymbol{F}_2 \boldsymbol{z}_k+\boldsymbol{p}_2\left|\boldsymbol{s}_k\right|^a \operatorname{sgn}(\boldsymbol{s}_k) \tag{8.18}$$

式中

$$\boldsymbol{F}_2=-(\boldsymbol{C}^{\mathrm{T}}\boldsymbol{\Gamma})^{-1}\boldsymbol{C}^{\mathrm{T}}(\boldsymbol{\Phi}-\boldsymbol{E}_n) \tag{8.19}$$

$$\boldsymbol{p}_2=-(\boldsymbol{C}^{\mathrm{T}}\boldsymbol{\Gamma})^{-1}q\tau \tag{8.20}$$

则系统所处的限定区间可表示为

$$\delta=\left(\frac{q\tau}{2}\right)^{\frac{1}{1-a}} \tag{8.21}$$

为了使系统处于一个小的区间内,则需要满足如下条件:

$$\left(\frac{q\tau}{2}\right)<1 \tag{8.22}$$

8.3 三时间尺度系统离散滑模控制

假设线性时不变离散系统(8.3)具有三时间尺度特性,则系统可以表示为

$$\begin{bmatrix}\boldsymbol{z}_{1,k+1}\\ \boldsymbol{z}_{2,k+1}\\ \boldsymbol{z}_{3,k+1}\end{bmatrix}=\begin{bmatrix}\boldsymbol{\Phi}_{11} & \boldsymbol{\Phi}_{12} & \boldsymbol{\Phi}_{13}\\ \boldsymbol{\Phi}_{21} & \boldsymbol{\Phi}_{22} & \boldsymbol{\Phi}_{23}\\ \boldsymbol{\Phi}_{31} & \boldsymbol{\Phi}_{32} & \boldsymbol{\Phi}_{33}\end{bmatrix}\begin{bmatrix}\boldsymbol{z}_{1,k}\\ \boldsymbol{z}_{2,k}\\ \boldsymbol{z}_{3,k}\end{bmatrix}+\begin{bmatrix}\boldsymbol{\Gamma}_1\\ \boldsymbol{\Gamma}_2\\ \boldsymbol{\Gamma}_3\end{bmatrix}\boldsymbol{u}_k \tag{8.23}$$

$$\boldsymbol{y}_k=[\boldsymbol{M}_1 \quad \boldsymbol{M}_2 \quad \boldsymbol{M}_3][\boldsymbol{z}_{1,k}^{\mathrm{T}} \quad \boldsymbol{z}_{2,k}^{\mathrm{T}} \quad \boldsymbol{z}_{3,k}^{\mathrm{T}}]^{\mathrm{T}} \tag{8.24}$$

式中 $\boldsymbol{z}_{1,k}\in\mathbf{R}^{n_1}$, $\boldsymbol{z}_{2,k}\in\mathbf{R}^{n_2}$, $\boldsymbol{z}_{3,k}\in\mathbf{R}^{n_3}$ ——系统的状态变量,且 $n_1+n_2+n_3=n$;

$\boldsymbol{\Phi}_{ij}$ 、$\boldsymbol{\Gamma}_i$ 、$\boldsymbol{M}_i$ ——对应的系数矩阵。

采用附录 B 的方法,系统(8.23)和(8.24)可以分解为三个子系统,分别为慢变子系统,快变子系统 1 和快变子系统 2。其块对角形式可以表示为

$$\begin{bmatrix}\boldsymbol{z}_{\mathrm{s},k+1}\\ \boldsymbol{z}_{\mathrm{f1},k+1}\\ \boldsymbol{z}_{\mathrm{f2},k+1}\end{bmatrix}=\begin{bmatrix}\boldsymbol{\Phi}_{\mathrm{s}} & \mathbf{0} & \mathbf{0}\\ \mathbf{0} & \boldsymbol{\Phi}_{\mathrm{f1}} & \mathbf{0}\\ \mathbf{0} & \mathbf{0} & \boldsymbol{\Phi}_{\mathrm{f2}}\end{bmatrix}\begin{bmatrix}\boldsymbol{z}_{\mathrm{s},k}\\ \boldsymbol{z}_{\mathrm{f1},k}\\ \boldsymbol{z}_{\mathrm{f2},k}\end{bmatrix}+\begin{bmatrix}\boldsymbol{\Gamma}_{\mathrm{s}}\\ \boldsymbol{\Gamma}_{\mathrm{f1}}\\ \boldsymbol{\Gamma}_{\mathrm{f2}}\end{bmatrix}\boldsymbol{u}_k \tag{8.25}$$

$$\boldsymbol{y}_k = [\boldsymbol{M}_s \quad \boldsymbol{M}_{f1} \quad \boldsymbol{M}_{f2}][\boldsymbol{z}_{s,k}^T \quad \boldsymbol{z}_{f1,k}^T \quad \boldsymbol{z}_{f2,k}^T]^T \tag{8.26}$$

式中，$\boldsymbol{z}_{s,k} \in \mathbf{R}^{n_1}$，$\boldsymbol{z}_{f1,k} \in \mathbf{R}^{n_2}$，$\boldsymbol{z}_{f2,k} \in \mathbf{R}^{n_3}$ 分别表示慢变子系统，快变子系统 1 和快变子系统 2 的状态。原式(8.23)的系统状态与解耦系统(8.25)的系统状态之间的关系可表示为

$$\boldsymbol{z}_{d,k} = \boldsymbol{T}\boldsymbol{z}_k \tag{8.27}$$

式中，$\boldsymbol{z}_{d,k} = [\boldsymbol{z}_{s,k}^T \quad \boldsymbol{z}_{f1,k}^T \quad \boldsymbol{z}_{f2,k}^T]$，$\boldsymbol{z}_k = [\boldsymbol{z}_{1,k}^T \quad \boldsymbol{z}_{2,k}^T \quad \boldsymbol{z}_{3,k}^T]$。$\boldsymbol{T} \in \mathbf{R}^{n \times n}$ 为转换矩阵。在式(8.25)中原系统(8.23)解耦为三个子系统，分别为慢变子系统($\boldsymbol{\Phi}_s \quad \boldsymbol{\Gamma}_s$)、快变子系统 1($\boldsymbol{\Phi}_{f1} \quad \boldsymbol{\Gamma}_{f1}$)和快变子系统 2($\boldsymbol{\Phi}_{f2} \quad \boldsymbol{\Gamma}_{f2}$)，且三个子系统的阶数分别为 n_1，n_2 和 n_3。系统(8.25)和(8.26)是经线性变换(8.27)由原系统(8.23)和(8.24)变换得到的。因此三个子系统($\boldsymbol{\Phi}_s \quad \boldsymbol{\Gamma}_s$)，($\boldsymbol{\Phi}_{f1} \quad \boldsymbol{\Gamma}_{f1}$)和($\boldsymbol{\Phi}_{f2} \quad \boldsymbol{\Gamma}_{f2}$)都是可控的。进一步可以假设快变子系统 1 和快变子系统 2 都是稳定的。因此原系统(8.23)的离散滑模控制器可通过针对慢变子系统的设计来得到。此时，由式(8.25)可知，慢变子系统可表示为

$$\boldsymbol{z}_{s,k+1} = \boldsymbol{\Phi}_s \boldsymbol{z}_{s,k} + \boldsymbol{\Gamma}_s \boldsymbol{u}_k \tag{8.28}$$

慢变子系统(8.28)状态变量与系统(8.25)状态变量之间的关系可表示为

$$\boldsymbol{z}_{s,k} = [\boldsymbol{E}_{n_1} \quad \boldsymbol{0} \quad \boldsymbol{0}]\boldsymbol{z}_{d,k} = \boldsymbol{T}_s \boldsymbol{z}_{d,k} \tag{8.29}$$

式中，$\boldsymbol{T}_s \in \mathbf{R}^{n_1 \times n}$ 为转换矩阵。如果 $\boldsymbol{\Gamma}_s$ 是满秩的，即 $\mathrm{rank}(\boldsymbol{\Gamma}_s) = m$，那么系统(8.28)的稳定切换面可表示为

$$\boldsymbol{s}_{s,k} = \boldsymbol{C}^T \boldsymbol{z}_{s,k} \tag{8.30}$$

稳定滑模面的设计已经在 8.2.1 节中进行了阐述。

引理 8.1　如果系统(8.28)在滑模面 $\boldsymbol{s}_{s,k} = \boldsymbol{C}^T \boldsymbol{z}_{s,k}$ 附近是稳定的，那么系统(8.3)在如下滑模面附近也是稳定的：

$$\boldsymbol{s}_k = \boldsymbol{C}^T \boldsymbol{T}_s \boldsymbol{T} \boldsymbol{z}_k \tag{8.31}$$

证明　由于滑模面 $\boldsymbol{s}_{s,k} = \boldsymbol{C}^T \boldsymbol{z}_{s,k}$ 是系统(8.28)的稳定滑模面，因此系统在滑模面 $\boldsymbol{s}_{s,k}$ 附近的运动可令 $\boldsymbol{s}_{s,k+1} = \boldsymbol{0}$ 来得到。因此，等效离散滑模控制律可表示为

$$\boldsymbol{u}_k = -(\boldsymbol{C}^T\boldsymbol{\Gamma}_s)^{-1}\boldsymbol{C}^T\boldsymbol{\Phi}_s \boldsymbol{z}_{s,k} \tag{8.32}$$

此时，系统 $\boldsymbol{z}_{s,k}$ 的运动可表示为

$$\boldsymbol{z}_{s,k+1} = [\boldsymbol{\Phi}_s - \boldsymbol{\Gamma}_s(\boldsymbol{C}^T\boldsymbol{\Gamma}_s)^{-1}\boldsymbol{C}^T\boldsymbol{\Phi}_s]\boldsymbol{z}_{s,k} \tag{8.33}$$

由于式(8.33)是设计稳定的，那么矩阵 $[\boldsymbol{\Phi}_s - \boldsymbol{\Gamma}_s(\boldsymbol{C}^T\boldsymbol{\Gamma}_s)^{-1}\boldsymbol{C}^T\boldsymbol{\Phi}_s]$ 的特征值也是稳定的。此时可以通过令 $\boldsymbol{s}_{k+1} = \boldsymbol{0}$ 来研究系统(8.25)在滑模面 $\boldsymbol{s}_k = \boldsymbol{C}^T\boldsymbol{T}_s\boldsymbol{z}_{d,k}$ 附近的运动。此时的等效控制可表示为

$$\boldsymbol{u}_k = -(\boldsymbol{C}^T\boldsymbol{\Gamma}_s)^{-1}\boldsymbol{C}^T[\boldsymbol{\Phi}_s \quad \boldsymbol{0} \quad \boldsymbol{0}]\boldsymbol{z}_{d,k} \tag{8.34}$$

此时，系统在切换面 $\boldsymbol{s}_k$ 附近的运动可表示为

$$\begin{aligned}\boldsymbol{z}_{d,k+1} &= \begin{bmatrix}\boldsymbol{\Phi}_s & \boldsymbol{0} & \boldsymbol{0}\\ \boldsymbol{0} & \boldsymbol{\Phi}_{f1} & \boldsymbol{0}\\ \boldsymbol{0} & \boldsymbol{0} & \boldsymbol{\Phi}_{f2}\end{bmatrix}\boldsymbol{z}_{d,k} - \begin{bmatrix}\boldsymbol{\Gamma}_s\\ \boldsymbol{\Gamma}_{f1}\\ \boldsymbol{\Gamma}_{f2}\end{bmatrix}(\boldsymbol{C}^T\boldsymbol{\Gamma}_s)^{-1}\boldsymbol{C}^T[\boldsymbol{\Phi}_s \quad \boldsymbol{0} \quad \boldsymbol{0}]\boldsymbol{z}_{d,k}\\ &= \begin{bmatrix}\boldsymbol{\Phi}_s - \boldsymbol{\Gamma}_s(\boldsymbol{C}^T\boldsymbol{\Gamma}_s)^{-1}\boldsymbol{C}^T\boldsymbol{\Phi}_s & \boldsymbol{0} & \boldsymbol{0}\\ -\boldsymbol{\Gamma}_{f1}(\boldsymbol{C}^T\boldsymbol{\Gamma}_s)^{-1}\boldsymbol{C}^T\boldsymbol{\Phi}_s & \boldsymbol{\Phi}_{f1} & \boldsymbol{0}\\ -\boldsymbol{\Gamma}_{f2}(\boldsymbol{C}^T\boldsymbol{\Gamma}_s)^{-1}\boldsymbol{C}^T\boldsymbol{\Phi}_s & \boldsymbol{0} & \boldsymbol{\Phi}_{f2}\end{bmatrix}\boldsymbol{z}_{d,k}\end{aligned} \tag{8.35}$$

由于矩阵 $[\boldsymbol{\Phi}_s - \boldsymbol{\Gamma}_s(\boldsymbol{C}^T\boldsymbol{\Gamma}_s)^{-1}\boldsymbol{C}^T\boldsymbol{\Phi}_s]$ 是设计稳定的并且假设 $\boldsymbol{\Phi}_{f1}$ 和 $\boldsymbol{\Phi}_{f2}$ 是稳定的，那么

滑模运动 $\boldsymbol{s}_k = \boldsymbol{C}^{\mathrm{T}} \boldsymbol{T}_{\mathrm{s}} \boldsymbol{z}_{\mathrm{d},k}$ 是稳定的。由于系统(8.23)和(8.24)与系统(8.25)和(8.26)之间是由式(8.27)线性变换得到的,因此式(8.31)是系统(8.23)的稳定滑模面,同时也是系统(8.3)的稳定滑模面。

此时可以采用8.2.2节所述的两种趋近律来设计系统(8.28)的离散滑模控制器。

8.3.1 基于常速率加比例速率趋近律的离散滑模控制器

慢变子系统(8.28)的趋近律(8.12)可表示为

$$\boldsymbol{s}_{\mathrm{s},k+1} - \boldsymbol{s}_{\mathrm{s},k} = -q\tau \boldsymbol{s}_{\mathrm{s},k} - \eta\tau \mathrm{sgn}(\boldsymbol{s}_{\mathrm{s},k}) \tag{8.36}$$

此时,控制率可表示为

$$\boldsymbol{u}_k = \boldsymbol{F}_1 \boldsymbol{z}_{\mathrm{s},k} + \boldsymbol{p}_1 \mathrm{sgn}(\boldsymbol{s}_{\mathrm{s},k}) \tag{8.37}$$

其中

$$\boldsymbol{F}_1 = -(\boldsymbol{C}^{\mathrm{T}}\boldsymbol{\Gamma}_{\mathrm{s}})^{-1} \boldsymbol{C}^{\mathrm{T}}(\boldsymbol{\Phi}_{\mathrm{s}} - \boldsymbol{E}_{n_1} + q\tau) \tag{8.38}$$

$$\boldsymbol{p}_1 = -(\boldsymbol{C}^{\mathrm{T}}\boldsymbol{\Gamma}_{\mathrm{s}})^{-1}\eta\tau \tag{8.39}$$

该控制率可实现系统(8.28)在准滑动模态范围内运动。

引理 8.2 由式(8.37)表示的控制率,采用原系统(8.23)的状态变量可表示为

$$\boldsymbol{u}_k = \boldsymbol{F}_1 \boldsymbol{T}_{\mathrm{s}}\boldsymbol{T} \boldsymbol{z}_k + \boldsymbol{p}_1 \mathrm{sgn}(\boldsymbol{C}^{\mathrm{T}} \boldsymbol{T}_{\mathrm{s}}\boldsymbol{T} \boldsymbol{z}_k) \tag{8.40}$$

则原系统可以实现相同的准滑动模态运动。

证明 由式(8.30),趋近律(8.36)可表示为

$$\boldsymbol{C}^{\mathrm{T}} \boldsymbol{z}_{\mathrm{s},k+1} - \boldsymbol{C}^{\mathrm{T}} \boldsymbol{z}_{\mathrm{s},k} = -q\tau(\boldsymbol{C}^{\mathrm{T}} \boldsymbol{z}_{\mathrm{s},k}) - \eta\tau \mathrm{sgn}(\boldsymbol{C}^{\mathrm{T}} \boldsymbol{z}_{\mathrm{s},k}) \tag{8.41}$$

根据式(8.27)和(8.29)之间的转换关系,趋近律(8.41)可变形为

$$\boldsymbol{C}^{\mathrm{T}} \boldsymbol{T}_{\mathrm{s}}\boldsymbol{T} \boldsymbol{z}_{k+1} - \boldsymbol{C}^{\mathrm{T}} \boldsymbol{T}_{\mathrm{s}}\boldsymbol{T} \boldsymbol{z}_k = -q\tau(\boldsymbol{C}^{\mathrm{T}} \boldsymbol{T}_{\mathrm{s}}\boldsymbol{T} \boldsymbol{z}_k) - \eta\tau \mathrm{sgn}(\boldsymbol{C}^{\mathrm{T}} \boldsymbol{T}_{\mathrm{s}}\boldsymbol{T} \boldsymbol{z}_k) \tag{8.42}$$

进一步,由式(8.31),系统(8.42)可表示为

$$\boldsymbol{s}_{k+1} - \boldsymbol{s}_k = -q\tau \boldsymbol{s}_k - \eta\tau \mathrm{sgn}(\boldsymbol{s}_k) \tag{8.43}$$

因此,趋近律(8.36)与趋近律(8.43)是等价的。可以得到如下结论:任何满足趋近律(8.41)的控制率都将自动满足趋近律(8.43)。

8.3.2 基于幂次趋近律的离散滑模控制器

慢变子系统(8.28)的趋近律(8.17)可以定义为

$$\boldsymbol{s}_{\mathrm{s},k+1} - \boldsymbol{s}_{\mathrm{s},k} = -q\tau \left| \boldsymbol{s}_{\mathrm{s},k} \right|^{a} \mathrm{sgn}(\boldsymbol{s}_{\mathrm{s},k}) \tag{8.44}$$

则控制率可表示为

$$\boldsymbol{u}_k = \boldsymbol{F}_2 \boldsymbol{z}_{\mathrm{s},k} + \boldsymbol{p}_2 \left| \boldsymbol{s}_{\mathrm{s},k} \right|^{a} \mathrm{sgn}(\boldsymbol{s}_{\mathrm{s},k}) \tag{8.45}$$

式中

$$\boldsymbol{F}_2 = -(\boldsymbol{C}^{\mathrm{T}}\boldsymbol{\Gamma}_{\mathrm{s}})^{-1} \boldsymbol{C}^{\mathrm{T}}(\boldsymbol{\Phi}_{\mathrm{s}} - \boldsymbol{E}_{n_1}) \tag{8.46}$$

$$\boldsymbol{p}_2 = -(\boldsymbol{C}^{\mathrm{T}}\boldsymbol{\Gamma}_{\mathrm{s}})^{-1} q\tau \tag{8.47}$$

该控制率可实现系统(8.28)在准滑动模态范围内运动。此外,如果控制率(8.45)采用原系统的状态变量进行表示则可以表示为

$$\boldsymbol{u}_k = \boldsymbol{F}_2 \boldsymbol{T}_{\mathrm{s}}\boldsymbol{T} \boldsymbol{z}_k + \boldsymbol{p}_2 \left| \boldsymbol{C}^{\mathrm{T}} \boldsymbol{T}_{\mathrm{s}}\boldsymbol{T} \boldsymbol{z}_k \right|^{a} \mathrm{sgn}(\boldsymbol{C}^{\mathrm{T}} \boldsymbol{T}_{\mathrm{s}}\boldsymbol{T} \boldsymbol{z}_k) \tag{8.48}$$

该控制率应用于式(8.23)则得到相同的准滑动模态运动。该结论的证明与引理 8.2 相同。

8.4　离散滑模控制在先进重水反应堆系统中的应用

8.4.1　先进重水反应堆离散滑模控制器计算

先进重水反应堆系统的三时间尺度特性已经在7.4 节中进行了叙述。具有三时间尺度特性的连续系统在选取适当的采样时间进行离散后,离散系统同样也具有三时间尺度特性。针对先进重水反应堆,采样时间间隔是根据缓发中子先驱核的衰变时间常数来选择的,采样时间间隔是 159 s[13]。对于采样周期在 2 s 以上的采样时间间隔,所设计的控制器具有稳定的响应,但增益幅值在逐步增大。然而当采样周期小于 2 s 时,系统不再保留系统的时间特性。因此,τ 选择为 2 s 且系统(7.42)可离散化为

$$z_{k+1} = \boldsymbol{\Phi} z_k + \boldsymbol{\Gamma} \boldsymbol{u}_k + \boldsymbol{\Gamma}_{\mathrm{fw}} \delta q_{\mathrm{fw}k} \tag{8.49}$$

式中,$\boldsymbol{\Phi} = \mathrm{e}^{\hat{A}\tau}$,$\boldsymbol{\Gamma} = \int_0^{\tau} \mathrm{e}^{\hat{A}s} \boldsymbol{B} \mathrm{d}s$,$\boldsymbol{\Gamma}_{\mathrm{fw}} = \int_0^{\tau} \mathrm{e}^{\hat{A}s} \boldsymbol{B}_{\mathrm{fw}} \mathrm{d}s$。离散模型(8.49)为块对角化的模型,包含 38 阶的慢变子系统、35 阶的快变子系统 1 和 17 阶的快变子系统 2。状态向量(2.17)可以划分为

$$z_{1,k} = [z_H^{\mathrm{T}} \quad z_{\mathrm{X}}^{\mathrm{T}} \quad z_{\mathrm{I}}^{\mathrm{T}}]^{\mathrm{T}}$$
$$z_{2,k} = [\delta \boldsymbol{h}_{\mathrm{d}} \quad z_C^{\mathrm{T}} \quad z_{\mathrm{X}}^{\mathrm{T}}]^{\mathrm{T}}$$
$$z_{3,k} = z_Q$$

矩阵 $\boldsymbol{\Phi}$,$\boldsymbol{\Gamma}$ 和 $\boldsymbol{M}$ 可进行对应的划分。在采样率为 $1/\tau$ 时,慢变子系统、快变子系统 1 和快变子系统 2 的特征值分别与原系统的 38 个最大特征值,中间 35 个特征值和 17 个最小的特征值分别吻合得很好。经验证,慢变子系统、快变子系统 1 和快变子系统 2 都是可控的而且满足 $\mathrm{rank}(\boldsymbol{\Gamma}_{\mathrm{s}}) = m$。此外,还可观察到快变子系统 1 和快变子系统 2 的特征值都是稳定的,即这些特征值都位于 z 平面的单位圆内。因此,离散滑模控制器可简化为只针对慢变子系统进行设计。

根据 8.2.1 节的设计流程,慢变子系统的稳定滑模面可由式(8.30)得到。此滑模面是常速率加比例速率趋近律和幂次趋近律的通用滑模面。超平面矩阵 $\boldsymbol{C}^{\mathrm{T}}$ 的阶数为(4×38),先进重水反应堆原系统模型的滑模面可由式(8.31)表示且满足引理 8.1。由式(8.35)定义的先进重水反应堆模型的 90 个特征值都是稳定的,分别采用常速率加比例速率趋近律和幂次趋近律设计了系统的离散滑模控制器。

首先,离散滑模控制器采用常速率加比例速率趋近律进行了设计。采样时间间隔 τ 为 2 s,q 选择为 0.05。此时满足 $(1 - q\tau) > 0$ 这一不等式的要求。η 可选择为 0.005。此时,准滑模区间的宽度为 $\delta \leqslant 0.002\ 6$。由以上参数,可计算得到 $\boldsymbol{F}_1$ 的值,其中最大值为 43.186 3,最小值为 39.843 4。

$$
\boldsymbol{F}_1 = \left[\begin{array}{cccccccc}
39.851\,2 & 39.851\,3 & 39.850\,6 & 39.851\,3 & 40.423\,0 & 40.148\,0 & 40.171\,0 & 40.166\,4 \\
42.571\,6 & 42.572\,3 & 42.571\,5 & 42.571\,7 & 43.186\,3 & 42.884\,2 & 42.915\,2 & 42.917\,3 \\
39.850\,6 & 39.851\,3 & 39.851\,2 & 39.851\,3 & 40.423\,0 & 40.135\,1 & 40.161\,2 & 40.165\,8 \\
42.571\,5 & 42.571\,7 & 42.571\,5 & 42.572\,3 & 43.186\,3 & 42.883\,5 & 42.905\,4 & 42.903\,3
\end{array}\right.
$$

$$
\begin{array}{cccccccc}
40.137\,5 & 40.135\,1 & 40.161\,2 & 40.165\,8 & 40.145\,6 & 40.068\,9 & 40.122\,9 & 40.116\,8 \\
42.889\,0 & 42.883\,6 & 42.905\,4 & 42.903\,3 & 42.878\,8 & 42.798\,1 & 42.862\,5 & 42.865\,2 \\
40.145\,6 & 40.148\,0 & 40.171\,0 & 40.166\,4 & 40.137\,5 & 40.056\,0 & 40.111\,4 & 40.117\,4 \\
42.878\,8 & 42.884\,2 & 42.915\,2 & 42.917\,3 & 42.889\,0 & 42.799\,7 & 42.852\,9 & 42.850\,2
\end{array}
$$

$$
\begin{array}{cccccccc}
40.057\,5 & 40.056\,0 & 40.111\,4 & 40.117\,4 & 40.067\,3 & 39.859\,2 & 39.858\,3 & 39.858\,0 \\
42.803\,2 & 42.799\,7 & 42.852\,9 & 42.850\,2 & 42.794\,6 & 42.580\,3 & 42.572\,6 & 42.578\,5 \\
40.067\,3 & 40.068\,9 & 40.122\,9 & 40.116\,8 & 40.057\,5 & 39.859\,2 & 39.845\,3 & 39.847\,7 \\
42.794\,6 & 42.798\,1 & 42.862\,4 & 42.865\,2 & 42.803\,2 & 42.580\,3 & 42.572\,3 & 42.568\,7
\end{array}
$$

$$
\begin{array}{cccccccc}
39.853\,0 & 39.847\,5 & 39.845\,3 & 39.847\,7 & 39.852\,7 & 39.856\,1 & 39.855\,8 & 39.856\,2 \\
42.580\,7 & 42.577\,5 & 42.572\,3 & 42.568\,8 & 42.566\,5 & 42.567\,5 & 42.569\,2 & 42.575\,7 \\
39.852\,7 & 39.856\,1 & 39.858\,3 & 39.858\,0 & 39.853\,0 & 39.847\,5 & 39.843\,4 & 39.845\,5 \\
42.566\,5 & 42.567\,5 & 42.572\,6 & 42.578\,5 & 42.580\,7 & 42.577\,5 & 42.571\,1 & 42.567\,3
\end{array}
$$

$$
\left.\begin{array}{cccccc}
39.850\,4 & 39.844\,8 & 39.843\,4 & 39.845\,5 & 39.851\,4 & 39.854\,4 \\
42.578\,3 & 42.574\,2 & 42.571\,1 & 42.567\,3 & 42.564\,7 & 42.566\,1 \\
39.851\,4 & 39.854\,4 & 39.855\,8 & 39.856\,2 & 39.850\,4 & 39.844\,8 \\
42.564\,7 & 42.566\,1 & 42.569\,2 & 42.575\,6 & 42.578\,3 & 42.574\,2
\end{array}\right] \tag{8.50}
$$

可计算 $\boldsymbol{p}_1$ 的值为

$$
\boldsymbol{p}_1 = \begin{bmatrix}
-0.008\,8 & 0.000\,2 & 0.000\,2 & 0.000\,2 \\
0 & -0.008\,8 & 0.000\,2 & 0.000\,2 \\
0 & 0 & -0.008\,8 & 0.000\,2 \\
0 & 0 & 0 & -0.008\,8
\end{bmatrix} \tag{8.51}
$$

当采用幂次趋近律进行离散滑模控制器设计时，准滑动模态的宽度与采用常速率加比例速率趋近律时准滑动模态的宽度 q 相同[14]。此时选择 a 为0.5。采用以上参数可计算得到 $\boldsymbol{F}_2$ 的值，其中最大值和最小值分别为0.621 8和−0.001 1。

$$
\boldsymbol{F}_2 = \left[\begin{array}{cccccccc}
0.006\,6 & 0.006\,7 & 0.006\,0 & 0.006\,7 & 0.578\,4 & 0.303\,4 & 0.326\,4 & 0.321\,9 \\
0.006\,8 & 0.007\,5 & 0.006\,7 & 0.006\,9 & 0.621\,6 & 0.319\,5 & 0.350\,4 & 0.352\,5 \\
0.006\,0 & 0.006\,7 & 0.006\,6 & 0.006\,7 & 0.578\,4 & 0.290\,5 & 0.316\,6 & 0.321\,2 \\
0.006\,7 & 0.006\,9 & 0.006\,8 & 0.007\,5 & 0.621\,6 & 0.318\,8 & 0.340\,6 & 0.338\,5
\end{array}\right.
$$

$$
\begin{array}{cccccccc}
0.292\,9 & 0.290\,5 & 0.316\,6 & 0.321\,2 & 0.301\,0 & 0.224\,3 & 0.278\,3 & 0.272\,3 \\
0.324\,2 & 0.318\,8 & 0.340\,6 & 0.338\,5 & 0.314\,0 & 0.233\,3 & 0.297\,7 & 0.300\,4 \\
0.301\,0 & 0.303\,4 & 0.326\,4 & 0.321\,9 & 0.292\,9 & 0.211\,4 & 0.266\,8 & 0.272\,9 \\
0.314\,0 & 0.319\,5 & 0.350\,4 & 0.352\,5 & 0.324\,2 & 0.234\,9 & 0.288\,1 & 0.285\,4
\end{array}
$$

$$
\begin{array}{cccccccc}
0.212\,9 & 0.211\,4 & 0.2668 & 0.272\,9 & 0.222\,8 & 0.014\,6 & 0.013\,7 & 0.013\,4 \\
0.238\,4 & 0.234\,9 & 0.288\,1 & 0.285\,4 & 0.229\,8 & 0.015\,5 & 0.007\,8 & 0.013\,7 \\
0.222\,8 & 0.224\,3 & 0.278\,3 & 0.272\,3 & 0.212\,9 & 0.014\,6 & 0.000\,7 & 0.003\,1 \\
0.229\,8 & 0.233\,3 & 0.297\,7 & 0.300\,4 & 0.238\,4 & 0.015\,5 & 0.007\,5 & 0.004\,0
\end{array}
$$

$$
\begin{matrix}
0.0084 & 0.0030 & 0.0007 & 0.0031 & 0.0081 & 0.0115 & 0.0112 & 0.0116 \\
0.0159 & 0.0127 & 0.0075 & 0.0040 & 0.0017 & 0.0027 & 0.0045 & 0.0109 \\
0.0081 & 0.0115 & 0.0137 & 0.0134 & 0.0084 & 0.0030 & -0.0011 & 0.0010 \\
0.0017 & 0.0027 & 0.0078 & 0.0137 & 0.0159 & 0.0127 & 0.0063 & 0.0026
\end{matrix}
$$

$$
\left.\begin{matrix}
0.0058 & 0.0002 & -0.0011 & 0.0010 & 0.0068 & 0.0098 \\
0.0135 & 0.0094 & 0.0063 & 0.0026 & -0.0001 & 0.0013 \\
0.0068 & 0.0098 & 0.0112 & 0.0116 & 0.0058 & 0.0002 \\
-0.0001 & 0.0013 & 0.0045 & 0.0109 & 0.0135 & 0.0094
\end{matrix}\right] \tag{8.52}
$$

计算得到 $\boldsymbol{p}_2$ 如下：

$$
\boldsymbol{p}_2 = \begin{bmatrix}
-0.0881 & 0.0024 & 0.0023 & 0.0023 \\
0 & -0.0881 & 0.0023 & 0.0024 \\
0 & 0 & -0.0881 & 0.0023 \\
0 & 0 & 0 & -0.0881
\end{bmatrix} \tag{8.53}
$$

8.4.2　瞬态过程仿真

这部分采用先进重水反应堆的非线性矢量化模型对离散滑模控制器的控制性能进行了研究。瞬态过程包括空间功率扰动，系统的初始状态处于满功率稳态运行，所有的功率调节棒均处于平衡位置。RR2 功率调节棒处于自动控制状态下，通过手动控制信号使 RR2 提棒约 1%，此后功率调节棒仍处于自动控制状态下。该干扰引起反应堆总功率和空间功率分布的扰动。在所设计的两个离散滑模控制器作用下，该扰动最终被抑制，其动态过程分别如图 8.1 ~ 图 8.3 所示。空间功率振荡采用第一和第二功率斜变来度量，如图 8.1 和图 8.2 所示。反应堆总功率变化如图 8.3 所示。由图 8.3 可知，基于幂次趋近律的离散滑模控制器反应堆总功率在 4.5 s 后恢复到稳态功率 920.48 MW，而基于常速率加比例速率趋近律的离散滑模控制器时反应堆总功率在 140 s 之后恢复到稳态功率。由图 8.4 和图 8.5可知，在 RR2 功率调节棒提棒 1% 之后，其余功率调节棒插棒约 0.33%，此后在控制器的调节下，所有的功率调节棒恢复到其稳态位置即 66.1%。但是在不同的离散滑模控制器的作用下，调节时间是不同的。在基于常速率加比例速率趋近律的离散滑模控制器的作用下功率调节棒的调节时间比较短；而总功率调节时间在基于幂次趋近律的离散滑模控制器作用下调节时间短。同样可以发现，在基于幂次趋近律的离散滑模控制器的作用下，系统的振动得到更加有效的抑制。

在另一瞬态过程中，首先假设反应堆处于稳态运行状态，运行功率为 920.48 MW 而且各个节块的功率分布是稳定的。此时将反应堆的功率以 1.5 MW/s 的速度均匀降功率，大约在 61 s 后功率降到 828.43 MW，此后保持该功率。瞬态过程中，反应堆总功率在不同的离散滑模控制器作用下的响应曲线如图 8.6 所示。从图中可以看出，在这两种离散滑模控制器作用下，反应堆总功率都能跟踪需求功率；从图 8.6 的放大图也可以看出，基于幂次趋近律的离散滑模控制器的响应效果比较好。

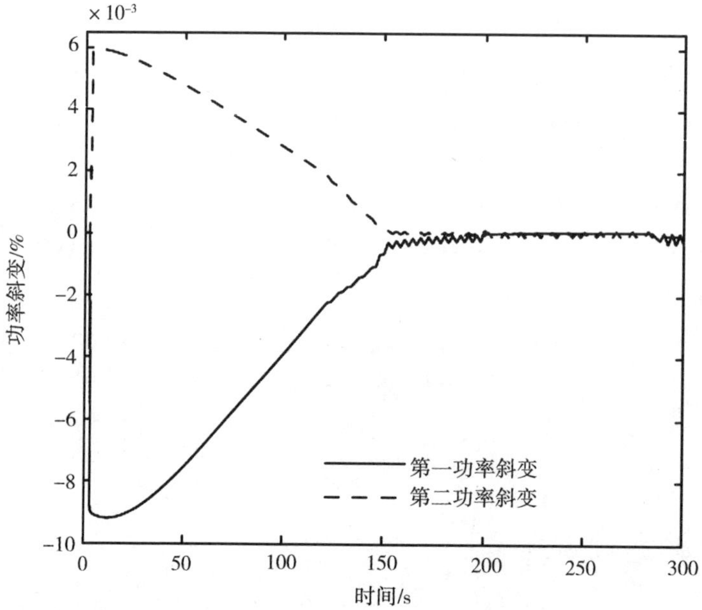

图 8.1　基于常速率加比例速率趋近律的离散滑模控制器作用下的功率斜变变化曲线

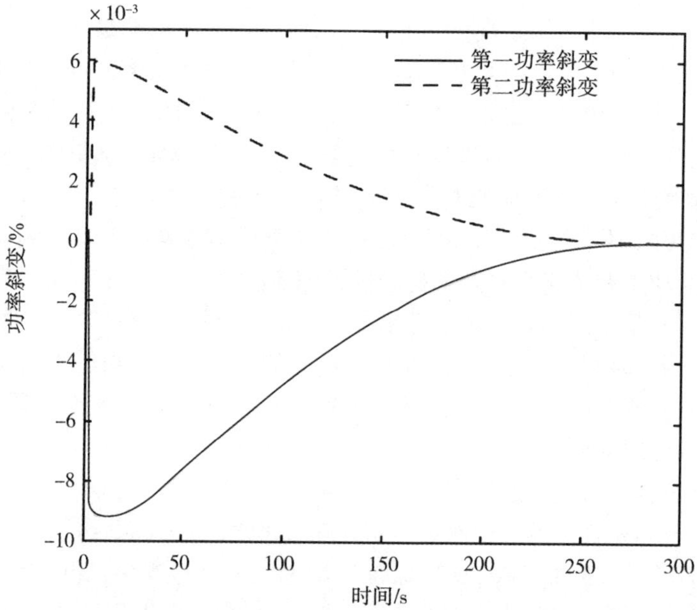

图 8.2　基于幂次趋近律的离散滑模控制器作用下的功率斜变变化曲线

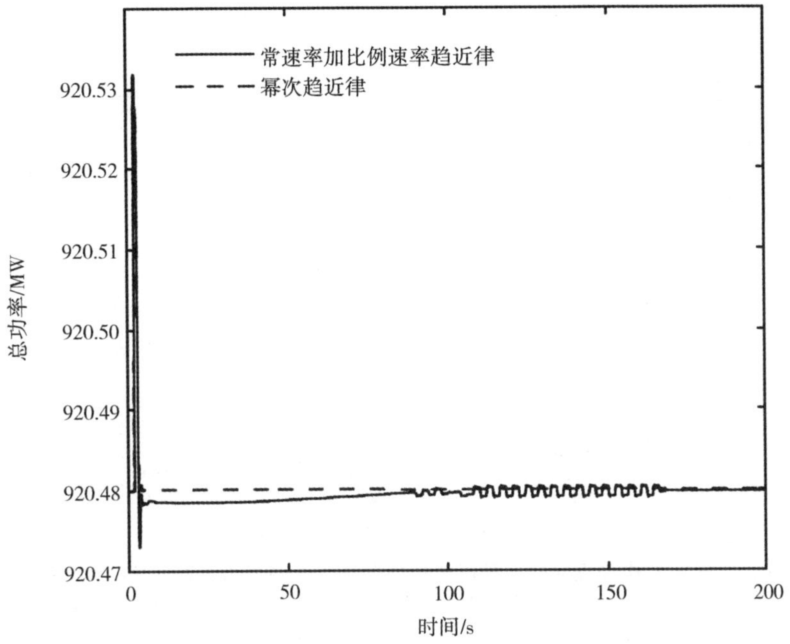

图 8.3　RR2 功率调节棒引入扰动后反应堆总功率的变化曲线

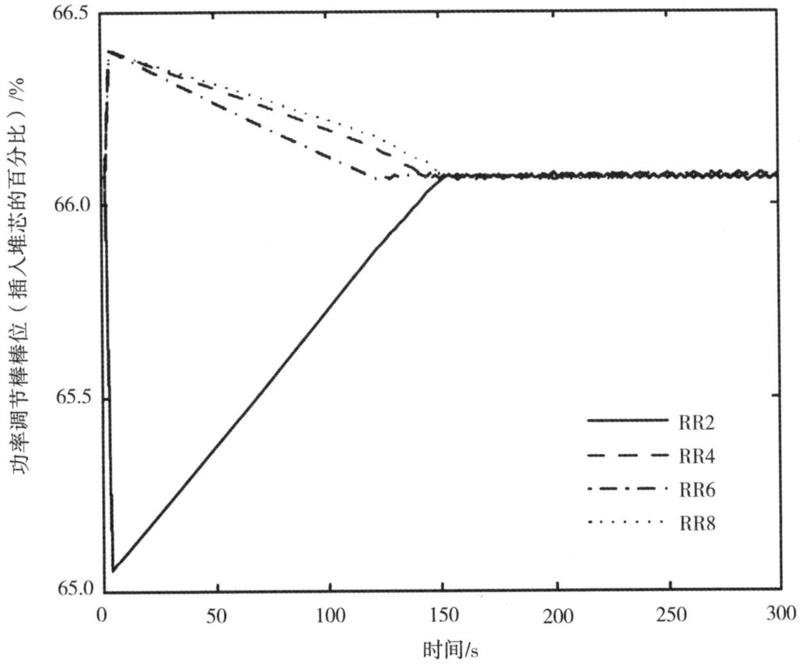

图 8.4　基于常速率加比例速率趋近律的离散滑模控制器作用下各个功率调节棒棒位变化曲线

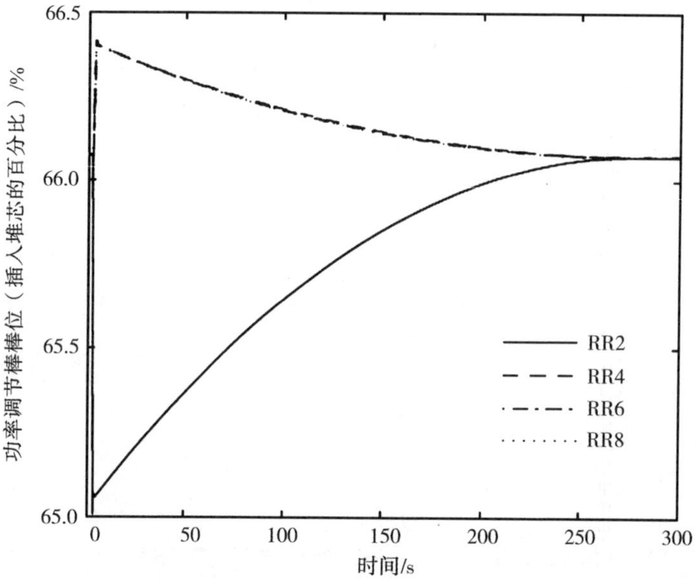

图 8.5　基于幂次趋近律的离散滑模控制器作用下各个功率调节棒棒位变化曲线

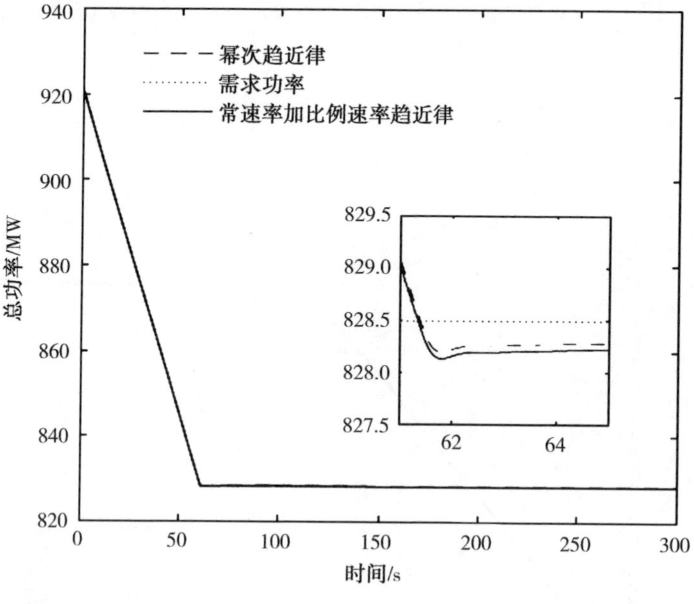

图 8.6　在不同控制器作用下反应堆总功率的变化曲线

为了评估系统对给水扰动响应的鲁棒性，这里对另一瞬态过程进行了仿真分析，初始时刻，反应堆在稳态满功率下运行，然后给水流量中引入 5% 正阶跃变化。在该瞬态过程中，反应堆总功率变化曲线如图 8.7 所示。在控制器的作用下，反应堆总功率和节块功率都能恢复到接近稳态值，稳态误差为 $\pm 2 \times 10^{-4}\%$ 。这是通过调节功率调节棒棒位来实现的。

在这两种离散滑模控制器作用下，RR2 功率调节棒的棒位如图 8.8 所示。由此图可知，基于幂次趋近律的离散滑模控制器的性能要优于基于常速率加比例速率趋近律的离散滑模控制器的性能。

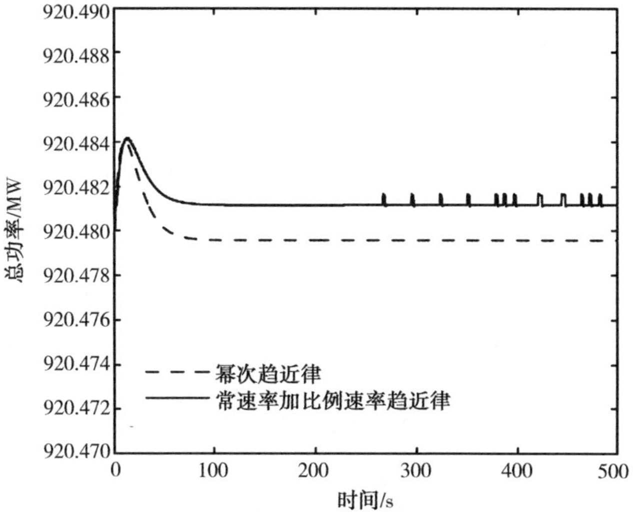

图 8.7　给水扰动瞬态过程中总功率变化曲线

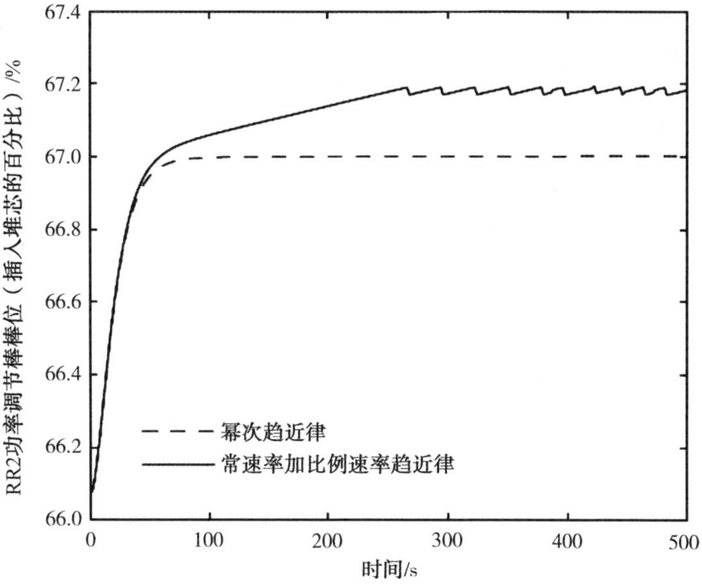

图 8.8　给水扰动瞬态过程中 RR2 功率调节棒的棒位变化曲线

8.5 小　　结

本章推导了用于先进重水反应堆系统空间稳定控制的离散滑模控制律;通过直接块对角化将原数值“病态”系统分解为三个子系统;然后利用慢变子系统设计了离散滑模控制器;此后,利用线性变换矩阵得到了全阶系统的离散滑模控制器。通过在相同瞬态工况下的仿真,对所设计的两种离散滑模控制器的性能进行了评价。由仿真结果可以看出,所设计的控制器可抑制空间功率振荡和总功率变化,也可以看出,基于幂次趋近律的离散滑模控制器的性能要优于基于常速率加比例速率的趋近律的离散滑模控制器。所设计的先进重水反应堆控制策略利用了节块功率反馈,调节棒棒位反馈和氙浓度反馈,对于后两个变量,须要设计观测器或估计器。

8.6 参考文献

1. Bandyopadhyay, B., G'Egziabher, A., Janardhanan, S.: Sliding mode control design via reduced order model approach. Proc. IEEE Int. Conf. Ind. Technol., 1538 – 1541 (2006)

2. Bartolini, G., Ferrara, A., Utkin, A.: Adaptive sliding mode control in discrete-time systems. Automatica 31(5), 769 – 773 (1995)

3. Drakunov, S. V., Utkin, V. I.: On discrete-time sliding mode control. Proc. IFAC Conf. Nonlin. Control 22(3), 273 – 278 (1989)

4. Edwards, C., Spurgeon, S. K.: Sliding Mode Control: Theory and Applications. Taylor & Francis, London (1998)

5. Gao, W., Hung, J. C.: Variable structure control of nonlinear systems: a new approach. IEEE Trans. Ind. Electron. 40(1), 45 – 55 (1993)

6. Gao, W., Wang, Y., Homaifa, A.: Discrete-time variable structure control systems. IEEE Trans. Ind. Electron. 42(2), 117 – 122 (1995)

7. Gao, W., Wang, Y., Homaifa, A.: Remarks on discrete-time variable structure control systems. IEEE Trans. Ind. Electron. 43(1), 235 – 238 (1996)

8. Hung, J. Y., Gao, W., Hung, J. C.: Variable structure control: a survey. IEEE Trans. Ind. Electron. 40, 2 – 22 (1993)

9. Kotta, U.: Comments on "on the stability of discrete-time sliding mode control system". IEEE Trans. Autom. Control 34(9), 1021 – 1022 (1989)

10. Li, T.-H. S., Lin, J.-L., Kung, F.-C.: Design of sliding mode controller for discrete singular perturbation systems. Proc. Int. Conf. Ind. Electron. Control Instrum. 2, 736 – 741 (1995)

11. Mahmoud, M. S.: Order reduction and control of discrete systems. Proc. IEE Control Theory Appl. 129(4), 129 – 135 (1982)

12. Mahmoud, M. S.: Discrete Systems with Multiple Time Scales. Control and Dynamic

Systems. Academic, New York (1988)

13. Munje, R. K., Patre, B. M., Tiwari, A. P.: Periodic output feedback for spatial control of AHWR: a three-time-scale approach. IEEE Trans. Nucl. Sci. 61(4), 2373 - 2382 (2014)

14. Munje, R. K., Patre, B. M., Tiwari, A. P.: Discrete time sliding mode control of advanced heavy water reactor. IEEE Trans. Control Syst. Technol. 24, 357 - 364 (2016)

15. Naidu, D. S.: Singular Perturbation Methodology in Control Systems. Peter Peregrinus Ltd., London (1988)

16. Nguyen, T., Su, W.-C., Gajic, Z.: Singular perturbation analysis of output feedback discrete-time sliding mode control. Proc. Am. Control Conf., 757 - 762 (2009)

17. Phillips, R. G.: Reduced order modeling and control of two-time-scale discrete systems. Int. J. Control 31, 765 - 780 (1980)

18. Reddy, G. D., Bandyopadhyay, B., Tiwari, A. P.: Discrete-time sliding mode control for twotime-scale systems. Proc. IEEE Int. Conf. Ind. Electron., 170 - 175 (2008)

19. Shimjith, S. R., Tiwari, A. P., Bandyopadhyay, B.: Design of fast output sampling controller for three-time-scale systems: application to spatial control of advanced heavy water reactor. IEEE Trans. Nucl. Sci. 58(6), 3305 - 3316 (2011)

20. Utkin, V. I.: Variable structure systems with sliding modes. IEEE Trans. Autom. Control 22, 212 - 222 (1977)

21. Yu, X. H.: Conditions for existence of discrete-time sliding mode. Proc. IFAC World Congr. 26(2), 215 - 218 (1993)

第9章 空间控制技术的性能比较

9.1 概　　述

前面的章节针对先进重水反应堆空间控制问题研究了8种不同的控制方法:第一种方法针对先进重水反应堆90阶的非线性模型研究了静态输出反馈控制[6];其余7种控制方法包括了基于极点配置的状态反馈控制(SFC-PP)[5],基于线性二次型的状态反馈控制(SFC-LQR)[4],滑模控制[7],快输出采样[8],周期输出反馈[9]和基于常速率加比例速率趋近律与幂次趋近律的离散滑模控制[10]。这些控制方法首先将双时间尺度系统模型和三时间尺度系统模型降阶,将高阶的先进重水反应堆系统的模型分解为低阶子系统,然后基于降阶后的系统模型对以上控制方法进行控制器设计和仿真分析。高阶系统降阶的方法采用的是准稳态方法或直接块对角化方法。前面章节分别针对方法推导和仿真分析进行了研究。本章在多种相同的瞬态工况下,对不同的控制方法进行比较,根据控制方法对先进重水反应堆系统控制的适用性对它们进行排序,并对各个控制方法进行全面的评价。此外,对控制结果的比较有助于了解不同空间控制策略的控制效果。表9.1对各个控制方法进行了简单的对比汇总[11]。

表9.1　不同控制方法的比较

控制方法	类型	系统是否降阶	子系统及其阶数	反馈类型	备注
静态输出反馈控制	连续时间	不需要	不适用	输出反馈	功率调节棒所在节块功率反馈
基于线性二次型的状态反馈控制	连续时间	双时间尺度(准稳态方法)	慢变子系统(73阶) 快变子系统(17阶)	降阶状态反馈	73个状态反馈
基于极点配置的状态反馈控制和滑模控制	连续时间	双时间尺度(块对角化方法)	慢变子系统(73阶) 快变子系统(17阶)	全状态反馈	全状态变量反馈
快输出采样	离散时间	双时间尺度(块对角化方法)	慢变子系统(73阶) 快变子系统(17阶)	输出反馈	所有节块功率反馈($\tau=54$ s,$\Delta=9$ s)
周期输出反馈	离散时间	三时间尺度(块对角化方法)	慢变子系统(38阶) 快变子系统1(35阶) 快变子系统2(17阶)	输出反馈	所有节块功率反馈($\tau=12$ s,$\Delta=2$ s)
离散滑模控制	离散时间	三时间尺度(块对角化方法)	慢变子系统(38阶) 快变子系统1(35阶) 快变子系统2(17阶)	全状态反馈	全状态变量反馈($\tau=2$ s)

9.2　控制性能比较

本章采用三种瞬态工况，对不同控制方法的控制性能进行比较，所有瞬变过程的仿真均采用第 2 章推导的矢量化非线性先进重水反应堆模型。针对每个瞬态工况，仿真分析了时域响应指标[1-3]和误差性能指标[3,13]。这些指标都是在控制理论领域的文献中普遍采用的。上述指标的定义在附录 D 中进行了描述。

9.2.1　状态调节

功率调节棒棒位的扰动可以看作为状态调节。系统的初始状态处于满功率稳态运行，所有的功率调节棒均处于平衡位置。此后，功率调节棒 RR2 原本处于自动控制状态下，通过手动控制信号，使得 RR2 功率调节棒提棒约 1.05%，此后仍处于自动控制状态下。该干扰引起反应堆总功率和空间功率分布的扰动。在所有的控制器作用下，该扰动最终被抑制，如图 9.1 ~ 图 9.3 所示。功率空间功率振荡采用第一和第二功率斜变来度量[12]，如图 9.2 和图 9.3 所示。性能指标如平方误差积分(ISE)，绝对误差积分(IAE)，时间平方误差积分(ITSE)，时间绝对误差积分(ITAE)等详见附录 D。总功率响应的性能指标如表 9.2 所示。RR2 功率调节棒棒位偏差和 RR2 功率调节棒驱动器控制信号曲线如图 9.4 和图 9.5 所示。当 RR2 功率调节棒提棒 1.05% 时，其他功率调节棒将通过插棒来补偿扰动。其他功率调节棒棒位响应如表 9.3 所示。在控制器调节作用下，所有功率调节棒将恢复到平衡位置，即 66.1%。但是各个控制器的调节时间(t_s)是不同的。RR2 功率调节棒扰动瞬态工况下，不同控制器作用下的调节时间和性能指标如表 9.3 所示。

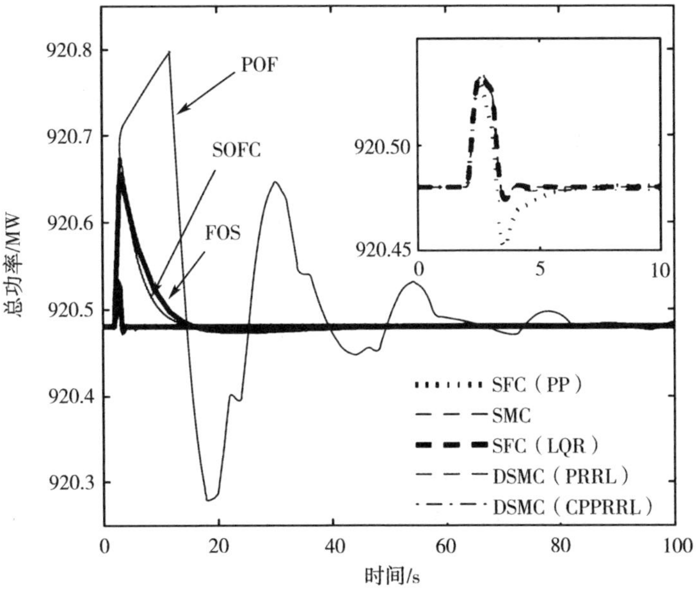

图 9.1　反应堆总功率在 RR2 提棒扰动后的响应曲线

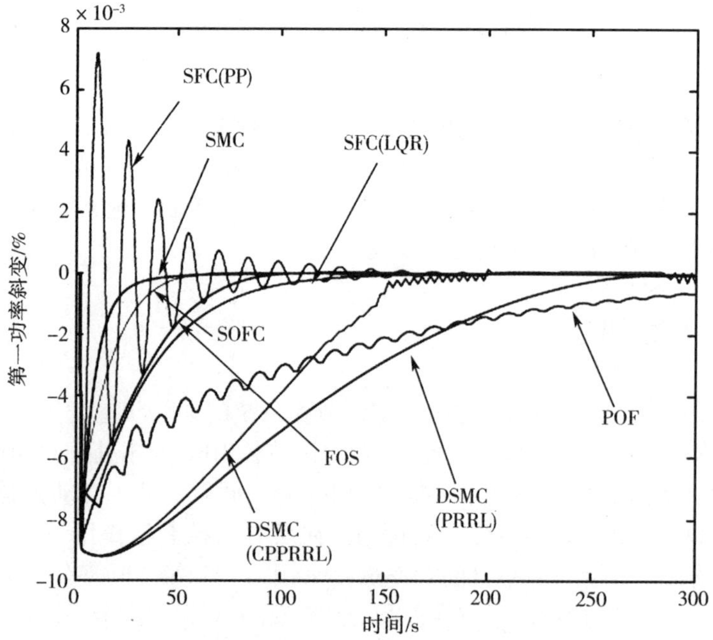

图 9.2 RR2 提棒扰动后第一功率斜变响应曲线

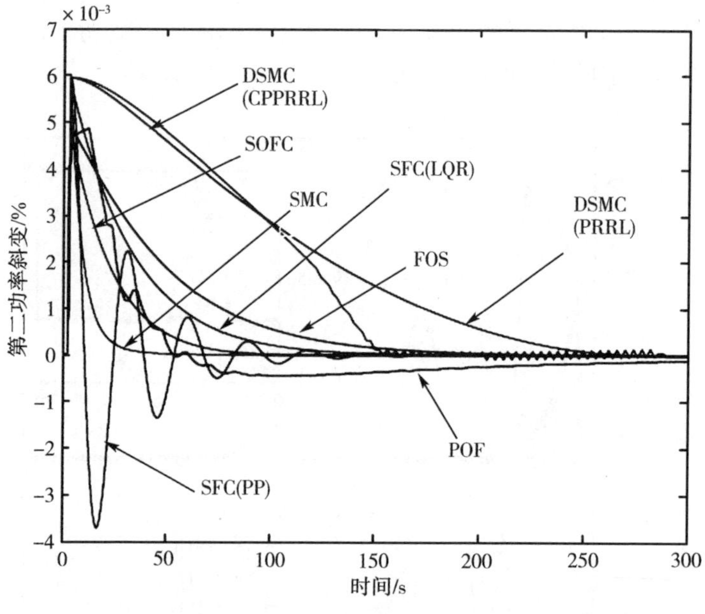

图 9.3 RR2 提棒扰动后第二功率斜变响应曲线

表 9.2　RR2 棒组扰动瞬态工况下总功率调节的性能指标

指标	控制器							
	SOFC	SFC(LQR)	SFC(PP)	SMC	FOS	POF	DSMC (CPPRRL)	DSMC (PRRL)
ISE/10^{-3}	79.80	2.06	1.89	2.27	110.00	1 650.00	2.23	2.13
IAE	0.76	0.05	0.09	0.05	1.05	9.18	0.24	0.07
ITSE/10^{-2}	34.30	0.55	0.56	0.61	53.40	3 020.00	2.03	0.59
ITAE	6.31	0.43	1.62	0.45	10.72	353.00	14.46	2.71

如图 9.1 所示，尽管在周期输出反馈控制调节下的总功率偏差是最大的，但偏差值也只有 ±0.034%。只是周期输出反馈控制的调节时间是比较长的，大约在 100 s 之后总功率值才恢复到期稳态值 920.48 MW。静态输出反馈控制和快输出采样控制的总功率偏差大约为 0.021%，调节时间大约为 18 s。如图 9.1 的局部放大图所示，其他控制器的总功率偏差都是非常小的，大约为 0.005%。除基于极点配置的状态反馈控制外，它们的响应曲线都非常类似。在表 9.2 中计算总功率控制的误差性能指标时，误差信号是通过 $e(t) = Q_T - Q_{T,0}$ 来计算的，其中 Q_T 和 $Q_{T,0}$ 分别为瞬时功率和稳态功率（单位为 MW）。由表 9.2 可看出，基于线性二次型的状态反馈控制、基于极点配置的状态反馈控制、滑模控制和两种离散滑模控制几类控制器的控制性能指标较好，因此这几类控制器比其他控制器更能改善系统的性能。在其余控制器中，静态输出反馈控制的误差比快输出采样控制和周期输出反馈控制的误差要小，周期输出反馈控制的误差值最大。

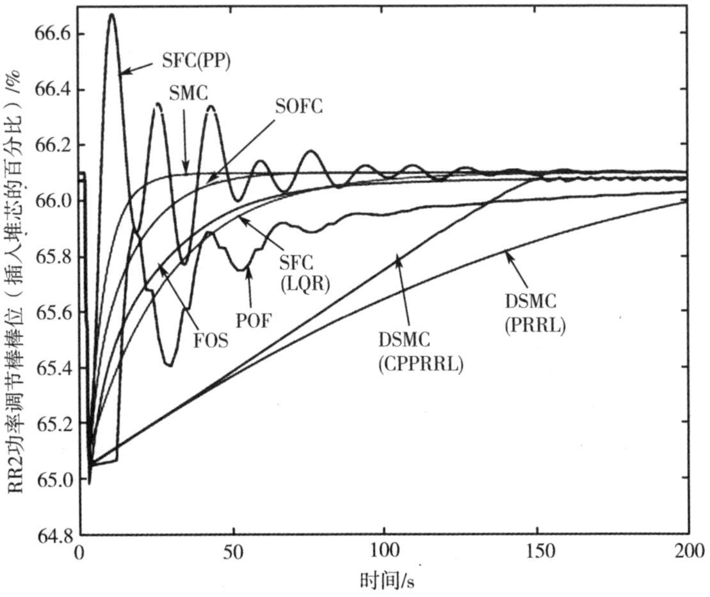

图 9.4　RR2 功率调节棒棒位曲线

由图 9.2 和图 9.3 所示的第一和第二功率斜变曲线中可看出，滑模控制，静态输出反馈控制，基于线性二次型的状态反馈控制，快输出采样，离散滑模控制(CPPRRL)，离散滑模控制(PRRL)和周期输出反馈都表现出了过阻尼响应，而且它们的阻尼比是逐渐增加的，因此，它们的调节时间也是逐步增加的。在基于极点配置的状态反馈控制器的作用下，第一和第二功率斜变响应都表现出振幅递减振荡，而且分别在 9 个振荡周期和 6 个振荡周期之后达到平衡值；而对于周期输出反馈控制，系统的响应表现为过阻尼响应并具有很小的振荡，这一现象在第一功率斜变曲线中表现得更为明显(图 9.2)。由于扰动周期极小，第一和第二功率斜变的变化分别为 $\pm 9 \times 10^{-3}\%$ 和 $\pm 6 \times 10^{-3}\%$。尽管在离散滑模控制器作用下，总功率偏差是可忽略不计的(如图 9.1 局部放大图所示)，但空间功率偏差却是仅次于周期输出反馈控制的第二大(如图 9.2 和图 9.3 所示)。空间功率偏差在离散滑模控制作用下大约在 300 s 后进行了抑制，在周期输出反馈控制中大约在 350 s 后进行了抑制，而在其余的控制器作用下，第一和第二功率斜变分别在 150 s 和 200 s 内被控制。

RR2 功率调节棒的棒位变化曲线与第一功率斜变的变化曲线有些类似。在计算棒位控制性能指标时，误差信号是通过 $e(t) = H_2 - H_{2,0}$ 来计算的，其中 H_2 和 $H_{2,0}$ 分别为瞬时棒位和平衡位置棒位值。调节时间是由 ±2% 偏差来计算的。从表 9.3 中可看出，滑模控制的性能优于其他控制器。根据各控制器的性能，各个控制器可排序为静态输出反馈控制，基于极点配置的状态反馈控制，基于线性二次型的状态反馈控制和快输出采样。在 RR2 功率调节棒扰动的瞬态工况下，周期输出反馈的控制误差要小于离散滑模控制的误差，但周期输出反馈的调节时间更长。对于离散滑模控制，基于常速率加比例速率趋近律的离散滑模控制的性能要优于基于幂次趋近律的离散滑模控制。由图 9.5 可知，RR2 功率调节棒的驱动信号变化范围是从 -0.3V 到 0.9V。基于线性二次型的状态反馈控制的控制信号具有较大的变化范围，基于极点配置的状态反馈控制和滑模控制次之，变化范围稍小的是周期输出反馈控制。基于极点配置的状态反馈控制和周期输出反馈的控制信号表现出振幅减小的振荡行为。然而，离散滑模控制的控制信号的变化是可忽略的。

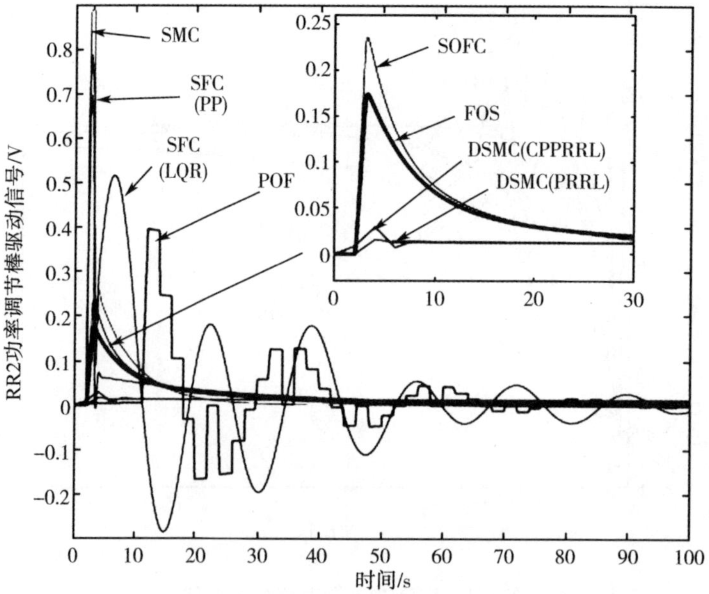

图 9.5　RR2 功率调节棒扰动瞬态工况下各个控制器的控制输出信号

表 9.3　RR2 功率调节棒提棒后在各控制器调节下各功率调节棒的棒位和偏差

性能指标	控制器							
	SOFC	SFC (LQR)	SFC (PP)	SMC	FOS	POF	DSMC (CPPRRL)	DSMC (PRRL)
RR4 功率调节棒(插入堆芯)/%	0.20	0.33	0.37	0.31	0.18	0.50	0.33	0.33
RR6 功率调节棒(插入堆芯)/%	0.15	0.33	0.33	0.31	0.13	0.55	0.33	0.33
RR8 功率调节棒(插入堆芯)/%	0.18	0.33	0.36	0.31	0.26	0.50	0.33	0.33
t_s/s	50.00	97.00	112.00	24.00	123.00	398.00	150.00	240.00
ISE/10^{-3}	1.40	3.10	1.20	0.80	2.30	4.30	11.90	13.50
IAE/10^{-1}	1.90	4.00	2.20	1.00	3.20	6.00	11.50	14.50
ITSE/10^{-2}	1.20	5.00	1.60	0.40	3.00	8.00	46.00	66.00
ITAE	3.00	7.00	1.20	12.50	8.30	27.00	60.75	104.60

9.2.2　跟踪轨迹

在另一个瞬态工况中,反应堆初始时刻也处于稳态运行,并假设反应堆的运行功率为 920.48 MW,而且节块功率分布如表 2.5 所示。碘浓度,氙浓度和缓发中子先驱核的浓度都处于各个节块的平衡态。此时将反应堆的需求功率以 1.5 MW/s 的速度均匀降功率,大约在 61 s 后功率降到 828.43 MW,此后保持该功率。该瞬态过程可用于研究控制器的轨迹跟踪性能。图 9.6 所示为在各个控制器作用下,反应堆总功率跟踪需求功率的曲线。表 9.4 计算并列出了总功率跟踪的负超调量(M_u)和误差性能指标。误差信号的计算公式为 $e(t) = Q_T - Q_D$,其中 Q_D 为需求功率,单位为 MW。由图 9.6 可看出,所有控制器的响应都是欠阻尼的,且周期输出反馈响应存在最大负超调量 M_u ,其次是快输出采样响应存在稍小的负超调量,其余依次是静态输出反馈控制,基于线性二次型的状态反馈控制和基于极点配置的状态反馈控制。在滑模控制和离散滑模控制(包括基于常速率加比例速率趋近律和基于幂次趋近律的离散滑模控制器)中负超调量都是很小的。基于幂次趋近律的离散滑模控制器的响应曲线中,总功率精确地跟踪需求功率,这从表 9.4 的误差性能指标中也可以明显看出。对于所有控制器,从长时间仿真过程中可看出,在达到需求功率后没有进一步观察到总功率跟踪偏差。

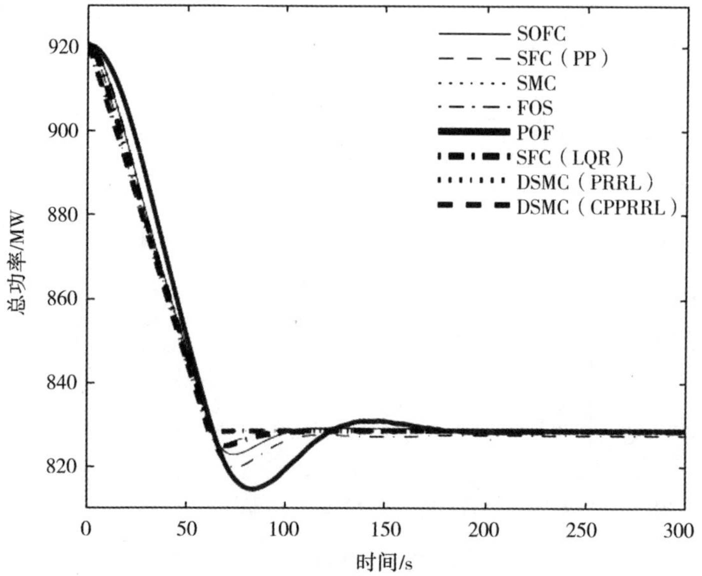

图9.6　在各控制器作用下总功率跟踪变化曲线

表9.4　在各控制器作用下总功率调节偏差

性能指标	控制器							
	SOFC	SFC(LQR)	SFC(PP)	SMC	FOS	POF	DSMC (CPPRRL)	DSMC (PRRL)
M_u/%	0.72	0.43	0.35	0.040	1.05	1.74	0.040	0.020
ISE/10^2	13.83	3.78	3.94	0.011	26.24	102.35	0.014	0.011
IAE	421.00	169.00	261.00	9.090	623.00	1 094.00	11.250	9.220
ITSE/10^3	70.71	16.30	22.93	0.043	181.18	596.89	0.042	0.043
ITAE/10^3	37.37	8.69	27.38	0.450	67.74	74.38	0.560	0.460

9.2.3　干扰抑制

为了评估系统对给水流量扰动抑制的性能，再次采用先进重水堆的非线性模型进行了仿真分析。初始时刻，反应堆在稳定满功率下运行，然后给水流量中引入5%正阶跃变化。总功率变化曲线如图9.7所示，在各控制器的作用下，总功率和节块功率都调节恢复到稳态值。该调节过程是通过功率调节棒的棒位来进行补偿的。表9.5列出了延迟时间（t_d），上升时间（t_r），峰值时间（t_p），调节时间（t_s），最大超调量（M_p），和RR功率调节棒棒位变化百分比。

由图9.7可知，总功率的变换范围为±0.13%。在基于线性二次型的状态反馈控制和基于极点配置的状态反馈控制响应曲线中存在着最大的总功率变化。在经过两个周期的振荡后，总功率值达到稳态值920.48 MW。在滑模控制中，也具有类似的响应曲线，但幅值较小。在快输出采样控制过程中，总功率具有最快的变化速度，并且仅经过65 s就达到了稳定值。静态输出反馈控制和周期输出反馈控制，调节时间与滑模控制调节时间相同，但它们的超调量比快输出采样控制的超调量要小。离散滑模控制器的性能如图 9.7 的局部放大部分所示，它们的变化显然是微不足道的。

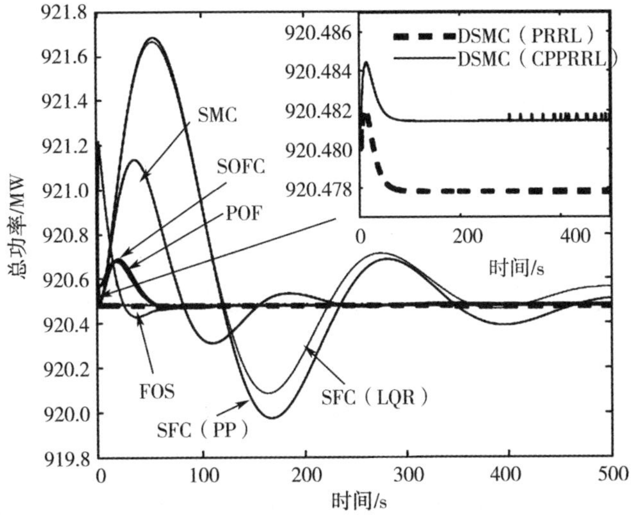

图 9.7　给水阶跃扰动影响下总功率变化曲线

RR2 功率调节棒的棒位偏差如图 9.8 所示，该曲线与总功率的相关变化趋势一致。基于线性二次型的状态反馈控制和基于极点配置的状态反馈控制的响应曲线几乎重合，调节时间也几乎是一样的。调节时间是由 ±2% 的偏差来计算的。在这两种控制器的响应中，延迟时间、上升时间、峰值时间和超调量都是比较大的。滑模控制的具有稍小的超调量、调节时间、上升时间和峰值时间。在其余的控制方法中，快输出采样控制具有较大的超调量，但具有较小的调节时间、峰值时间和上升时间。离散滑模控制器具有过阻尼特性，它的上升时间从稳态值的 10% 上升到 90% 进行计算。表 9.5 列出了这些性能参数。

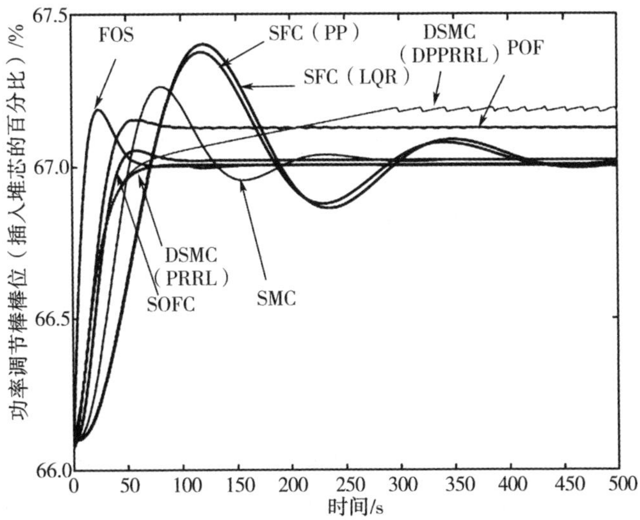

图 9.8　给水阶跃扰动影响下各功率调节棒棒位变化曲线

表 9.5 给水阶跃扰动影响下各调节棒组棒位控制性能指标

性能指标	控制器							
	SOFC	SFC(LQR)	SFC(PP)	SMC	FOS	POF	DSMC (CPPRRL)	DSMC (PRRL)
t_d/s	22.00	45.00	46.00	34.00	5.00	19.00	24.00	19.00
t_r/s	46.50	73.80	74.00	53.90	13.50	46.00	200.00	50.00
t_p/s	59.50	121.00	119.00	82.00	24.80	60.00	210.00	55.00
t_s/s	100.00	490.00	488.00	256.00	50.00	76.00	220.00	60.00
M_p/%	4.40	40.00	36.60	25.70	16.20	2.90	0.00	0.00
变化/%	0.90	0.92	0.93	0.92	0.95	1.02	1.11	0.93

9.3 小 结

本章对比了先进重水反应堆系统的各种空间功率分布控制器的控制性能,并在多种相同的瞬态工况下进行了仿真试验,采用图形化显示对仿真结果进行了比较。此外,还计算了每个瞬态工况的时域特性指标和误差性能指标,并进行了比较。从仿真结果和指标对比表中可以看出,基于状态反馈的控制器(即基于线性二次型的状态反馈控制、基于极点配置的状态反馈控制、滑模控制和离散滑模控制)在状态调节和总功率轨迹跟踪方面的性能更好;对于干扰抑制,输出反馈控制器(静态输出反馈控制、快输出采样控制、周期输出反馈控制)和离散滑模控制的性能良好。对于所有的瞬态工况,离散滑模控制器比其他控制器控制效果更好。在其余的控制器中,滑模控制、静态输出反馈控制和快输出采样控制表现出相对良好的性能,其次是状态反馈控制和周期输出反馈控制。

9.4 参考文献

1. American National Standard, ANSI/ISA-S51.1-1979, Process Instrumentation Terminology

2. American National Standard, C85.11963, Terminology for Automatic Control

3. Dorf, R., Bishop, R. H.: Modern Control Systems. Prentice Hall Inc., Englewood Cliffs (2000)

4. Munje, R. K., Patre, B. M.: Spatial power control of singularly perturbed nuclear reactor. J. Control Eng. Appl. Inform. 18(3), 22 – 29 (2016)

5. Munje, R. K., Parkhe, J. G., Patre, B. M.: Spatial control of advanced heavy water reactor via two stage decomposition. Ann. Nucl. Energy 77, 326 – 334 (2015)

6. Munje, R. K., Patre, B. M., Tiwari, A. P.: Nonlinear simulation and control of xenon induced oscillations in advanced heavy water reactor. Ann. Nucl. Energy 64, 191 – 200 (2014)

7. Munje, R. K., Patre, B. M., Shimjith, S. R., Tiwari, A. P.: Sliding mode control for spatial stabilization of advanced heavy water reactor. IEEE Trans. Nucl. Sci. 60, 3040 – 3050

(2013)

8. Munje, R. K., Londhe, P. S., Parkhe, J. G., Patre, B. M., Tiwari, A. P.: Spatial control of advanced heavy water reactor by fast output sampling technique. Proc. IEEE Int. Conf. Control Appl., 1212 – 1217 (2013)

9. Munje, R. K., Patre, B. M., Tiwari, A. P.: Periodic output feedback for spatial control of AHWR: a three-time-scale approach. IEEE Trans. Nucl. Sci. 61(4), 2373 – 2382 (2014)

10. Munje, R. K., Patre, B. M., Tiwari, A. P.: Discrete time sliding mode control of advanced heavy water reactor. IEEE Trans. Control Syst. Technol. 24, 357 – 364 (2016)

11. Munje, R. K., Patre, B. M., Londhe, P. S., Tiwari, A. P., Shimjith, S. R.: Investigation of spatial control strategies for AHWR: a comparative study. IEEE Trans. Nucl. Sci. 63, 1236 – 1246 (2016)

12. Shimjith, S. R., Tiwari, A. P., Bandyopadhyay, B., Patil, R. K.: Spatial stabilization of advanced heavy water reactor. Ann. Nucl. Energy 38(7), 1545 – 1558 (2011)

13. Shinners, S. M.: Modern Control System Theory and Design. Wiley, New York (1998)

附　录

附录 A　两步法状态反馈设计

系统(6.8)与(6.10)是由式(6.12)相变换的。因此系统(3.1)与(6.8)的可控性决定了各个子系统的可控性,即子系统($\boldsymbol{\Phi}_{\tau s},\boldsymbol{\Gamma}_{\tau s}$)与子系统($\boldsymbol{\Phi}_{\tau f},\boldsymbol{\Gamma}_{\tau f}$)都是可控的。为了设计系统(6.10)的状态反馈控制器,考虑输入为 $\boldsymbol{u}_k = \boldsymbol{u}_{s,k} + \boldsymbol{u}_{f,k}$ 的两步法极点配置问题。

第一步,设计($m \times n_1$)的反馈矩阵 $\boldsymbol{F}_s$,使得($\boldsymbol{\Phi}_{\tau s} + \boldsymbol{\Gamma}_{\tau s}\boldsymbol{F}_s$)的极点位于 n_1 个指定位置。此时输入可以表示为

$$\boldsymbol{u}_{s,k} = [\boldsymbol{F}_s \quad \boldsymbol{0}][\boldsymbol{z}_{s,k}^{\mathrm{T}} \quad \boldsymbol{z}_{f,k}^{T}]^{\mathrm{T}} \tag{A.1}$$

将式(A.1)中 $\boldsymbol{u}_{s,k}$ 的值代入式(6.10)可得到

$$\begin{bmatrix} \boldsymbol{z}_{s,k+1} \\ \boldsymbol{z}_{f,k+1} \end{bmatrix} = \begin{bmatrix} \boldsymbol{\Phi}_{\tau s} + \boldsymbol{\Gamma}_{\tau s}\boldsymbol{F}_s & \boldsymbol{0} \\ \boldsymbol{\Gamma}_{\tau f}\boldsymbol{F}_s & \boldsymbol{\Phi}_{\tau f} \end{bmatrix} \begin{bmatrix} \boldsymbol{z}_{s,k} \\ \boldsymbol{z}_{f,k} \end{bmatrix} + \begin{bmatrix} \boldsymbol{\Gamma}_{\tau s} \\ \boldsymbol{\Gamma}_{\tau f} \end{bmatrix} \boldsymbol{u}_{f,k} \tag{A.2}$$

存在如下变换:

$$\begin{bmatrix} \boldsymbol{z}_{s,k} \\ \boldsymbol{g}_{f,k} \end{bmatrix} = \begin{bmatrix} \boldsymbol{E}_{n_1} & \boldsymbol{0} \\ \boldsymbol{U} & \boldsymbol{E}_{n_2} \end{bmatrix} \begin{bmatrix} \boldsymbol{z}_{s,k} \\ \boldsymbol{z}_{f,k} \end{bmatrix} = \boldsymbol{T}_3 \begin{bmatrix} \boldsymbol{z}_{s,k} \\ \boldsymbol{z}_{f,k} \end{bmatrix} \tag{A.3}$$

其中,矩阵 $\boldsymbol{U}$ 的维度为($n_2 \times n_1$)且满足 $\boldsymbol{U}(\boldsymbol{\Phi}_{\tau s} + \boldsymbol{\Gamma}_{\tau s}\boldsymbol{F}_s) - \boldsymbol{\Phi}_{\tau f}\boldsymbol{U} + \boldsymbol{\Gamma}_{\tau f}\boldsymbol{F}_s = 0$,因此式(A.2)可变换为

$$\begin{bmatrix} \boldsymbol{z}_{s,k+1} \\ \boldsymbol{g}_{f,k+1} \end{bmatrix} = \begin{bmatrix} \boldsymbol{\Phi}_{\tau s} + \boldsymbol{\Gamma}_{\tau s}\boldsymbol{F}_s & \boldsymbol{0} \\ \boldsymbol{0} & \boldsymbol{\Phi}_{\tau f} \end{bmatrix} \begin{bmatrix} \boldsymbol{z}_{s,k} \\ \boldsymbol{g}_{f,k} \end{bmatrix} + \begin{bmatrix} \boldsymbol{\Gamma}_{\tau s} \\ \overline{\boldsymbol{\Gamma}}_{\tau f} \end{bmatrix} \boldsymbol{u}_{f,k} \tag{A.4}$$

式中,$\overline{\boldsymbol{\Gamma}}_{\tau f} = \boldsymbol{\Gamma}_{\tau f} + \boldsymbol{U}\boldsymbol{\Gamma}_{\tau s}$。

第二步,$\boldsymbol{u}_{f,k}$ 可表示为

$$\boldsymbol{u}_{f,k} = [\boldsymbol{0} \quad \boldsymbol{F}_f][\boldsymbol{z}_{s,k}^{\mathrm{T}} \quad \boldsymbol{g}_{f,k}^{\mathrm{T}}]^{\mathrm{T}} \tag{A.5}$$

式中,$\boldsymbol{F}_f$ 为维度为($m \times n_2$)的反馈增益矩阵,将($\boldsymbol{\Phi}_{\tau f} + \overline{\boldsymbol{\Gamma}}_{\tau f}\boldsymbol{F}_f$)的极点配置在 n_2 个指定位置。系统(A.4)的闭环系统可表示为

$$\begin{bmatrix} \boldsymbol{z}_{s,k} \\ \boldsymbol{g}_{f,k} \end{bmatrix} = \begin{bmatrix} \boldsymbol{\Phi}_{\tau s} + \boldsymbol{\Gamma}_{\tau s}\boldsymbol{F}_s & \boldsymbol{\Gamma}_{\tau s}\boldsymbol{F}_f \\ \boldsymbol{0} & \boldsymbol{\Phi}_{\tau f} + \overline{\boldsymbol{\Gamma}}_{\tau f}\boldsymbol{F}_f \end{bmatrix} \begin{bmatrix} \boldsymbol{z}_{s,k} \\ \boldsymbol{g}_{f,k} \end{bmatrix} \tag{A.6}$$

控制输入 $\boldsymbol{u}_k = \boldsymbol{u}_{s,k} + \boldsymbol{u}_{f,k}$ 可表示为

$$\boldsymbol{u}_k = [\boldsymbol{F}_1 \quad \boldsymbol{F}_2][\boldsymbol{z}_{s,k}^{\mathrm{T}} \quad \boldsymbol{z}_{f,k}^{\mathrm{T}},]^{\mathrm{T}} \tag{A.7}$$

式中,$\boldsymbol{F}_1 = \boldsymbol{F}_s + \boldsymbol{F}_f\boldsymbol{U}$,$\boldsymbol{F}_2 = \boldsymbol{F}_f$。

附录 B　三阶段分解法

系统(7.14)可以通过三阶段分解法线性变换分解为三个子系统,分别为慢变子系统,快变子系统 1 和快变子系统 2。

第一阶段,对系统(7.14)进行变量变换:

$$\begin{bmatrix} z_{1,k} \\ z_{2,k} \\ z_{f2,k} \end{bmatrix} = \begin{bmatrix} \boldsymbol{E}_{n_1} & \boldsymbol{0} & \boldsymbol{0} \\ \boldsymbol{0} & \boldsymbol{E}_{n_2} & \boldsymbol{0} \\ \boldsymbol{L}_{31} & \boldsymbol{L}_{32} & \boldsymbol{E}_{n_3} \end{bmatrix} \begin{bmatrix} z_{1,k} \\ z_{2,k} \\ z_{3,k} \end{bmatrix} = \boldsymbol{T}_1 \begin{bmatrix} z_{1,k} \\ z_{2,k} \\ z_{3,k} \end{bmatrix} \tag{B.1}$$

式中,$\boldsymbol{E}_{n_1}$、$\boldsymbol{E}_{n_2}$ 和 $\boldsymbol{E}_{n_3}$ 分别为 n_1 阶,n_2 阶和 n_3 阶单位矩阵。子矩阵 $\boldsymbol{L}_{31}$ 维度为 $(n_3 \times n_1)$,子矩阵 $\boldsymbol{L}_{32}$ 维度为$(n_3 \times n_2)$,且满足非对称 Riccati 代数方程:

$$\boldsymbol{L}_{31}\boldsymbol{\Phi}_{11} - \boldsymbol{L}_{31}\boldsymbol{\Phi}_{13}\boldsymbol{L}_{31} + \boldsymbol{L}_{32}\boldsymbol{\Phi}_{21} - \boldsymbol{L}_{32}\boldsymbol{\Phi}_{23}\boldsymbol{L}_{31} - \boldsymbol{\Phi}_{33}\boldsymbol{L}_{31} + \boldsymbol{\Phi}_{31} = \boldsymbol{0}$$

$$\boldsymbol{L}_{31}\boldsymbol{\Phi}_{12} - \boldsymbol{L}_{31}\boldsymbol{\Phi}_{13}\boldsymbol{L}_{32} + \boldsymbol{L}_{32}\boldsymbol{\Phi}_{22} - \boldsymbol{L}_{32}\boldsymbol{\Phi}_{23}\boldsymbol{L}_{32} - \boldsymbol{\Phi}_{33}\boldsymbol{L}_{32} + \boldsymbol{\Phi}_{32} = \boldsymbol{0}$$

这样,系统(7.14)可降阶为

$$\begin{bmatrix} z_{1,k+1} \\ z_{2,k+1} \\ z_{f2,k+1} \end{bmatrix} = \begin{bmatrix} \overline{\boldsymbol{\Phi}}_{11} & \overline{\boldsymbol{\Phi}}_{12} & \overline{\boldsymbol{\Phi}}_{13} \\ \overline{\boldsymbol{\Phi}}_{21} & \overline{\boldsymbol{\Phi}}_{22} & \overline{\boldsymbol{\Phi}}_{23} \\ \boldsymbol{0} & \boldsymbol{0} & \boldsymbol{\Phi}_{\tau f2} \end{bmatrix} \begin{bmatrix} z_{1,k} \\ z_{2,k} \\ z_{f2,k} \end{bmatrix} + \begin{bmatrix} \boldsymbol{\Gamma}_1 \\ \boldsymbol{\Gamma}_2 \\ \boldsymbol{\Gamma}_{\tau f2} \end{bmatrix} \boldsymbol{u}_k \tag{B.2}$$

式中

$$\overline{\boldsymbol{\Phi}}_{11} = \boldsymbol{\Phi}_{11} - \boldsymbol{\Phi}_{13}\boldsymbol{L}_{31}, \overline{\boldsymbol{\Phi}}_{12} = \boldsymbol{\Phi}_{12} - \boldsymbol{\Phi}_{13}\boldsymbol{L}_{32}, \overline{\boldsymbol{\Phi}}_{13} = \boldsymbol{\Phi}_{13}$$

$$\overline{\boldsymbol{\Phi}}_{21} = \boldsymbol{\Phi}_{21} - \boldsymbol{\Phi}_{23}\boldsymbol{L}_{31}, \overline{\boldsymbol{\Phi}}_{22} = \boldsymbol{\Phi}_{22} - \boldsymbol{\Phi}_{23}\boldsymbol{L}_{32}$$

$$\overline{\boldsymbol{\Phi}}_{23} = \boldsymbol{\Phi}_{23}, \boldsymbol{\Phi}_{\tau f2} = \boldsymbol{\Phi}_{33} + \boldsymbol{L}_{31}\boldsymbol{\Phi}_{13} + \boldsymbol{L}_{32}\boldsymbol{\Phi}_{23}$$

$$\boldsymbol{\Gamma}_{\tau f2} = \boldsymbol{\Gamma}_3 + \boldsymbol{L}_{32}\boldsymbol{\Gamma}_2 + \boldsymbol{L}_{31}\boldsymbol{\Gamma}_1$$

第二阶段,对式(B.2)进行线性变换,可表示为

$$\begin{bmatrix} z_{1,k} \\ z_{f1,k} \\ z_{f2,k} \end{bmatrix} = \begin{bmatrix} \boldsymbol{E}_{n_1} & \boldsymbol{0} & \boldsymbol{0} \\ \boldsymbol{L}_{21} & \boldsymbol{E}_{n_2} & \boldsymbol{L}_{23} \\ \boldsymbol{0} & \boldsymbol{0} & \boldsymbol{E}_{n_3} \end{bmatrix} \begin{bmatrix} z_{1,k} \\ z_{2,k} \\ z_{f2,k} \end{bmatrix} = \boldsymbol{T}_2 \begin{bmatrix} z_{1,k} \\ z_{2,k} \\ z_{f2,k} \end{bmatrix} \tag{B.3}$$

式中,子矩阵 $\boldsymbol{L}_{21}$ 的维度为$(n_2 \times n_1)$,子矩阵 $\boldsymbol{L}_{23}$ 的维度为$(n_2 \times n_3)$,且满足

$$\boldsymbol{L}_{21}\overline{\boldsymbol{\Phi}}_{11} - \overline{\boldsymbol{\Phi}}_{22}\boldsymbol{L}_{21} - \boldsymbol{L}_{21}\overline{\boldsymbol{\Phi}}_{12}\boldsymbol{L}_{21} + \overline{\boldsymbol{\Phi}}_{21} = \boldsymbol{0}$$

$$\boldsymbol{L}_{21}\overline{\boldsymbol{\Phi}}_{13} - \boldsymbol{L}_{21}\overline{\boldsymbol{\Phi}}_{12}\boldsymbol{L}_{23} - \overline{\boldsymbol{\Phi}}_{22}\boldsymbol{L}_{23} + \overline{\boldsymbol{\Phi}}_{23} + \boldsymbol{L}_{23}\boldsymbol{\Phi}_{\tau f2} = \boldsymbol{0}$$

因此,式(B.2)变换为

$$\begin{bmatrix} z_{1,k+1} \\ z_{f1,k+1} \\ z_{f2,k+1} \end{bmatrix} = \begin{bmatrix} \boldsymbol{\Phi}_{\tau s} & \widetilde{\boldsymbol{\Phi}}_{12} & \widetilde{\boldsymbol{\Phi}}_{13} \\ \boldsymbol{0} & \boldsymbol{\Phi}_{\tau f1} & \boldsymbol{0} \\ \boldsymbol{0} & \boldsymbol{0} & \boldsymbol{\Phi}_{\tau f2} \end{bmatrix} \begin{bmatrix} z_{1,k} \\ z_{f1,k} \\ z_{f2,k} \end{bmatrix} + \begin{bmatrix} \boldsymbol{\Gamma}_1 \\ \boldsymbol{\Gamma}_{\tau f1} \\ \boldsymbol{\Gamma}_{\tau f2} \end{bmatrix} \boldsymbol{u}_k \tag{B.4}$$

式中

$$\boldsymbol{\Phi}_{\tau s} = \overline{\boldsymbol{\Phi}}_{11} - \overline{\boldsymbol{\Phi}}_{12}\boldsymbol{L}_{21}$$

$$\widetilde{\boldsymbol{\Phi}}_{12} = \overline{\boldsymbol{\Phi}}_{12}, \widetilde{\boldsymbol{\Phi}}_{13} = \overline{\boldsymbol{\Phi}}_{13} - \overline{\boldsymbol{\Phi}}_{12}\boldsymbol{L}_{23}$$

$$\boldsymbol{\Phi}_{\tau f1} = \overline{\boldsymbol{\Phi}}_{22} + \boldsymbol{L}_{21}\overline{\boldsymbol{\Phi}}_{12}$$

$$\boldsymbol{\Gamma}_{\tau f1} = \boldsymbol{\Gamma}_2 + \boldsymbol{L}_{21}\boldsymbol{\Gamma}_1 + \boldsymbol{L}_{23}\boldsymbol{\Gamma}_{\tau f2}$$

第三阶段,针对式(B.4)的线性变换为

$$\begin{bmatrix} \boldsymbol{z}_{s,k} \\ \boldsymbol{z}_{f1,k} \\ \boldsymbol{z}_{f2,k} \end{bmatrix} = \begin{bmatrix} \boldsymbol{E}_{n_1} & \boldsymbol{L}_{12} & \boldsymbol{L}_{13} \\ \boldsymbol{0} & \boldsymbol{E}_{n_2} & \boldsymbol{0} \\ \boldsymbol{0} & \boldsymbol{0} & \boldsymbol{E}_{n_3} \end{bmatrix} \begin{bmatrix} \boldsymbol{z}_{1,k} \\ \boldsymbol{z}_{f1,k} \\ \boldsymbol{z}_{f2,k} \end{bmatrix} = \boldsymbol{T}_3 \begin{bmatrix} \boldsymbol{z}_{1,k} \\ \boldsymbol{z}_{f1,k} \\ \boldsymbol{z}_{f2,k} \end{bmatrix} \tag{B.5}$$

式中,子矩阵 $\boldsymbol{L}_{12}$ 的维度为($n_1 \times n_2$),子矩阵 $\boldsymbol{L}_{13}$ 的维度为($n_1 \times n_3$),且满足

$$\boldsymbol{L}_{12}\boldsymbol{\Phi}_{\tau f1} + \boldsymbol{\Phi}_{\tau s}\boldsymbol{L}_{12} + \widetilde{\boldsymbol{\Phi}}_{12} = \boldsymbol{0}$$

$$\boldsymbol{L}_{13}\boldsymbol{\Phi}_{\tau f2} + \boldsymbol{\Phi}_{\tau s}\boldsymbol{L}_{13} + \widetilde{\boldsymbol{\Phi}}_{13} = \boldsymbol{0}$$

此时,式(B.4)可变换为块对角形式:

$$\begin{bmatrix} \boldsymbol{z}_{s,k+1} \\ \boldsymbol{z}_{f1,k+1} \\ \boldsymbol{z}_{f2,k+1} \end{bmatrix} = \begin{bmatrix} \boldsymbol{\Phi}_{\tau s} & \boldsymbol{0} & \boldsymbol{0} \\ \boldsymbol{0} & \boldsymbol{\Phi}_{\tau f1} & \boldsymbol{0} \\ \boldsymbol{0} & \boldsymbol{0} & \boldsymbol{\Phi}_{\tau f2} \end{bmatrix} \begin{bmatrix} \boldsymbol{z}_{s,k} \\ \boldsymbol{z}_{f1,k} \\ \boldsymbol{z}_{f2,k} \end{bmatrix} + \begin{bmatrix} \boldsymbol{\Gamma}_{\tau s} \\ \boldsymbol{\Gamma}_{\tau f1} \\ \boldsymbol{\Gamma}_{\tau f2} \end{bmatrix} \boldsymbol{u}_k \tag{B.6}$$

式中

$$\boldsymbol{\Gamma}_{\tau s} = \boldsymbol{\Gamma}_1 + \boldsymbol{L}_{12}\boldsymbol{\Gamma}_{\tau f1} + \boldsymbol{L}_{13}\boldsymbol{\Gamma}_{\tau f2}$$

式(B.1)、(B.3)和(B.5)中的子矩阵 $\boldsymbol{L}_{ij}$ 可通过递归的方法进行计算。由式(B.1)、(B.3)和(B.5)可得到

$$[\boldsymbol{z}_{s,k}^{T} \quad \boldsymbol{z}_{f1,k}^{T} \quad \boldsymbol{z}_{f2,k}^{T}]^{T} = \boldsymbol{T}[\boldsymbol{z}_{1,k}^{T} \quad \boldsymbol{z}_{2,k}^{T} \quad \boldsymbol{z}_{3,k}^{T}]^{T}$$

式中,$\boldsymbol{T} = \boldsymbol{T}_3\boldsymbol{T}_2\boldsymbol{T}_1$。

至此,原系统(7.14)已经由式(B.6)分解为三个子系统。

附录 C 输出注入增益设计

系统(7.16)和(7.17)的输出注入增益设计可等效为其伴随系统的状态反馈增益设计。其伴随系统可表示为

$$\begin{bmatrix} \hat{\boldsymbol{z}}_{s,k+1} \\ \hat{\boldsymbol{z}}_{f1,k+1} \\ \hat{\boldsymbol{z}}_{f2,k+1} \end{bmatrix} = \begin{bmatrix} \boldsymbol{\Phi}_{\tau s}^{T} & \boldsymbol{0} & \boldsymbol{0} \\ \boldsymbol{0} & \boldsymbol{\Phi}_{\tau f1}^{T} & \boldsymbol{0} \\ \boldsymbol{0} & \boldsymbol{0} & \boldsymbol{\Phi}_{\tau f2}^{T} \end{bmatrix} \begin{bmatrix} \hat{\boldsymbol{z}}_{s,k} \\ \hat{\boldsymbol{z}}_{f1,k} \\ \hat{\boldsymbol{z}}_{f2,k} \end{bmatrix} + \begin{bmatrix} \boldsymbol{M}_{s}^{T} \\ \boldsymbol{M}_{f1}^{T} \\ \boldsymbol{M}_{f2}^{T} \end{bmatrix} \boldsymbol{u}_k \tag{C.1}$$

$$\boldsymbol{y}_k = [\boldsymbol{\Gamma}_{\tau s}^{T} \quad \boldsymbol{\Gamma}_{\tau f1}^{T} \quad \boldsymbol{\Gamma}_{\tau f2}^{T}][\hat{\boldsymbol{z}}_{s,k}^{T} \quad \hat{\boldsymbol{z}}_{f1,k}^{T} \quad \hat{\boldsymbol{z}}_{f2,k}^{T}]^{T} \tag{C.2}$$

为了对系统(C.1)设计其状态反馈控制器,先考虑输入为 $\boldsymbol{u}_k = \boldsymbol{u}_{s,k} + \boldsymbol{u}_{f1,k} + \boldsymbol{u}_{f2,k}$ 的三步极点配置问题。

第一步,设计($p \times n_1$)维的增益矩阵 $\boldsymbol{G}_s^{T}$ 使得系统($\boldsymbol{\Phi}_{\tau s}^{T} + \boldsymbol{M}_s^{T}\boldsymbol{G}_s^{T}$)的极点位于指定的位置。此时,输入矩阵 $\boldsymbol{u}_{s,k}$ 可表示为

$$\boldsymbol{u}_{s,k} = [\boldsymbol{G}_s^{T} \quad \boldsymbol{0} \quad \boldsymbol{0}]\hat{\boldsymbol{z}}_{d,k} \tag{C.3}$$

式中，$\hat{z}_{d,k}=[\hat{z}_{s,k}^{T}\quad \hat{z}_{f1,k}^{T}\quad \hat{z}_{f2,k}^{T}]$。将式(C.3)代入式(C.1)可以得到

$$\hat{z}_{d,k+1}=\begin{bmatrix}\boldsymbol{\Phi}_{\tau s}^{T}+\boldsymbol{M}_{s}^{T}\boldsymbol{G}_{s}^{T} & \boldsymbol{0} & \boldsymbol{0}\\ \boldsymbol{M}_{f1}^{T}\boldsymbol{G}_{s}^{T} & \boldsymbol{\Phi}_{\tau f1}^{T} & \boldsymbol{0}\\ \boldsymbol{M}_{f2}^{T}\boldsymbol{G}_{s}^{T} & \boldsymbol{0} & \boldsymbol{\Phi}_{\tau f2}^{T}\end{bmatrix}\hat{z}_{d,k}+\begin{bmatrix}\boldsymbol{M}_{s}^{T}\\ \boldsymbol{M}_{f1}^{T}\\ \boldsymbol{M}_{f2}^{T}\end{bmatrix}\boldsymbol{u}_{d1,k} \tag{C.4}$$

其中，$\boldsymbol{u}_{d1,k}=\boldsymbol{u}_{f1,k}+\boldsymbol{u}_{f2,k}$。此时，为了分解得到快变子系统1，可以令 $\hat{z}_{d1,k}=[\hat{z}_{s,k}^{T}\quad \bar{z}_{f1,k}^{T}\quad \bar{z}_{f2,k}^{T}]=\boldsymbol{T}_{d1}\hat{z}_{d,k}$，其中变化矩阵 $\boldsymbol{T}_{d1}\in\mathbf{R}^{n\times n}$ 可表示为

$$\boldsymbol{T}_{d1}=\begin{bmatrix}\boldsymbol{E}_{n_1} & \boldsymbol{0} & \boldsymbol{0}\\ \boldsymbol{N}_{21} & \boldsymbol{E}_{n_2} & \boldsymbol{0}\\ \boldsymbol{N}_{31} & \boldsymbol{0} & \boldsymbol{E}_{n_3}\end{bmatrix} \tag{C.5}$$

式中，子矩阵 $\boldsymbol{N}_{21}$ 的维度为 $(n_2\times n_1)$，子矩阵 $\boldsymbol{N}_{31}$ 的维度为 $(n_3\times n_1)$，且满足

$$\boldsymbol{N}_{21}(\boldsymbol{\Phi}_{\tau s}^{T}+\boldsymbol{M}_{s}^{T}\boldsymbol{G}_{s}^{T})+\boldsymbol{M}_{f1}^{T}\boldsymbol{G}_{s}^{T}-\boldsymbol{\Phi}_{\tau f1}^{T}\boldsymbol{N}_{21}=\boldsymbol{0}$$

$$\boldsymbol{N}_{31}(\boldsymbol{\Phi}_{\tau s}^{T}+\boldsymbol{M}_{s}^{T}\boldsymbol{G}_{s}^{T})+\boldsymbol{M}_{f2}^{T}\boldsymbol{G}_{s}^{T}-\boldsymbol{\Phi}_{\tau f2}^{T}\boldsymbol{N}_{31}=\boldsymbol{0}$$

得到如下等效系统：

$$\hat{z}_{d1,k+1}=\begin{bmatrix}\boldsymbol{\Phi}_{\tau s}^{T}+\boldsymbol{M}_{s}^{T}\boldsymbol{G}_{s}^{T} & \boldsymbol{0} & \boldsymbol{0}\\ \boldsymbol{0} & \boldsymbol{\Phi}_{\tau f1}^{T} & \boldsymbol{0}\\ \boldsymbol{0} & \boldsymbol{0} & \boldsymbol{\Phi}_{\tau f2}^{T}\end{bmatrix}\hat{z}_{d1_k}+\begin{bmatrix}\boldsymbol{M}_{s}^{T}\\ \overline{\boldsymbol{M}}_{f1}^{T}\\ \overline{\boldsymbol{M}}_{f2}^{T}\end{bmatrix}\boldsymbol{u}_{d1,k} \tag{C.6}$$

式中，$\overline{\boldsymbol{M}}_{f1}^{T}=\boldsymbol{N}_{21}\boldsymbol{M}_{s}^{T}+\boldsymbol{M}_{f1}^{T}$，$\overline{\boldsymbol{M}}_{f2}^{T}=\boldsymbol{N}_{31}\boldsymbol{M}_{s}^{T}+\boldsymbol{M}_{f2}^{T}$。式(C.6)是式(C.4)由转换矩阵(C.5)变换得到的，因此，当系统 $(\boldsymbol{\Phi}_{\tau f1}^{T},\boldsymbol{M}_{f1}^{T})$ 可控时，系统 $(\boldsymbol{\Phi}_{\tau f1}^{T},\overline{\boldsymbol{M}}_{f1}^{T})$ 也是可控的。

在第二步，设计 $(p\times n_2)$ 维的增益矩阵 $\boldsymbol{G}_{f1}^{T}$ 使得系统 $(\boldsymbol{\Phi}_{\tau f1}^{T}+\boldsymbol{M}_{f1}^{T}\boldsymbol{G}_{f1}^{T})$ 的特征值位于指定的位置。此时，输入向量 $\boldsymbol{u}_{f1,k}$ 可表示为

$$\boldsymbol{u}_{f1,k}=[\boldsymbol{0}\quad \boldsymbol{G}_{f1}^{T}\quad \boldsymbol{0}]\,\hat{z}_{d1,k} \tag{C.7}$$

将 $\boldsymbol{u}_{f1,k}$ 代入式(C.6)中，得到

$$\hat{z}_{d1,k+1}=\begin{bmatrix}\boldsymbol{\Phi}_{\tau s}^{T}+\boldsymbol{M}_{s}^{T}\boldsymbol{G}_{s}^{T} & \boldsymbol{M}_{s}^{T}\boldsymbol{G}_{f1}^{T} & \boldsymbol{0}\\ \boldsymbol{0} & \boldsymbol{\Phi}_{\tau f1}^{T}+\overline{\boldsymbol{M}}_{f1}^{T}\boldsymbol{G}_{f1}^{T} & \boldsymbol{0}\\ \boldsymbol{0} & \boldsymbol{M}_{f2}^{T}\boldsymbol{G}_{f1}^{T} & \boldsymbol{\Phi}_{\tau f2}^{T}\end{bmatrix}\hat{z}_{d1,k}+\begin{bmatrix}\boldsymbol{M}_{s}^{T}\\ \overline{\boldsymbol{M}}_{f1}^{T}\\ \overline{\boldsymbol{M}}_{f2}^{T}\end{bmatrix}\boldsymbol{u}_{f2,k} \tag{C.8}$$

此时，通过 $\hat{z}_{d2,k}=[\bar{z}_{s,k}^{T}\quad \bar{z}_{f1,k}^{T}\quad \tilde{z}_{f2,k}^{T}]=\boldsymbol{T}_{d2}\hat{z}_{d1,k}$ 可分解得到快变子系统2，其中变化矩阵 $\boldsymbol{T}_{d2}\in\mathbf{R}^{n\times n}$ 可表示为

$$\boldsymbol{T}_{d2}=\begin{bmatrix}\boldsymbol{E}_{n_1} & \boldsymbol{N}_{12} & \boldsymbol{0}\\ \boldsymbol{0} & \boldsymbol{E}_{n_2} & \boldsymbol{0}\\ \boldsymbol{0} & \boldsymbol{N}_{32} & \boldsymbol{E}_{n_3}\end{bmatrix} \tag{C.9}$$

式中，子矩阵 $\boldsymbol{N}_{12}$ 的维度为 $(n_1\times n_2)$，子矩阵 $\boldsymbol{N}_{32}$ 的维度为 $(n_3\times n_2)$，且满足

$$\boldsymbol{M}_{s}^{T}\boldsymbol{G}_{f1}^{T}+\boldsymbol{N}_{12}(\boldsymbol{\Phi}_{\tau f1}^{T}+\overline{\boldsymbol{M}}_{f1}^{T}\boldsymbol{G}_{f1}^{T})-(\boldsymbol{\Phi}_{\tau s}^{T}+\boldsymbol{M}_{s}^{T}\boldsymbol{G}_{s}^{T})\boldsymbol{N}_{12}=\boldsymbol{0}$$

$$\overline{\boldsymbol{M}}_{f2}^{T}\boldsymbol{G}_{f1}^{T}+\boldsymbol{N}_{32}(\boldsymbol{\Phi}_{\tau f1}^{T}+\overline{\boldsymbol{M}}_{f1}^{T}\boldsymbol{G}_{f1}^{T})-\boldsymbol{\Phi}_{\tau f2}\boldsymbol{N}_{32}=\boldsymbol{0}$$

得到如下等效系统：

$$\hat{z}_{d2,k+1} = \begin{bmatrix} \boldsymbol{\Phi}_{\tau s}^{T} + \boldsymbol{M}_{s}^{T}\boldsymbol{G}_{s}^{T} & \boldsymbol{0} & \boldsymbol{0} \\ \boldsymbol{0} & \boldsymbol{\Phi}_{\tau f1}^{T} + \overline{\boldsymbol{M}}_{f1}^{T}\boldsymbol{G}_{f1}^{T} & \boldsymbol{0} \\ \boldsymbol{0} & \boldsymbol{0} & \boldsymbol{\Phi}_{\tau f2}^{T} \end{bmatrix} \hat{z}_{d2,k} + \begin{bmatrix} \widetilde{\boldsymbol{M}}_{s}^{T} \\ \overline{\boldsymbol{M}}_{f1}^{T} \\ \widetilde{\boldsymbol{M}}_{f2}^{T} \end{bmatrix} \boldsymbol{u}_{f2,k} \tag{C.10}$$

式中，$\widetilde{\boldsymbol{M}}_{s}^{T} = \boldsymbol{M}_{s}^{T} + \boldsymbol{N}_{12}\overline{\boldsymbol{M}}_{f1}^{T}$ 和 $\widetilde{\boldsymbol{M}}_{f2}^{T} = \boldsymbol{N}_{32}\overline{\boldsymbol{M}}_{f1}^{T} + \overline{\boldsymbol{M}}_{f2}^{T}$。

最后，输入向量 $\boldsymbol{u}_{f2,k}$ 可表示为

$$\boldsymbol{u}_{f2,k} = [\boldsymbol{0} \quad \boldsymbol{0} \quad \boldsymbol{G}_{f2}^{T}]\hat{z}_{d2,k} \tag{C.11}$$

式中，$\boldsymbol{G}_{f2}^{T}$ 为设计的增益矩阵，该增益矩阵将系统（$\boldsymbol{\Phi}_{f2}^{T} + \widetilde{\boldsymbol{M}}_{f2}^{T}\boldsymbol{G}_{f2}^{T}$）的特征值配置在指定位置。由式（C.3）、（C.7）和（C.11）复合控制 $\boldsymbol{u}_{k} = \boldsymbol{u}_{s,k} + \boldsymbol{u}_{f1,k} + \boldsymbol{u}_{f2,k}$ 可表示为

$$\begin{aligned} \boldsymbol{u}_{k} &= ([\boldsymbol{G}_{s}^{T} \quad \boldsymbol{0} \quad \boldsymbol{0}] + [\boldsymbol{0} \quad \boldsymbol{G}_{f1}^{T} \quad \boldsymbol{0}]\boldsymbol{T}_{d1} + [\boldsymbol{0} \quad \boldsymbol{0} \quad \boldsymbol{G}_{f2}^{T}]\boldsymbol{T}_{d2}\boldsymbol{T}_{d1})\hat{z}_{d,k} \\ &= [\boldsymbol{G}_{1}^{T} \quad \boldsymbol{G}_{2}^{T} \quad \boldsymbol{G}_{3}^{T}] \end{aligned} \tag{C.12}$$

式中

$$\boldsymbol{G}_{1}^{T} = \boldsymbol{G}_{s}^{T} + \boldsymbol{G}_{f1}^{T}\boldsymbol{N}_{21} + \boldsymbol{G}_{f2}^{T}\boldsymbol{N}_{32}\boldsymbol{N}_{21} + \boldsymbol{G}_{f2}^{T}\boldsymbol{N}_{31}$$

$$\boldsymbol{G}_{2}^{T} = \boldsymbol{G}_{f1}^{T} + \boldsymbol{G}_{f2}^{T}\boldsymbol{N}_{32}$$

$$\boldsymbol{G}_{3}^{T} = \boldsymbol{G}_{f2}^{T}$$

附录 D　瞬态响应指标及误差指标

1. 在进行瞬态响应分析时，通常采用如下的动态响应分析指标。

（1）延迟时间（t_d）：响应曲线第一次上升达到稳态值的一半时所用的时间；

（2）上升时间（t_r）：系统响应从其稳态值的 $x\%$ 上升到稳态值的 $y\%$ 所用的时间。对于过阻尼系统，通常采用从稳态值的 10% 上升到稳态值的 90% 所用的时间；对于欠阻尼系统，通常是从 0 上升到 100% 稳态值所用的时间。

（3）峰值时间（t_p）：系统响应第一次到达最大值的时间。

（4）调节时间（t_s）：系统响应保持在其最稳态值的某个百分比区间内所需的时间。该区间通常为稳态值的 ±2% 或者 ±5%

（5）最大超调量/最大负超调（M_p/M_u）：系统响应超过稳态值的最大量/系统响应低于稳态值的最大量，通常用稳态值的百分比来表示。

2. 误差性能指标是衡量系统性能的一种定量指标，它表征了系统特性的重要指标。本书中用到的误差性能指标如下。

（1）平方误差积分（ISE）：

$$ISE = \int_{0}^{T} e^{2}(t)\,dt \tag{D.1}$$

式中　$e(t)$ ——误差信号；

T——最终时间，可以任意选择。

该积分结果逐步接近一个特定值。

(2)绝对误差积分(IAE)：

$$IAE = \int_0^T |e(t)| \, \mathrm{d}t \tag{D.2}$$

(3)时间平方误差积分(ITSE)：

$$ITSE = \int_0^T te^2(t) \, \mathrm{d}t \tag{D.3}$$

(4)时间绝对误差积分(ITAE)：

$$ITAE = \int_0^T t |e(t)| \, \mathrm{d}t \tag{D.4}$$